鹈鹕丛书
A PELICAN BOOK

# 人类星球

# Human Planet

## 我们如何创造了人类世

[英] 西蒙·L. 刘易斯
[英] 马克·马斯林　著
王文倩　译

上海文艺出版社

# 致谢

这本书是两位科学家试图理解“为什么世界是现在这个样子?”这一问题的成果。但最终促成本书诞生的是一个更具体的疑问。早在2012年，我们之中的一个（西蒙）当时看到了一张大气中二氧化碳含量在工业革命后持续上升的图表，他对人类给地球带来的巨大变化感到很担忧。那一刻，他突然明白：不能像人们通常认为的那样，将一个新的地质年代——人类世——的到来归咎于工业革命后二氧化碳的排放，因为这样做违背了对地质年代基本的科学定义。西蒙不是十分确定这个想法，于是他急忙穿过走廊去见马克，想听听他的看法。马克是一名海洋地质学家，师从已故的伟大地层学专家尼克·沙克尔顿。马克表示，他同意西蒙的观点。这便是我们合作的开始。我们给一流的科学期刊《自然》写信，告诉他们我们想写一个关于定义人类世的依据的总回顾，以填补科学文献中这方面的空白。他们同意了。2015年，我们的论文登上了《自然》的封面，并且得到了全世界媒体的报道。在这之后我们被问到，是否可能写一本更加普及性的关于人类世的书，阐述人类世是什么，以及它对人类的未来以及地球上的生命意味着什么。这本书就是我们的尝试，在这过程中我们也得到了很多帮助。

我们感谢伦敦大学学院（University College London）的各位同事：杰森·布莱克斯托克，克里斯·布赖尔利、安森·麦凯、尼尔·罗斯、柯尼斯·扎达基斯；来自多个领域的各位专家：诺埃尔·卡斯特里、迪佩什·查卡拉巴提、厄尔·埃利斯、菲尔·吉伯德、克莱夫·汉密尔顿、布鲁诺·拉图尔、格伦·彼得斯以及凯瑟琳·尤松，还有在《自然》工作的朱利安·莫西格以及伦敦大学学院的博士生亚历克斯·科吉，他们在我们下笔写作之前的几年里，帮助明晰我们的观点。还要感谢读过或部分读过这本书的专家，或是提供了许多其他重要信息的专家，例如一些职业作家。衷心感谢：梅里克·巴杰、安德鲁·巴里、爱丽丝·贝尔，玛丽-埃琳娜·卡尔、保罗·杜克斯、让-巴蒂斯特·弗雷索、多里安·富勒、加里·格拉斯、埃玛·吉福德、埃莉·梅·奥黑根、大卫·哈维、埃莉·朱林斯、蒂姆·伦顿、查尔·C.曼、奥利弗·莫顿、罗伯特·纽曼、艾拉·勒维利厄斯、大卫·罗伯肖、本·斯图尔特、克里斯·特尼以及鲍勃·沃德，还要感谢对本书进行同行评审的三位匿名评审专家，其中两位来自人类世工作小组。同时，感谢迈尔斯·欧文精美的插图，它们让这本书大为增色。当然，书中存在的任何错误都是我们自己的疏忽。

感谢我们的编辑，伦敦企鹅出版社的卡西安娜·约尼塔，最初是她鼓励我们写作这本书的，还要感谢耶鲁大学出版社的乔·卡拉米亚提出许多很棒的建议。耶鲁大学出版社是我们的美国出版商。西蒙还要感谢阿尔冯中心的工作人员与他们科学写作课程的导师迈克尔·布鲁克斯与阿拉蒂·普拉萨德，以及各位同学：弗朗西丝·贝尔、艾拉·法罗赫扎德、山姆·亨利、阿里·曼努切里、托尼·马特、保罗·莫纳以及彼得·斯托特。做一名学生，尝试学习一门新的技艺是很有益处的。或许史重要的是希望课上学到的一些东西可以在这本书中得到有效的运用。马克还要感谢《对话》的威尔·德弗雷塔斯，他向马克约稿并出色地编辑了诸多文章，打磨并改进了马克的文字。当然，也帮助我们获得了超过一百万的阅读量。

我们最要感谢的是我们的家人，他们不得不忍受我们在电脑前度过比平常更多的时间。他们是索菲·阿兰与劳里·梅·刘易斯（于编校的中后阶段出生），约翰娜，亚历山德拉以及艾比·马斯林。

# 目录 | Contents

# 导言

INTRODUCTION

# 人类世的含义

“如果，做一件事情是在我们的能力之内，那么不做这件事情也在我们的能力之内。”

亚里士多德，《尼各马可伦理学》，约公元前 350 年

“你仔细琢磨，对地球的征服……并不是一件值得骄傲的事情。”

约瑟夫 · 康拉德，《黑暗的心》，1899 年

如果将整个地球难以想象之漫长的历史压缩为一天的话，那么第一批看起来像我们的人类只在快到午夜的时候才出现，且只出现了不到四秒钟时间。我们自非洲起源，渐渐散布并定居到了世界上除了南极洲的所有大陆。如今地球养活着 75 亿人，相比于我们历史上的任何时候，现在人类的平均寿命都更长，身体也比之前的世代更健康。在这短暂的时间里，我们已经创造出了一个覆盖全球的强大而综合的文化网络。

在这趟旅程中，我们也让野生动物灭绝，清除了森林，种植了作物，驯养了动物，制造了污染，创造了新物种，甚至推迟了下一个冰期。虽然从地质学上看我们是近期才出现的，但我们的存在已经对我们的地球家园产生了深远的影响。

我们人类影响的还不只是现在。一个单一物种正日益主宰着地球的未来，这在地球 45 亿年的历史上还是第一次。过去，陨石、超级火山与大陆缓慢的构造运动从根本上改变了地球的气候及居住在地球上的生命形态。现在，一股新的自然力量正在改变地球——智人（*Homo sapiens*），即所谓的“有智慧的人”。

人类行为造成的影响比我们大多数人意识到的更为深远。在全球范围内，每年人类活动移动的土壤、岩石和沉积物比所有通过其他自然过程搬运的总和还要多。如果把人类生产的混凝土均匀覆盖在整个地球表面上的话，可以形成一个足有两厘米厚的硬壳。我们制造了太多的塑料，以至于在我们饮用的几乎所有水中，都能发现微小的塑料纤维。

我们正在破坏生命所必需元素的全球循环。工厂与农业从大气中除去的氮，与地球所有的自然过程所除去的氮总量一样多。自工业革命开始以来，我们已经向大气层释放了 2.2 万亿吨的二氧化碳，二氧化碳水平由此增加了 44%。这让全世界的海洋酸化，地球的温度继续攀升。

我们也正在直接地改变地球上的生物。今天，地球上有大约 3 万亿棵树，而在农业诞生之初，这个数字是 6 万亿棵。地球上的农田每年出产 48 亿头牲畜，外加 48 亿吨我们的五大作物：甘蔗、玉米、大米、小麦和马铃薯。我们每年从海洋中捕捞 8000 万吨鱼类，再另外养殖 8000 万吨。

几乎每个生命体都受到了人类行为的影响。在过去的 40 年里，鱼类、两栖动物、爬行动物、鸟类和哺乳动物的数量平均下降了 58%。生物灭绝是常见的事，其速度是人类在地球上出现前一般灭绝速度的 1000 倍。在陆地上，如果你将今天地球上所有的大型哺乳动物称重，生活在野外的动物只占总重量的 3%。其余的部分里，人类的重量约占总量的 30%；供我们食用的驯养家畜则构成了剩余的 67%。在海洋，245000 平方公里的沿海水域出现了低氧死区。我们生活在一个被人类主宰的星球上。[1]

以上这些陈述意味着很多东西。人类活动的累积影响与地球历史上其他行星尺度的地质事件相当。极其稳定的环境条件大约始于一万年前，那时候耕种刚刚出现，日益复杂的文明逐渐得到发展。但对我们来说，那种环境条件已经结束了。我们已经进入了一个更为多变和极端的时代，其产生的影响也才刚开始被我们了解。人类可以在一个快速变化的星球上繁荣吗？还是未来人类将面临严峻的生存状况，或者甚至到了人类自己也将灭绝的地步？

结合希腊语中的“人类”和“最近的时间”两个词，科学家们将这一新时期命名为人类世（Anthropocene）。它描述了智人何时成为一股地质超级力量，使地球在其漫长的发展过程中走上一条新路。人类世是人类历史、生命历史以及地球自身历史上的一个转折点。它是生命编年史的新篇章，也是人类故事的新篇章。

它的重要性，怎么强调都不为过。然而，人类世这一概念如此庞大，可能让人感到无所适从。我们很难理解地质年代这么宏大的时间概念。地球历史上每一次地质年代的更替，都标志着地球上的一个重要变化，通常这种变化被编码在当时的生命形态之中。每个地质年代通常持续数百万年。因此，“我们已经进入了人类地质时代”这个现实，理解起来就加倍困难。我们能否设想，由我们驱动的环境变化将比我们这一物种存在的时间还要长？

虽然很多人将人类世作为气候变化或全球环境变化的近义词，但它的含义远远不止于这些重大的威胁。人们从很久以前就开始改变地球，由此产生的整体影响比化石燃料的使用深刻得多。因此，我们对生活在这个新的地质年代的回应也必须更加广泛透彻才行。

正如娜奥米·克莱恩那本关于全球气候的急剧变化的著作标题所言：它改变了一切。[2] 人类世的内涵甚至还不止于此，它囊括了人类在地球上的活动的所有巨大且深远的影响。它告诉我们的是：一切事物，都永久性地被改变了。

并不存在一个叫作“人类”的单一独立实体，来推动我们的行星家园——地球的改变：每一项具体的影响都是由特定的人群造成的。然而，对这些行为的分析引出了一个疑问：人类这种动物是否具有独特性。其他物种消耗资源，直到自然的限度阻止它的数目增长——无论是食物供给、筑巢地点还是其他一些基本需求方面的限制。通过获取大量新资源——想想皮氏培养皿中无法抑制的细菌生长或是湖中泛滥的水华——这些群落呈指数级增长，之后随着资源被耗尽而崩溃。

虽然解剖学上的现代人类大约在 20 万年前就已经出现，但直到 1804 年，我们的数量才达到 10 亿。然后仅用了一个世纪，人口就超过了 20 亿。后来，仅仅 12 年内，人口就实现了从 60 亿至 70 亿的增长。长期来讲，人口增长的速度超过了指数级——人口增加一倍所需要的时间越来越短——尽管这一速度自 20 世纪 60 年代以来已经放缓。当然，我们的影响也与人类生产和消费什么以及多少有关。在过去的 50 年里，全球经济增长了六倍，而人口只增加了一倍。由此产生的资源使用和环境影响的剧增与我们的人口数量不成比例。考虑到构成我们行星生命支持系统的陆地、海洋和大气层是何等脆弱，人类的事业，包括经济在内，是否能够继续无限扩大？ 我们能逃脱其他物种的指数级增长—崩溃周期吗？还是说，人类世就是人类发展的最后一个阶段了？

这只是采纳“人类世”概念，所能讲述的诸多故事中的一个。对一些人而言，一个新的人类地质年代象征着我们对未来环境与自身命运施加最高级别的控制。也许我们已经成了一个“神物种”——神人（Homo deus），能巧妙地利用技术解决我们自己的问题。对另一些人来说，声言存在一个由人类驱动的地质年代是人类傲慢的极点，反映了我们幻想掌控自然的极度愚蠢。也许我们过于频繁地搅扰了地球，最终唤醒了一只怪物。无论我们的观点是什么，这个听起来奇怪的科学名词——人类世背后，是一整套令人眩晕的科学、政治、哲学和宗教的混合物，它关于我们对人类，以及人类栖居的这个星球可能会变成什么样的深切恐惧和乌托邦愿景。

这些都不是抽象的担忧。我们选择讲述什么样的故事很重要。在一个极端，如果我们认为人类世从人们首先开始使用火或耕种作物时就开始了，那么环境变化就只是人类生存境况的固定组成部分；在另一个极端，如果人类活动仅是在最近几十年才改变了地球，我们就要质疑技术的作用与消费资本主义的发展了。更具体地说，我们对地球的改变需要一个回应。这是因为，使用化石燃料所释放的二氧化碳已经终结了地球过去一万年里相对稳定的气候状况。其结果是，日益增加的气候变化与极端天气将越来越多地影响人们的健康、安全和繁荣。我们应该如何回应？

一个答案是停止使用化石燃料。另一个答案可能是开展地球工程——对我们的行星如何运行做出一些人为的重大干预——以稳定地球的气候。但是，这种对地球自然过程的大规模有意干预，例如将来自太阳的一些能量反射回太空，会产生严重的意外后果吗？其他一些会对地球造成各种影响的、旨在稳定气候的解决方案是否会更好？没有简单的答案，但社会将面对越来越多诸如此类的问题。一旦我们认识到自己也是一股自然力量，我们就需要探讨由谁来掌控这巨大的力量，以及这力量将被用于什么目的。

我们生活其上的这颗行星是一个单一的综合系统：海洋、大气与陆面都相互关联。这个“地球系统”可以被认为是由物理、化学和生物三个部分组成。生物部分开始形成于大约40亿年前，那时生命第一次出现。时至今日，生物部分依然可以产生改变地球的影响。从最初的微生物到后来的植物，生物已从根本上改变了地球的发展，而智人是在很晚近的时候才加入生物部分的。本书记录了从我们的前人类祖先到现在，由这种脑容量巨大的动物带来的不断加剧的环境影响。各章节按时间顺序排列，以地球的诞生开始，以展望未来结束。

本书围绕人类世的四个关键主题展开。首先，由人类活动引起的环境变化已经增加到了一个新的程度——今天，人类活动已经构成了一股新的自然力量，这股力量日益决定着这个唯一拥有已知生命的行星的未来。和地球悠久岁月中的其他时代一样，这个新的人类地质年代被地球的自然数据存储设备——地质沉积物捕获，地质沉积物将成为未来的岩石。如果我们将其与地球历史中以往的变化进行仔细比较，会看到这些变化以及由之产生的不可磨灭的标记表明，人类世是一个真正重要的新阶段。这通常是人类世科学研究的重点。

然而，理解地球历史上的这一新篇章，不仅意味着将今天的行星变化与那些遥远过去的变化进行比较，而是还需进行更加深入的研究。人类世是人类历史与地球历史的交织。要理解这个我们居住并由我们主导的星球的创生，我们还需要重新审视人类改变周围环境的历史过程以及这些变化的遗留问题。作为科学家，我们透过地球系统科学的视角，用一种新的方式重新诠释人类的历史。

这将我们带入本书的第二个主题。从人类走出东非，到发展出今天全球互联的文化网络，人类社会的发展中有四个重要的转变——其中两个与能源使用方式有关，另两个则与人类社会组织规模有关，它们从根本上改变了人类社会及我们对地球系统的环境影响。我们称其为“人类发展的双重两步舞”，每次转变都会对地球系统产生更大的影响。

人类社群最初是作为狩猎-采集者散布到全世界的。大约 10500 年前，学习耕种带来了第一个转变。通过驯化其他物种为其服务，人类捕获了更多的太阳能量。几千年来，在几乎所有地方，农业都取代了觅食（foraging）。农民们改变了地貌，并随着时间的推移，大幅改变了大气的化学性质，稳定了地球的气候。凑巧的是，耕种在我们的地球上创造了异常稳定的环境条件，这为大规模的文明发展争取到了时间。

四个转变中的第二个关于组织形式：16 世纪初期，西欧人开始殖民世界其他地方的大片地区，创造出最早的全球化经济。一个以谋求私人利润为驱动的世界新秩序诞生了。新的贸易路线以前所未有的方式将世界各地联系起来。农作物、牲畜与许多物种只是搭着便车就被转移到了新的大陆与新的海洋。这一被称为“哥伦布大交换”的、跨海洋的物种交换启动了地球生命持续不断的全球重新排序。两亿年来，大陆的此次重新连接第一次让地球系统进入了一个新的发展轨道。欧洲和美洲始于1492年的接触是一个分水岭事件，它带来了新的全球经济与新的全球生态。和最早的农业革命一样，这种新兴资本主义的生活方式将会蔓延并最终将几乎所有人类纳入其中。

可用能源方面的一次飞跃推动了第三次转变：人们学会了开采并大量使用过去被浓缩储存起来的太阳能。这些化石燃料是18世纪晚期工业革命的关键组成部分。大规模生产开始得以集中在工厂周围，人类日益成为城市物种。一个关键的行星级变化，来自化石燃料燃烧造成的二氧化碳排放量的增加。260万年来，地球一直在经历寒冷冰期与温暖间冰期的循环。但随着时间的推移，人类活动造成了非同寻常的现象：它推迟了本应到来的下一个冰期，创造了一个新的行星状态，一个比间冰期更温暖的状态——超级间冰期。化石燃料的使用已经将地球推离了人类各个文化被进化出来时所处的那些环境条件。

第四个，也是迄今为止的最后一次转变，是由全球组织的进一步变革推动的。第二次世界大战后，一系列新的全球性机构建立起来，其结果是全球经济生产力大幅提高，同时人类的医疗卫生与物质繁荣取得进步。环境历史学家将这些变化，以及它们所造成的、在影响规模和影响种类方面都前所未有的、对自然环境的冲击，称作大加速（Great Acceleration）。自 1945 年以来，全球元素循环和地球能量平衡的变化已经偏离了过去一万年的状态区间，这对全球社会产生了重大影响。一项关于人类文明之未来的危险实验已经开始。

既然已经讨论到了现今这个时代，我们便由此转向书中的第三个主题：四个关键转变中的哪一个构成了人类世的开始？选择的时间节点很重要，因为它将会塑造我们对人类世中的生活状况的政治反应。比方说，设定一个很早的日期可以用来淡化今天的全球性气候变化的重要性，使其显得更“正常”，而将这个时间节点定为工业革命，则可以被用来为当今环境问题的影响指定历史责任。那么，究竟由谁来做出判断人类活动何时构成一股自然力量这个重大决定呢？答案是一个鲜为人知的委员会，他们将决定人类世是否会成为地球官方地质史——地质年代表（Geologic Time Scale，简称 GTS）的一部分。到目前为止，他们的审议充满了困难并且没有达成共识，预计在接下来的许多年内也不会有一个官方的决定。

作为回应，我们提出了一种简单的方法来确定人类世的开始日期。在确定了地球正在走向一个新的状态之后，我们就通过考察地质沉积物来定义地质年代——地球历史上过去的地质年代也都是如此被定义的。需要选择地质沉积物中一种特定的化学或生物变化来标记一个受人类影响的新沉积物层的起点，该标记物还必须与世界范围内的其他沉积物的变化相关联。这个标记物被称为“金钉子”（golden spike），它标记着：在这一点之后，地球将朝着一个新的状态发展。

我们从被提出的各种备选“金钉子”中进行了筛选。通过分析，我们得出的结论是，满足这些地质标准的最早日期是 1610 年，其标记是在南极冰芯中捕获了短暂但显著的大气二氧化碳水平下降。在那一年，二氧化碳到达最低水平。它被称为奥比斯钉（Orbis Spike），这个词来自拉丁语的“世界”，它标志着哥伦布大交换在地质沉积物中留下痕迹的时刻。大幅下降的发生很大程度上是由于欧洲人第一次将天花和其他疾病带到了美洲，从而导致几十年里超过 5000 万人丧生。这些社会的崩溃导致大面积的耕地退回成森林，重新生长出来的树木从大气中吸走了足够多的二氧化碳，以至于地球的温度暂时下降了——这是长期温暖的人类世开始之前最后一个全球凉爽的时候。

1610 年的奥比斯钉标志着当今全球互联的经济与生态的起点，地球由此走上了一条新的进化轨道。它还指向了我们前面提到的第二个转变——从农业到利润驱动的生活方式——这是智人与环境关系中的一个重要变化。在叙事方面，人类世始于广泛的殖民主义和奴隶制：它讲述的是人们如何对待环境以及人们如何对待彼此的故事。

这就引出了本书的最后一个主题，即人类在人类世的未来。是否会有第五次朝向新的人类社会形式的转变，也许它能够减轻我们对环境的影响并且改善人们的生活？还是说，我们就像培养皿中的细菌——不断繁殖直到耗尽所有可用资源，然后几乎全部死亡——我们是否正在走向人类社会的崩溃？再一次地，透过地球系统科学的视角，我们可以用新的方式回答这个问题。

我们将人类社会视为诸多复杂的适应系统，并注意到这些系统被反馈回路所控制时，变化会引起进一步的变化，最终导致系统从一种状态转变为另一种状态。分析这四次转变中的每一次，我们都可以看到这些自我强化的循环与它们所引出的新状态——农业、商业资本主义、工业资本主义以及消费资本主义四种生活模式。新出现的人类社会形式总是依赖更多的能源消耗，更多的可用信息，以及人类集体能动性与环境影响力的增加。解释智人如何成为一股与众不同的自然力量，始于弄清楚人类社会的非线性历史、新能源开发的动力学以及信息的可得性。

我们要说明的是，自 16 世纪早期现代世界诞生以来，两个相互联系的自我强化反馈回路——将利润再投资以获得更多利润，以及知识通过科学方法的应用生成更多知识——日益主宰了世界诸文化。这些力量开启了越来越多、越来越快速的变化，其中包括环境变化。从根本上说，这是全球经济指数级增长的结果。全球经济每年增长 3%，预计每 25 年增加一倍以上。当经济总体规模较小时，其规模扩大一倍几乎不会产生什么影响——每个人一生中能经历的变化通常并不大。但是，当一个非常大的经济体规模扩大一倍，并且很快又将再次翻倍时，社会和地球系统中越来越多的剧烈变化就成了常态。这些不断加剧的社会和环境变化，意味着人类社会将要么蜕变成全新形态，要么崩溃。

生活模式还将发生第五次转变，这听上去不免让人有些畏惧。然而，正如战后的新安排改善了人们的生活一样，一次新的，朝向更高能量、更多信息状态的转变可以从根本上增加人类的自由，甚至可以消除人类对环境的很多破坏。迫在眉睫的转变意味着，下面几十年里人类的政治选择很可能决定大部分人类在未来更长的一段时间里将要走上的道路。我们希望能够阐明哪些问题是利害攸关的，以使得在我们这个人类主导的星球上做出人道且智慧的反应成为可能。

人类世是近年来科学界最令人瞩目的概念之一。它可以从根本上改变世界。要做到这一点，它必须经得起理性的推敲，并且有能力持续地改变我们的集体行为。鉴于人们对全球环境危机的认识日渐加深，人类世可能具有这种罕见的力量。承认人类世的存在，迫使我们思考这个由我们创造出的全球互联的超级文明，它的长期影响以及我们将为后代留下什么样的世界。也许人类世也可以帮助我们改变未来，让它变得与我们给自己起的名字——智人，即“智慧的人”更加一致。我们可以作此期待，因为人类世很可能会是从根本上改变我们对自己看法的少数科学发现之一。

以往的科学发现往往倾向于降低人类的重要性。1543年，尼古拉·哥白尼提出了地球围绕太阳旋转的证据：我们不是太阳系的中心。后来，查尔斯·达尔文在1859年出版的《物种起源》一书中揭示，智人是猿类祖先的后裔：我们在起源上并没有任何特别之处，只是生命之树的一部分。更晚近些，开普勒卫星和望远镜揭示了我们生活的地球，只是宇宙中数十亿个星系之一的数万亿个行星中的一个。然而，承认人类世的概念逆转了这一趋势。宇宙中唯一已知存在生命的地方，它的未来日益由人类行为所决定。在将近五百年里不断认识到自己在宇宙中无足轻重之后，此刻人们又回到了宇宙的中心。[3]在我们的时代里，一个关键的科学挑战就是了解我们拥有的力量。只有这样，我们才能更明智地回答这个时代的政治问题：我们该如何使用这种巨大的力量呢？

# 第一章

CHAPTER 1

# 人类世不为人知的历史

“要是地质学家能让我一个人静一静，我就很开心了。但那些讨厌的锤子啊！我在《圣经》中的每一节韵律中都能听到它们发出的叮当声。”

约翰·罗斯金，致亨利·阿克兰的一封信，1851 年

“谁掌握了过去，谁就掌握了未来；谁掌握了现在，谁就掌握了过去。”

乔治·奥威尔，《1984》，1949 年

名字具有力量。最早出现于16世纪的早期全球地图上，大片的区域都是没有名字的空白地带。当欧洲人到达这些地方时，他们经常会给山脉、河流及其他地理特征起名字。早在此之前，这些地方就已有人居住，有人知道，也有人为之命名。但是，当欧洲人为这些地貌取了自己的名字，他们就宣称这些地方为自己所有，填充了自己地图上的空白并抹去了它们最初的名字。关于这些地方的叙事被改变，被纳入了给它们命名的人的叙事。这些行为引起了深远的回响。今天，人们仍然会随口提到，克里斯托弗·哥伦布"发现"了美洲，尽管当他与他的伙伴到达时，已经有超过六千万人在美洲生活。

宗教和欧洲人优越的观念，成了征服土地和为其命名的强力理由——地质学家为大部分地球历史命名的鼎盛时期，正逢欧洲的殖民时代。在命名我们人类所生活的地质年代时，类似的社会关注也在其中发挥了一定的影响。当然，这些社会关注会随着时间的推移而变化，所用名字的含义也相应改变。Peking（北京）、Bombay（孟买）以及Leopoldville（利奥波德维尔）这些旧称已经弃用，Beijing、Mumbai以及Kinshasa讲述了不同于过去的故事。

在当今的人类世辩论中，也存在类似的、围绕命名的意涵展开的权力斗争，它包括是否正式用该术语定义一个新的地质年代。但“人类地质年代”的概念又是从哪里来的呢？了解这段历史，是了解我们今天如何思考，以及应该如何思考人类世的重要一步。

## 标准的叙述

人类世的现代历史始于2000年2月在墨西哥库埃纳瓦卡（Cuernavaca）举行的国际生物圈—地圈计划（IGBP）的小型会议。国际生物圈—地圈计划成立于1987年，旨在协调科学家称为“全球变化”的研究。其中心思想是，地球是一个综合的系统，其中物理、化学、生物和人类各部分相互作用。因此，谈论“全球变化”实际是在谈论人类所在的这一复杂的地球系统的趋势。全球变化不仅仅是气候变化，而且应该避免将“环境”与人类事务割裂来看待。人类的行为影响了周围的世界，同时这些影响也会反馈到地球系统中的人类部分。

国际生物圈—地圈计划的一个关键重心是评估过去的全球变化，特别是发生在全新世地质时代的变化。全新世是地质学家对此前长达11700年的温暖的间冰期的命名。在库埃纳瓦卡的讨论中，谈到最近由人类行为导致的全球变化时，全新世这个词被多次提及，保罗·克鲁岑（Paul Crutzen）对此感到很恼火。保罗·克鲁岑因在臭氧层空洞的大气化学方面的研究获得诺贝尔奖。据参会的人说，克鲁岑称我们已不再处于全新世了。在经历了一番挣扎，想要找到合适的词语来表达他的不安后，他宣布："我们现在正处于人类世！"克鲁岑几年后在接受一位BBC记者的采访时回忆道："我正在参加一个会议，有人谈了一些关于全新世的东西。我突然觉得这是错的。世界变化太大了。不，我们现在处在人类世。我只是一时冲动造出了这个词。每个人都感到很震惊。"[1]

克鲁岑抓住了一些很关键的东西。生态学家尤金·F.斯托默（Eugene F. Stoermer）也曾在谈话和讲座中使用过这一术语。两人展开合作，很快在2000年3月的《国际生物圈—地圈计划通讯》中发表了一篇单页论文。两人写到，自19世纪以来，一些研究人员注意到，人类活动对环境的影响越来越大，时至今日，这些影响是重大的、全球的而且是持久的。他们总结道："在我们看来，通过建议使用'人类世'这一术语来指称当前这个地质年代，以强调人类在地质学和生态学中的核心作用，似乎更为合适。"[2]

克鲁岑与斯托默认为，当前这个地质年代始于 18 世纪后期，即工业革命之初，这一点可以从南极洲冰芯中捕获的温室气体二氧化碳含量的上升中看出。这篇以及发表在知名科学杂志《自然》中的一篇简短的后续报道，引发了当代人对“人类世”这一术语的爆炸式使用。[3]

这个故事情节随后由地质学家进一步完善。在伦敦地质学会的支持下，英国莱斯特大学的深时地质学家 * 简・扎拉塞维奇（Jan Zalasiewicz）领导了一个探讨人类世新概念的小组。他重申了与克鲁岑相同的观点。在 2008 年为《观察报》撰稿时，扎拉塞维奇指出，“这一概念是由保罗・克鲁岑具体化的”，他总结道，“人类世似乎确实具有地质上的真实性，并且它可以被断定始于 1800 年”。[4]

类似的观点也发表在科学文献中，由扎拉塞维奇领衔的 21 位地质学家表示：

> 考虑将 [ 人类世 ] 约定为一个官方的地质年代是有理由的。因为自工业革命开始以来，地球经历了充分的变化，留下了与全新世或以前的更新世间冰期完全不同的全球地层特征，包括生物、沉积岩和地球化学的新变化。[5]

---

* “深时”（deep time）指地质年代尺度上的时间，该概念 18 世纪时由苏格兰地质学家詹姆斯・赫顿提出。深时地质学家即研究地质年代的专家。——译注

正如保罗·克鲁岑之前所指出的，以前也有人提到过人类活动对环境的影响。但人类世，即人类地质年代，是21世纪才出现的新概念。

从表面来看，这个故事情节是说得通的。它是说，当代地球系统科学家——本书的两位作者都属于这一群体——揭示了新的证据，证明人类活动正在从根本上影响着环境，人类已经开创了一个新的地质年代。这种叙述依赖两个有问题的假设。第一，这个故事巧妙地推广了一种叙事，即人类在不知不觉间引起了全球范围内的重大环境变化。第二，它暗示人们之前很少谈论人类活动对环境造成的影响，直到最近（科学家在21世纪之初指出它时），这一问题才被热烈讨论。

但人们是否确实是在懵然无知的状态下造成了日益加剧的环境变化？两位法国历史学家克里斯托夫·博纳伊（Christophe Bonneuil）和让-巴蒂斯特·弗莱索兹（Jean-Baptiste Fressoz）强烈质疑人类只是不小心破坏了环境并改变了地球这一观点。他们关于环境问题的详尽历史考证表明，对于几乎任何一次重大的环境变化，都曾有一些科学家和其他人警告过公众，如果听任其发展而不及时采取行动，将会有什么后果。[6]

早在1661年，博学家约翰·伊夫林（John Evelyn）就这样描述过伦敦的空气：

> 一团煤烟形成的黑云将人们淹没，仿佛地狱出现在了人间……这种带毒的烟雾，腐蚀了钢铁，并破坏了所有的活物，在所到之处无不留下厚厚的烟灰：死死地抓住居民们的肺部，没人能幸免于咳嗽与肺痨。

他将书直接题献给了查理二世国王，建议植树以减少空气污染。[7]后来，斯蒂芬·黑尔斯（Stephen Hales）在1727年出版的《植物静力学》（*Vegetable Staticks*）一书中展示了植物与大气之间的联系，表明滥伐森林导致当地的气候发生改变。[8]

人们普遍对鱼类资源的枯竭和森林的消失表示担忧。乔治-路易·勒克莱尔（George-Louis Leclerc）是启蒙运动的巨人之一，他更为人所知的名字是布丰伯爵（Comte de Buffon）。他于1778年写道：

> 人类最卑劣的状态不是野蛮人，而是那只有四分之一是文明的国家，他们一直是大自然真正的祸患……他们破坏土地……荒废它而不是让它变肥沃，毁灭它而不是开发它，将它消耗殆尽而不对其进行更新。[9]

虽然这种言论是为实行殖民耕种活动辩护的常用方法，但到了19世纪20年代，过去文明的沙漠废墟就开始被用来警告，猖獗的资源使用会导致不可逆转的气候变化，带来毁灭性的后果。事实上，空想社会主义者夏尔·傅立叶（Charles Fourier）在 1821 年发表的题为《地球的实质性恶化》（The Material Deterioration of the Planet）的文章中，呼吁建立一种新的“行星医学”，它类似于用来医治疾病的人类医学，以应对全球环境恶化的威胁。[10]

弗里德里希·恩格斯在 1876 年就简洁地说明了我们今天仍在努力解决的核心问题：

> 当个体资本家为了即时的利润而从事生产和交换时，他们首先只会考虑最近、最直接的结果……在古巴的西班牙种植园主烧毁了山坡上的森林，从灰烬中获得了足够多的肥料，他们关心的是可以种植一代有高利润的咖啡树；而毫不在意随后的热带暴雨冲走了现在暴露在外的土壤上层，只留下光秃秃的岩石！关于自然，如同社会一样，目前的生产方式主要只关注最直接、最切实的结果；但令人类惊讶的是，人类以此为目标的活动造成的更长远的结果则与此完全不同，甚至完全与他们的意愿背道而驰。[11]

几十年甚至几百年来，这一基本问题一直以各种形式存在，包括二氧化碳排放、物种灭绝、臭氧层等等。至少在最近这几十年之前，一些人就已经意识到了日益严峻的全球环境问题。

然而，“偶然的人类世”故事是诱人的。而且人们喜欢故事。就像地球环境的医生那样，今天的科学家可以成为世界的救星，注意到生病地球的症状。当权者也发现，偶然的人类世是最不会让人不适的叙事，因为它给了人们一个“不知者不罪”的方便借口：“我们不知道这个问题——我们将从现在起更加努力地应对环境危机。”虽然这可能是最容易讲的故事，但它与历史事实不符。一个多世纪前，科学家与更大范围的公众就已经在讨论人类世了。

## 人类时代与地质学一样古老

为了想清楚人类与地质年代之间的关系，我们需要明白地球有多古老、人类何时在地球上出现，以及我们何时开始产生影响。在大多数文化中，对于从古至今几乎所有的人类来说，时间的概念可以追溯到宇宙的诞生：地球被认为是非常古老的，有可能是亘古永在的。更晚近的基督教学者则为地球的历史设定了一个非常短的时间尺度。他们分析了《旧约》中的大事年表，从而计算出，根据《圣经》，地球的历史约有 6000 年——一点也不古老。到了 18 世纪中叶，一些著名的自然哲学家得出结论，认为地球的历史比盛行的宗教评论所暗示的要古老得多。因此，人们越发认为存在第三种可能性：与人类历史相比，地球要古老得多，而且地球的诞生之日是可知的。然而，要拿出确凿的证据却很难。

1778 年，布丰伯爵用他的畅销书《自然纪元》（*Epochs of Nature*）打破了这一僵局。最初，布丰的目的仅仅是整理当时所有关于自然的知识。但他不仅善于综合信息，也是一个理论家和实验主义者。他提出了这样的假说：地球和其他行星是由被彗星撕下来的太阳碎片形成的，这些热物质凝结成固态物质，然后冷却到它们现在的温度。布丰为这个理论寻找实验证据：他在自己的工作车间里再现了完全一样的过程，制作了不同尺寸的铁球并加热，测量它们冷却的速度。根据一些大胆的假设，布丰将冷却直径只有几英寸的铁球所得出的结论按比例放大到直径接近 8000 英里的地球球体，他估计，到他做实验的时候，地球已经形成了 74832 年。

布丰的《自然纪元》是一个惊人的理论、观察和实验的综合。它让公众在思想认识上充分接受了地球比圣经年代表久远得多的观点。他不仅估计了地球的年龄，还估计了其他行星及其卫星的年龄。这背后的假设是，所有的行星都要经历相同的演化过程：形成，随冷却而逐渐凝固，当行星冷却到一定程度的时候，开始发展出生命，直到行星的温度过低，生命不能再维持下去。他提出，地球是一个单一的综合系统，由有生命和无生命的各种成分组成——就像我们今天看到的那样。

布丰在理解地球历史方面取得了巨大的进步，但他当然无法超越他所在的时代。今天的共识是，地球是由粒子吸积形成的——也就是说，引力吸引更多的物质，最终发展成一个行星大小的物体。尽管如此，布丰的影响力在他死后仍长久存在。甚至到了 20 世纪初，科学家们仍假设我们的地球是一个随着时间推移，渐渐冷却而形成的熔融物，因而可以利用地球的同期温度和其预估的冷却速度确定地球的年龄。后来成为开尔文勋爵的威廉·汤姆森（William Thomson）是当时最重要的估计地球年龄的专家，他用这种方法估算出地球的年龄在 2000 万至 1 亿年之间。不幸的是，用测量冷却速度来估计地球的年龄是错误的时间计算方法，因为地球的内核也会因放射性化学反应而产生热量，这种化学反应被称为放射生热。人们需要一个更加可靠的地质时钟。而正是扰乱了开尔文勋爵的计算的这种放射性衰变的被发现，为人们带来了正确的地质时钟。

1896 年，亨利·贝克勒尔（Henry Becquerel）发现了放射性，欧内斯特·卢瑟福（Ernest Rutherford）发明了 1905 放射性年代测定法，它让测定地球的精确年龄在技术上成为可能。但放射性元素是不稳定的，随着时间的推移，它会失去能量和质量。每一种放射性元素都有特定的衰变速率，以该速率衰减，以形成新的元素，它被称为原元素的子产物。通过测量岩石形成时封闭在其中的原始放射性杂质的量，以及在同一块岩石中发现的子产物的量，就可以估计岩石形成的时间。

只有缓慢产生子产物的放射性元素才能被用来为地球上最早的岩石断代。今天，人们经常使用铀 238 的衰变来确定岩石的年代，它的子产物是铅 206（其中的序号是元素的相对原子质量）。铀 238 的半衰期为 44.7 亿年——这意味着经过这么长的时间后，原本的铀 238 中一半将转化为铅 206——这提供了一个极好的地质时钟。但是地球在地质上非常活跃，所以即使有一个很好的计时器，寻找用以测量的古代岩石也是一个挑战。地壳在不断变化，形成，再形成，所以要找到和地球一样古老的岩石是非常困难的。

对于这个问题，陨石放射性定年法提供了一个解决方案。陨石是小行星的组成部分，也是太阳系中最古老的物质之一。因为陨石和地球是同一时期形成的，而且地球当时一定是存在的，这样陨石才会与地球表面相撞，因此最古老的陨石碎片提供了地球的最小年龄。今天，在对 70 种不同的陨石进行年代测定之后，科学界一致认为，地球有 45.4 亿年的历史。[12]

从布丰的早期实验到 20 世纪 50 年代第一次古代陨石的年代确定，地球诞生的时间被推到了更久远的时候。与此同时，从地球历史的深处发现了越来越多的化石，而这些化石显而易见地并未包含人类的痕迹。从早期地质学家的时代起，人们越来越清楚地认识到，地球在人类出现之前已经存在了很长一段时间。这促使布丰之后的地质学家开始考虑，地质年代的最后一个部分是否应该是一个人类的时代。

根据布丰的《自然纪元》，地球共有七个纪元，最后的这一个是人类纪元，因人类行为改变地球而得名。他在大约240年前写道："今天，整个地球表面都打上了人类力量的印记。"如果这句话在今天听起来现代得出奇，布丰还提出了一种地球工程。他认为，地球正在无情地变冷，这对生命是有害的，因此他提出，可以通过有意地砍伐森林或植树造林来改变气候，从而"调节温度"，使之益于人类文明。

布丰的"地球七纪元历史说"过于刻意地对应了上帝七天创世的故事。事实上，在布丰的书的倒数第二稿中，还只有六个纪元，没有一个特殊的人类纪元。他加入人类纪元的原因至今仍不清楚。也许，说明地球是古老的，并证明地球在人类出现之前就存在了，单是这些对于一本书来说就已经够大胆的了。也许举出一个人类纪元是对当时普遍宗教观点的一种自我保护式的让步。人类纪元被提出来是用以表明，人是"特殊的"，与其他动物不同。然而，这些似乎不太可能是布丰在书中纳入人类纪元时所考虑的理由，因为他素来不是个轻易屈从于他人观点的人。

在此三十多年前，也就是1749年，布丰以整理和综合世界知识为目的而著的《自然史》的前三卷出版，这几卷书让他声名鹊起。它们很快被翻译成英语、荷兰语和德语，也由于与圣经里的叙事相矛盾而受到广泛的批评。法国宗教当局开始斥责他的作品。布丰同意修改一些段落，并写道，他的观点“只是纯粹的哲学假设”。人们可能会认为他屈服了，但他采用了一个极其聪明的策略：他在《自然史》系列的第四卷中公布了对文本拟议修改的全部来往信件，供所有人阅读。接着出现了更多的指责声浪，但很少有人会再次试图干涉他的想法和写作。所以到了《自然纪元》出版的时候，布丰已经稳居法国建制派的上层，并得以免受来自教会建制的攻击。我们无法确切地知道，但他笔下的人类时代可能根本不是一个宗教选择；它更有可能是建立在对新出现的化石记录的早期了解的基础上，这些记录表明人类是相对晚近才出现在地球上的，并已经开始要从根本上改变它了。

即使在最早展开地质调查的时候，有一点就已经很清楚了：这最后一个时代既是关于过去，也是关于未来的。它关于人类活动的力量。布丰的政治希望与他的地球历史以人类时代结束的观念不谋而合。如布丰在《自然纪元》一书中所提出的，他期望文明的人类为改善自身境况而改造自己的家园。无论其背后的原因是什么，是化石、宗教还是政治理想，18 世纪晚期，欧洲知识界就对将自己所处的时代划归为人类时代进行了广泛的讨论。

到了 19 世纪，地质学家仍在定期辩论，并且公布了一个最终的地质年代单位，用以表示人类活动的影响。宗教也对地质学施加了很大的影响。据我们所知，第一位在正式出版物里使用“人类”（anthropos）这一希腊语前缀来表示人类时代的是威尔士神学教授、地质学家托马斯·詹金（Thomas Jenkyn），他于1854年在《大众教育》杂志上发表的一系列地质学讲稿中使用了这个表达。这不是一本难懂的专业期刊，它的副标题是“一本集基础、高级与技术教育为一体的完整的百科全书”。它为公众提供了从蒸汽动力物理学到拉丁语再到地质学等一系列学科的课程。它是一个广为人知的“国家机构”，受到了全英国社会的好评，大约有十万名订阅读者。[13]

在较为靠前的一篇讲稿中，詹金对人类活动的影响做了一个简短的概述，从最早的狩猎–采集者开始，到后来的农民，最后到现代社会人。在讨论完物种灭绝以及他称之为通过驯化和破坏栖息地来“改变动物的特性”等人类行为后，詹金指出，人类“为了发展农业，在北美、巴西、爪哇岛以及大部分热带国家大规模地焚烧森林，这些地方的大片地区已经被摧毁”。[14]再一次地，他的话听起来现代得出奇。然后，詹金讨论了排空湿地、改变水道和修建堤坝以阻挡海洋的影响，并指出了人类对土壤和地质的重大影响。关于这些变化的重要性，他说：

> 人类生活在人类文明本身在地球表面的活动所造成的地质变化之中，因而不太可能对地质变化的物理重要性或科学价值形成充分的认识。如果你想象，我们的地

球大陆就像之前经常发生过的那样，再一次淹没在海洋的波浪之中，同时遥远未来的某个地质学家将会研究这些非常复杂的现象。那么，对他来说，地质工作中记录的详细资料将会有不可估量的价值。当他对着植物群和动物群的化石展开论述时，岩石中的沉积物将会显示，存在一个实至名归的“人类的时代”，它们会给他的调查带来新的灵感，为他的证据提供新的力量。[15]

詹金在他的最后一篇讲稿中，讨论了他所处的时代的情况，他写道：“我们在上一节课中，称之为属于‘后更新世’的所有近代岩石或许都可以被称为‘人生代’（Anthropozoic）的，意思是人类生命的岩石。”[16]19 世纪中叶，詹金观察了人类对地球的影响，并让他的学生做了一个相当简单的思想实验。想象未来人类骨骼、驯化动物、物种快速灭绝以及人类对地球表面的直接改变将会形成的化石记录，他得出结论，它们将清楚地记录人类在这个时代对地球的巨大影响。基于人类活动对未来将发现的化石的显著影响，他将他所处的时代命名为人生代。詹金的思想实验表明，存在一个人类时代的观念，在 19 世纪是不言自明的。

詹金在这一点上绝非异类。这种想法在当时很普遍。在英国，牧师塞缪尔 · 霍顿（Samuel Haughton）在 1865 年出版的广受欢迎的《地质学手册》（*Manual of Geology*）中，使用了人生代来指代“我们生活的时代”。在美国，地质学教授詹姆斯·德怀特·达纳（James Dwight Dana）于 1863 年出版的一本名为《地质学手册》（*Manual of Geology*）的书中，多次用“心智时代”（Age of Mind）和“人类纪元”（Era of Man）来代指最近的地质时期。

十年后，意大利教士兼地质学家安东尼奥·斯托帕尼（Antonio Stoppani）也发表了类似的观点。他 1873 年出版了《地质学讲稿》（*Corso di Geologia*）一书，在标题为“人生代的第一个时期”的章节中，他讨论了人类特有的，不同于其他自然力量的力量：

> 我毫不犹豫地宣告人生代的到来。人类的创生向自然界引入了一种全新的元素，这是更古老的世界所未知的一种力量。请注意，我说的是物质世界，因为地质学是地球的历史，而不是智识和道德的历史。但是新生命[人类]来到这古老的星球之后，新生命不仅像地球上的古老居民一样，将无机和有机世界统一起来，而且他们实现了一种全新的、相当神秘的结合，它将物理自然与智力原则统一起来。这种其本身是绝对全新的生物，对物质世界来说，是一种新的元素，一种新的地球力量，它威力巨大，而且无处不在，绝不逊色于地球上任何一种强大的力量。[17]

纵观我们今天对人类世的讨论，有些令人惊讶的是，人们似乎忘记了，早在 19 世纪，地质学家和地质学学生中间就曾经广泛地讨论过，最晚近的这个地质时代是一个“人类时代”。围绕这一观点似乎也没有什么争议，这表明人类时代在当时得到了人们的广泛认同。

与此同时，与这些发展相同步的还有查尔斯·莱尔（Charles Lyell）的研究。著名地质学家查尔斯·莱尔在 1830 年提出，基于三种考虑，当今的时代应该被称为“最近世”（the Recent Epoch）。这三种考虑是：最后一次冰期的结束、恰巧与之同时的人类的出现（当时人们这样认为）以及文明的兴起。虽然他用了不同的名称，但意思是一样的：一个与人类的出现和影响相关联的时代，一个人造的时代。19 世纪 60 年代，法国地理学家保罗·热维斯（Paul Gervais）将莱尔的这个术语国际化了。他借助希腊词根创造了“全新世”这个词，意思是“完全最近的”，用以涵盖过去这一万年的时间。

纵观所有这些不同的术语，19 世纪的地质学教科书通常将人类作为最新地质年代单位定义的一部分。他们用了不同的名称——最近、全新世、人生代、人的时代、心智的时代——但他们都承认并命名了一个人类时代。尽管早期地质学家之间存在着各种争论和对立，但在使用这些术语方面似乎没有什么冲突，这很可能是因为人类时代的确立似乎是不言而喻的。这些不同的词语代表着相同的概念模型和广泛的共识，即人类由于其产生的影响，已是定义当时他们所处的地质年代的一部分。

自该学科诞生以来，地质学家们一致认为人类的影响确实需要一个单独的时间单位来表达，这主要有三个原因。首先是有证据证明人类活动已经改变了环境状况。甚至在维多利亚时代，人类活动导致一些物种的灭绝、另一些物种的驯化和推广以及动植物向新土地的迁移，这些都是不言自明的事实。在未来的化石记录中，人类对其他生命形态的影响将是显而易见的。

第二个原因是宗教。研究人员对这些人（他们都是男人）留下的其他文字记录做了一番调查后，发现他们通常都虔诚地信仰宗教。这表明，一个单独的人类时代的概念很有可能受到了神学思想的影响，特别是将智人与其他动物区分开以及将人类置于地球生命的顶端，这两点十分重要。它还解决了地质年表比根据《圣经》所估计的地球历史要长得多的问题。该理论认为，在人类出现之前，地球经历了一个不断被完善的漫长过程，以迎接人类的到来。正如詹金自己在 1854 年定义人类时代的系列讲座中所提到的那样：“地质学与《圣经》一致证明，在地球上的所有造物之中，人类的出现并非发生在极为遥远的古代。”

将当下定为人类时代的第三个原因是人类活动对地球的

未来预期影响。这些地质学家是在工业迅速发展、自然资源受到压力和全球殖民化的时期写作的。与这些变化相伴的，是公众对处于变化中的环境的极度不安。[18]人们特别关切滥伐森林对气候的影响、可用木材的减少、鱼类资源的恶化以及社会的快速变化。一方面，人们担心工业化会破坏自然和社会；另一方面，人们对人类日益增长的力量充满敬畏与期待。[19]例如，詹金讨论了退耕还林和沼泽排水是如何影响气候的，而布丰研究了人类如何通过植树或砍伐森林来改变气温。在这一环境急剧变化的历史时期，人类活动似乎是一股重要的力量。因此，将其所处的地质年代视为人类时代也是毫无争议的显然结论。

20世纪，西方地质学家越来越一致倾向于使用全新世一词来描述包括今天在内的时代。就其时代划分而言，这一定义与人类时代的旧概念保持一致：自最近一次冰期结束，农业、城市和文明繁荣起来的时候开始；但它的含义开始发生转变。现在这一时代的概念与人类及其影响之间的联系越来越少。尽管地球在过去经历了许多冰期—间冰期的轮回，并且没有一个轮回作为地质年代被单独分类，但“全新世”逐渐被认为仅仅意味着我们现在所生活的温暖的间冰期。

与此同时，由于“冷战”，苏联和东欧的科学家在很大程度上独立于西方科学家而工作，他们使用了不同的术语。《俄罗斯大百科全书》（*The Great Russian Encyclopaedia*）将当下描述为“人为成因（时期）或人类世”的一部分，书中引用了1922年俄罗斯地质学家巴甫洛夫（Aleskei Pavlov）首次使用这个词的例子。1925年，乌克兰地球化学家弗拉基米尔·沃尔纳德斯基（Vladimir Vernadsky）出版了《生物圈》（*The Biosphere*）一书，他在书中指出，生命是一种塑造地球的地质力量。后来在1945年，他让生物圈与人类认知结合产生智慧圈（Noösphere，源自希腊语的“心灵”一词），因此人类是一种地质力量。自19世纪中期以来，人们就一直在讨论心智时代的概念。1922年，法国耶稣会神父、地质学家皮埃尔·泰亚尔·德·夏尔丹（Pierre Teilhard de Chardin）首先创造了智慧圈这个词。沃尔纳德斯基后来进一步发展了智慧圈的概念，但它并没有得到广泛应用。不过。非西方的科学家们确实经常选择使用源于人类活动的地质年代划分，在英语中有时翻译成“人为成因（时期）”（Anthropogene），有时翻译成“人类世”，这两种不同译法有时会造成混淆。

为什么西方在19世纪出现过许多其他可供选择的词的情况下，却选择了全新世这个并未提及人类才是引起环境变化的重要因素的词？为什么那些19世纪的观念又会被苏联阵营的科学家接受，或被他们独立创造出来？这种差异可能是由不同的政治意识形态造成的。在整个20世纪，淡化和边缘化环境问题一直是西方社会的一个主要特征，因此全新世作为一个描述当下时代的地质名称，将比“人类世”更容易理解，争议也更少。一个学术界人士选择了全新世这个词，就意味着选择了一种安稳的，打算一辈子培养未来将在石油或采矿业工作的地质学家的生活。它对地质学本身和靠地质学推动的生意都没有威胁。

1917 年十月革命后不久，苏俄地质学家就开始使用“人类世”一词，这件事如果放在大背景下考虑，就会更加容易理解。革命后，马克思主义关于全球人民力量的联合在政治和经济上改变世界的观点，只需要在概念上做一个小小的延伸，就可以得出这样一种观点：同样一种力量也是日益全球性的生态和环境变化背后的驱动力。这个世界，包括自然环境在内，将会为了所有人的福祉而改变。当然，与西方的情况不同，苏联早期宣布这一革命性变化的想法不仅被接受，而且受到了欢迎。

全新世成为西方科学家使用的术语，它通常被定义为始于距今 10000 年前*，而地质学家将“今”定为 1950 年 1 月 1 日。然而，全新世从来没有被正式定义，因此严格来说，它并不是一个正式的地质术语。这种情况在 2008 年 5 月发生了变化。国际地质科学联盟最终正式确定了全新世的官方定义，即从 11650 年前开始，一直到今。这就将上一次冰期的结束

---

* 此处原文写作 10000 BP，BP 代表“现在之前”。——译者注

和现在温暖的间冰期分隔开来，同时标识出我们生活的时代。[20] 这里简单地提到了人类活动，但只是作为补充说明，它们完全不构成定义的一部分。正是这种意义上的变化促使大气化学家保罗·克鲁岑（Paul Crutzen）在 2000 年大声疾呼，我们需要一个新的人类时代——人类世。在他看来，全新世的意思并不包含“人类影响”或“人类时代”，它意味着“当下这个温暖的间冰期状态”。并且没有一位地质学家急着纠正他。

首先是在伦敦地质学会的支持下，地质学界同意克鲁岑的观点，正如我们在本章开头所看到的。然后在 2009 年，国际地层学委员会成立了一个正式的委员会，即由简·扎拉塞维奇（Jan Zalasiewicz）领导的人类世工作小组来研究这个问题，这进一步抹去了全新世最初以人为中心的定义，以及关于人类对地质环境之影响的早期科学认识的历史。[21] 人类活动曾在定义我们所处的官方地质年代之中起作用，这一历史已经被遗忘，这意味着“人类世”现在看起来像是一个比它实际更新的概念。

人们开始用地质学术语描述当下时代，仅仅是 250 年之前的事，这段历史很短暂，但它阐明了两件重要的事情。首先，人们已经察觉到了广泛的环境变化，其中的一些变化会产生地质级的影响，这些影响至少持续了 150 年，在某些情况下甚至还要再多出一个世纪。从布丰第一次尝试写作基于科学的地球历史开始，人类活动作为一个整体对地球的影响就一直是人们叙述地球历史最后一个阶段时经常关注的焦点。如果过去的人们认真对待了关于环境重大变化的严厉警告，今天的世界会是什么样子，我们就只能想象了。

其次，在任何一个时间点上所提出的地质学论点和叙事往往倾向于更容易符合当时主流关切的立场，不论这些关切是宗教的、政治的还是哲学的。在19世纪，对包括全新世在内的人类时代的讨论，将人类与其他动物区分开来，认为人类是很晚近才出现在地球上的，很特别，与其他动物都不同。这维护了当时社会所期望的人的独特地位。20世纪的东西方命名惯例都与科学家们各自身处的政治传统最为契合。如今的21世纪，关于人类世的辩论似乎也陷入了类似的思维模式。今天讨论人类世的地质学家无论是在有意识地淡化，还是并不知道，抑或是已经忘记了这些争论的历史以及关于人类影响造成地质上重要变化的担忧，其结果都是一样的。有人认为，人类世是一个新时代，我们人类是无意间进入了它的。这种认为人类世是一个“偶然”事件的观点——人们只是不知道自己在做什么——再一次地，是对当前的现状而言最舒服，最易接受的一种看法，它让那些有权有势的人可以逃避对当下环境问题的责任。

换句话说，似乎每到革命性的变化即将席卷全球的时代，无论是工业革命、共产主义的兴起，还是当下时代飞快的技术变革，都会促使科学家去宣布一个人类时代的到来。但是证据呢？最早的那一批地质学家也许有能判定一个由人类活动定义的地质年代的证据，也许没有。关于保罗·克鲁岑和当代地质学家在 21 世纪提出的论点，我们也可以说同样的话：政治因素在其中扮演的角色，可能跟科学证据一样重要。[22] 如果我们想了解科学证据是否确实显示人类活动已经将地球改变到了一定程度，以至于我们现在生活在一个新的时代了，那么我们就需要认真去检视这些证据，而不是寻找一个意识形态上和政治上更舒适的地带。要做到这一点，我们首先需要后退一步，简要地回顾地球的历史，并了解地质学家通常是如何定义年代与时间的。

第二章

CHAPTER 2

# 如何划分地质年代

“不久后，人们就不再会将化石混淆，而是把它们列入世界的每个时代。”

约翰·沃尔夫冈·冯·歌德，

致约翰·海因里希·默克的一封信，1782 年

“沉积物是某种地球的史诗。或许，人类到了足够聪明的时候，就可以从它们之中读出所有过去的历史。”

蕾切尔·卡森，《我们周围的海洋》，1951 年

在过去的250年里，地质学家们仔细地拼凑出了一部地球史，这是人类历史上最重大的集体智慧结晶之一，它被称为地质年代。[1]这项工作本质上是一项科学侦查工作，因为现有的地质档案资料，连同有关过去情况的线索，还远远称不上完整。大多数动植物死去后不会形成化石，而岩石也不能直接捕捉其形成时的气候条件。然而，地质学家们已经对地球的历史获得了相当的了解，而这对于评价人类活动对地球的改变是否到了可与地球历史上的重要事件比肩的程度来说，至关重要。

破译地球历史上重大事件的早期工作，是通过利用岩石中所含的化石绘制出岩石的相对年龄图来完成的。与许多科学领域的情况一样，这个问题也是由中东学者率先提出的。公元1027年，博学的波斯学者阿维森纳（Avicenna）写成了百科全书《治疗之书》（*The Book of Healing*），在其中他描述了岩石分层和化石的形成过程。六百多年后，丹麦科学家、天主教神父尼古拉斯·斯特诺（Nicolas Steno）重新探究了类似的领域，并于1669年出版了一本书，试图解开“固体中的固体”之谜——我们现在知道，他说的是包裹在岩石中的动物化石。斯特诺建立了至今仍被称为“叠复原理”（the Law of Superposition）的理论：在一个序列中，位于最下层的岩石往往是最古老的。[2]然而直到一个世纪之后，才有人真正理解这一发现的重要性。

威廉·史密斯（William Smith）是18世纪的一名土地测量员、地质学家，也是科学界最早的众筹集资者之一。他出生于1769年，就读于牛津郡丘吉尔村的当地学校，他的父亲是一名铁匠。史密斯从小就喜欢收集化石，后来自学了土地测量技术。18岁时，他成为著名测量员爱德华·韦伯的助手。史密斯的工作是监督英格兰西南部萨默塞特煤炭运河的挖掘工作。通过研究因切割而暴露出的岩石，他可以直观地看到不同的岩层——今天的地质学家称之为地层。在这些岩层之间，由下到上总是出现相同的化石序列。他看见一种叫做三叶虫的坚硬的海洋生物出现了，接着在后来的地层中完全消失了，再也没有出现过。在早期三叶虫地层的上方，出现了类似鱼类的动物，它们的外观随着岩层逐渐靠近地表而一点点变化。在较为靠后的序列中，树的碎片出现了。

史密斯在离这里很远的其他岩石中，甚至在英国的另一边也发现了同样的化石序列，他把这称为“动物群顺序原理”。很简单，这种不同类型化石跨越地域的一致顺序意味着，无论是哪里的岩层，其排列顺序都对得上。这种有序的连续表明，在不同的地方，不同生命形式的数量多寡都在同一时期发生了重要的变化。英国不同地区的岩石层之间都存在一定的相关性，这表明这些变化是在一个很大的尺度上发生的。事实上，它们似乎在所有地方都发生了。这种利用化石进行的岩层排序，开始为人类提供线索，将这些地球历史上的重要事件，以及它们的先后时间拼凑起来。

岩石的类型主要有三种。火成岩是由接近地球表面的热岩浆（包括基性岩浆和花岗岩）冷却和凝固而形成的。其中一些岩石被风、水、冰和生物侵蚀，再加上偶尔出现的植物和动物残骸，这些物质形成了松散的沉积物，这些沉积物被堆积在其上的沉积物质的巨大压力压实，成为含有化石的沉积岩。沉积岩包括石灰岩、砂岩、页岩、白垩和黏土。第三种类型是变质岩，它们是沉积岩经历了极大的压力和受热后形成的。例如，大理石就是经过高温高压作用的石灰岩。

地壳的大部分是由火成岩构成的，沉积岩只占约 9%，但它覆盖了今天陆地表面的 73%。沉积岩呈层叠状，年轻的岩石覆盖在更老的岩石之上，这意味着向下追溯地质序列就像是回到了过去，随着我们一步步探向地球历史的深处，发现各种类型的植物和动物依次出现和消失。这种对地层，以及对不同地层中岩石的匹配的关注，是这一科学分支被称为地层学的原因，stratigraphy 这个英语词的字面意思是“关于层次的写作”。

威廉·史密斯知道他要找的岩层在哪里，并且开始描绘一幅他周围的历史图景。1799 年，以“动物群顺序原理”的想法为指导，他给一幅巴斯市周围 5 英里范围内的岩石类型地图上色，把整个地区的同一地层涂成了相同的颜色。这是全世界第一张地质图。然后他满怀热情地计划绘制一幅英国地质图。这时他已失去了工作地位于巴斯的那份运河工作，于是就开始在全国各地从事土地测量工作。这项工作使他能够收集重要的数据，然而他为国家收集数据所需要的资金却始终没有兑现。最后，他为这个项目众筹了大量资金，共有 400 人为他的工作提供小额资助。他的英格兰、威尔士与苏格兰地质图出版于 1815 年。尽管被科学界所忽视，但他绘制的地图却被矿山勘探者、运河建设者和其他人广泛使用。第二年，他出版了《英格兰地层图》(*Delineation of the Strata of England*)，此后又出版了其他著作，但他的社会阶层和相对贫穷的家境意味着他未能进入上流社会的圈子，与一流的科学家来往。他的工作和想法没有得到承认。

史密斯的债务越来越多，他也在相对默默无闻的生活中逐渐憔悴下去。他把自己收集的化石以 700 英镑的价格卖给了大英博物馆，但这还不够。1819 年，他被关进了王座法庭债务人监狱。他被释放后，查封官没收了他家的房子。他一无所有，又重新开始在英国旅行，找了一份巡回土地测量员的工作。史密斯花了 10 年时间，才通过他的赞助人——国会议员约翰·约翰斯通（Sir John Johnstone）爵士——得到了人们对他工作的广泛认可。他现在被公认为英国地质学之父。[3] 他的方法后来被扩展到不只研究化石，还包括化学和其他地质特征，如今这一方法仍被用来快速评估新发现的岩石，并确定它们在地球历史中的位置。

利用这些化石之间的相互关系，再加上通过现代技术精确确定岩石的年代，地质学家们按着越来越精细的层次序列，把地球 45 亿年的历史分成了若干部分。这里出现了五个递进的层次：宙、代、纪、世，最后是期。[4] 每一个时间片段的切分都是基于化石生命的出现和消失：层次越高，变化越大。就像俄罗斯套娃一样：四个宙，每个至少跨越 5 亿年，包含了 10 个代，每个都跨越几亿年。在这些代中，共有 22 个纪，每个纪通常跨越 5000 万年到 2 亿年。另外，仅针对地球最近的这个宙，因为这一时代可供研究的化石证据比以前的都多，时间就被进一步细分到了第四层，这个宙被划分成 34 个世，每个世通常持续 500 万到 3500 万年，以及第五层的 99 个期，每个期通常持续 200 至 1000 万年。这种地质年代表既划分了时间，又总结了地球历史上的重大事件。[5] 图 2.1 展现了地球历史的宏大图景。图 2.2 刻画了最近的宙，即过去的 5.41 亿年，并显示了各类别的包含关系。

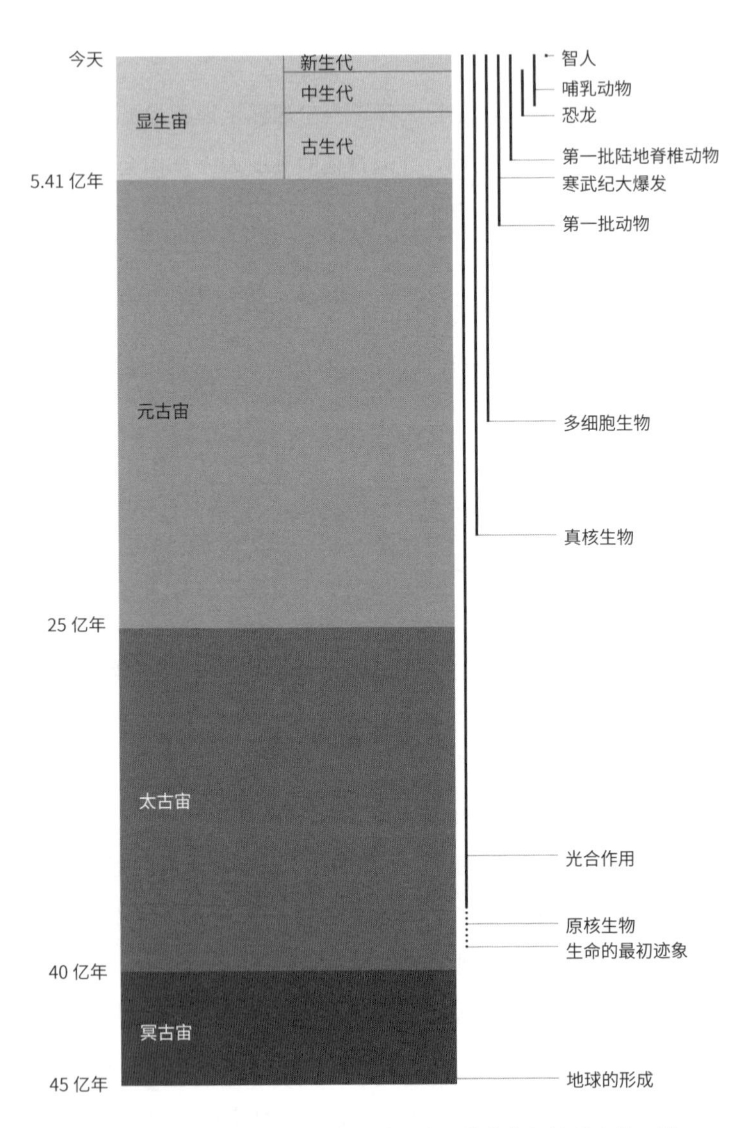


图 2.1　地球 45.4 亿年的历史上主要的生物与地质事件。当前的宙是显生宙，如图所示，它又包含三个代。[6]

| 宙 | 代 | 纪 | 世 | 期 | 全球层型剖面和点位 | 年龄（百万年） |
|---|---|---|---|---|---|---|
| | | | | | | 今 |
| 显生宙 | 新生代 | 第四纪 | 全新世 | | ● | 0.0117 |
| | | | 更新世 | 上期 | | 0.126 |
| | | | | 中期 | | 0.781 |
| | | | | 卡拉布里亚期 | ● | 1.80 |
| | | | | 格拉斯期 | ● | 2.58 |
| | | 新近纪 | 上新世 | 皮亚琴期 | ● | 3.60 |
| | | | | 赞克尔期 | ● | 5.333 |
| | | | 中新世 | 墨西拿期 | ● | 7.246 |
| | | | | 托尔托纳期 | ● | 11.63 |
| | | | | 塞拉瓦莱期 | ● | 13.82 |
| | | | | 兰盖期 | | 15.97 |
| | | | | 波尔多期 | | 20.44 |
| | | | | 阿基坦期 | ● | 23.03 |
| | | 古近纪 | 渐新世 | 夏特期 | | 28.10 |
| | | | | 吕珀尔期 | ● | 33.90 |
| | | | 创新世 | 普利亚本期 | | 37.80 |
| | | | | 巴尔通期 | | 41.20 |
| | | | | 卢泰特期 | ● | 47.80 |
| | | | | 伊普利斯期 | ● | 56.00 |
| | | | 古新世 | 坦尼特期 | ● | 59.20 |
| | | | | 赛兰特期 | ● | 61.60 |
| | | | | 丹尼期 | ● | 66.00 |
| | 中生代 | 白垩纪 | 晚白垩世 | 马斯特里赫特期 | ● | 72.1 |
| | | | | 坎潘期 | | 83.6 |
| | | | | 三冬期 | ● | 86.3 |
| | | | | 康尼亚克期 | ● | 89.8 |
| | | | | 士仑期 | ● | 93.9 |
| | | | | 赛诺曼期 | ● | 100.5 |
| | | | 早白垩世 | 阿尔布期 | | 约 113 |
| | | | | 阿普特期 | | 约 125 |
| | | | | 巴雷姆期 | | 约 129.4 |
| | | | | 欧特里夫期 | | 约 132.9 |
| | | | | 凡兰吟期 | | 约 139.8 |
| | | | | 贝利阿斯期 | | 约 145 |

图 2.2　过去 5.41 亿年的官方地质年代表，它展示了用来描述地质年代的各术语的包含关系，以及用来标记地质年代边界的金钉子。[7]

| 宙 | 代 | 纪 | 世 | 期 | 全球层型剖面和点位 | 年龄（百万年） |
|---|---|---|---|---|---|---|
| | | | | | | 约 145.0 |
| 显生宙 | 中生代 | 侏罗纪 | 晚侏罗世 | 提塘期 | | 152.1 |
| | | | | 基末利期 | | 157.3 |
| | | | | 牛津期 | | 163.5 |
| | | | 中侏罗世 | 卡洛夫期 | | 166.1 |
| | | | | 巴通期 | ● | 168.3 |
| | | | | 巴柔期 | ● | 170.3 |
| | | | | 阿林期 | ● | 174.1 |
| | | | 早侏罗世 | 土阿辛期 | ● | 182.7 |
| | | | | 普林斯巴期 | ● | 190.8 |
| | | | | 辛涅缪尔期 | ● | 199.3 |
| | | | | 赫塘期 | ● | 201.3 |
| | | 三叠纪 | 晚三叠世 | 瑞替期 | | 约 208.5 |
| | | | | 诺利期 | | 约 227 |
| | | | | 卡尼期 | ● | 约 237 |
| | | | 中三叠世 | 拉丁期 | ● | 约 242 |
| | | | | 安妮期 | | 247.2 |
| | | | 早三叠世 | 奥伦尼克期 | | 251.2 |
| | | | | 印度期 | ● | 252.17 |
| | 古生代 | 二叠纪 | 乐平世 | 长兴期 | ● | 254.14 |
| | | | | 吴家坪期 | ● | 259.8 |
| | | | 瓜德鲁普世 | 卡匹敦期 | ● | 265.1 |
| | | | | 沃德期 | ● | 268.8 |
| | | | | 罗德期 | ● | 272.3 |
| | | | 乌拉尔世 | 空谷期 | | 283.5 |
| | | | | 亚丁斯克期 | | 290.1 |
| | | | | 萨克马尔期 | | 295.0 |
| | | | | 阿瑟尔期 | ● | 298.9 |
| | | 石炭纪 | 宾夕法尼亚亚纪 上世 | 格舍尔期 | | 303.7 |
| | | | | 卡西莫夫期 | | 307.0 |
| | | | 宾夕法尼亚亚纪 中世 | 莫斯科期 | | 315.2 |
| | | | 宾夕法尼亚亚纪 下世 | 巴什基尔期 | ● | 323.2 |
| | | | 密西西比亚纪 上世 | 谢尔普霍夫期 | | 330.9 |
| | | | 密西西比亚纪 中世 | 维宪期 | ● | 346.7 |
| | | | 密西西比亚纪 下世 | 杜内期 | ● | 358.9 |

| 宙 | 代 | 纪 | 世 | 期 | 全球层型剖面和点位 | 年龄（百万年） |
|---|---|---|---|---|---|---|
| 显生宙 | 中生代 | 侏罗纪 | 晚泥盆世 | 法门期 | | 358.9 |
| | | | | 弗拉期 | | 372.2 |
| | | | 中泥盆世 | 吉维特期 | | 387.7 |
| | | | | 艾菲尔期 | | 387.7 |
| | | | 早泥盆世 | 埃姆斯期 | | 393.3 |
| | | | | 布拉格期 | | 407.6 |
| | | | | 洛霍考夫期 | | 410.8 |
| | | 三叠纪 | 普里道利世 | | | 419.2 |
| | | | 罗德洛世 | 卢德福德期 | | 423.0 |
| | | | | 戈斯特期 | | 425.6 |
| | | | 温洛克世 | 侯默期 | | 427.4 |
| | | | | 申伍德期 | | 430.5 |
| | | | 兰多维列世 | 特列奇期 | | 433.4 |
| | | | | 埃隆期 | | 438.5 |
| | | | | 鲁丹期 | | 440.8 |
| | 古生代 | 二叠纪 | 晚奥陶世 | 赫南特期 | | 443.8 |
| | | | | 凯迪期 | | 445.2 |
| | | | | 桑比期 | | 453.0 |
| | | | 中奥陶世 | 达瑞威尔期 | | 458.4 |
| | | | | 大坪期 | | 467.3 |
| | | | 早奥陶世 | 弗洛期 | | 470.0 |
| | | | | 特马豆克期 | | 477.7 |
| | | 石炭纪 | 芙蓉世 | 第十期 | | 485.4 |
| | | | | 江山期 | | 约 489.5 |
| | | | | 排碧期 | | 约 494 |
| | | | Series 3 | 古丈期 | | 约 497 |
| | | | | 鼓山期 | | 约 500.5 |
| | | | | 第五期 | | 约 504.5 |
| | | | Series 2 | 第四期 | | 约 509 |
| | | | | 第三期 | | 约 514 |
| | | | 中寒武世 | 第二期 | | 约 521 |
| | | | | 幸运阶 | | 约 529 |
| | | | | | | 541.0 |

这一系统意味着任何人都可以在生命形态变化的指引下精确定位地球历史上的任何一个时间点，而生命形态变化本身就是对环境变化，其中包括地球历史上的重大事件的反应。随着新的科学证据逐渐积累，地质年代表也会定期更新：自2000 年以来已经发生了 43 次变化。要想增加、减少或以任何方式改变官方的图表，必须给出新的科学证据，所有改动还必须经过国际地层学委员会的认可，之后再由国际地质科学联合会批准生效。

## 跨越万古的生命

地球的历史分为四个宙，其中第一个被称为“冥古宙”（Hadean，该词源于希伯来语中“阴间”一词的希腊语翻译，意为死者的安息之所或地狱，希腊神话中冥府之神的名字也是 Hades），与地球上生命出现之前的时期相对应。紧随其后的是太古宙（Archean, 希腊语意为“古代”或“开始”），该年代始于 40 亿年前，人们发现地球上早期生命存在的证据之后。从 25 亿年前开始，元古宙（Proterozoic，希腊语意为“较早的生命”和“动物的”[ -zoic ] 宙）就开始了，人们在这个时代的岩层中发现了多细胞生命。最后的显生宙（Phanerozoic，“可见的”或“显露的”生命）是指丰富且复杂的动物化石生命被发现的年代。我们现在就生活在显生宙，它始于 5.41 亿年前，当时地球上出现了多种多样的复杂生命形式。

最显著的一点是，地质时期最高一层的分界，是地质学家利用生命形态日益复杂的发展来划定的。由冥古宙进入太古宙的标志是生命的出现。地球历史上的这一重大变化巧妙地说明了划分地质时代时必须克服的诸多问题之一："以前"和"以后"状态之间的界线在哪里？在各个时期之间划界多少会有几分人为的任意性，但这是必要的。从聚焦于岩层而产生的地质学惯例，是将任何一个岩层或沉积物层的下边界，亦即其形成的开端作为分界标志，时代也以此为依据划分。地质上的时间界线通常以新事物的出现为标志。比如太古宙就是以生命的出现为开端。鉴于时间久远而证据稀少，所以无法弄清生命首次出现的确切日期；于是，以一个整数——40 亿年前作为太古宙的开始已经被官方认可了。这一新的地层以生命的存在为起点，它结束了"地狱般的"冥古宙，一直持续到下一个宙——位于它之上的岩层——开始。这对于人类世的讨论很重要：如果地质学家只是在用一个名称来标记一层岩石或沉淀物的结束，那么严格按照地质学的逻辑，人类世这个概念就没有什么意义了，因为对于任何人类时代来说，我们今天都只处在它的早期阶段。

鉴于太古宙时间久远，它的划定依据是极不完整的。很少有岩石能从那时保存到现在，并且类似于细菌的早期生命形式也很少会变成化石。然而，2016 年，科学家们在格陵兰岛的岩石中发现了37亿年前的微生物化石，由此将化石生命的最早记录又往前推了2.2亿年。[8]要让我们对这个数字得到一个更直观的理解，可以说这项研究将生命的出现推前的时间长度，是智人在地球上存在的时长的700倍。更早的生命证据甚至也存在，但不那么直接：人们在一颗已有41亿年历史的矿物颗粒中发现了微量的化学物质，这些化学物质被认为是生命存在的副产品。[9]因此，根据现有的证据，选择40亿年前作为分界是一个合理的整数。

最早出现的单细胞生物是原核生物的祖先，原核生物是当今地球上仍在进化的两种基本生命谱系之一。单细胞生物包括两个主要分支，细菌（bacteria）和古生菌（archaea）。它们与所有的植物、动物和真菌的不同之处在于，它们的细胞不含有分离的细胞核。这些古老的生物是由深海热液喷口产生的化学能提供能量，或由阳光和靠近水面处的类似无氧光合作用的过程提供能量。[10]

地球历史上的第二次重大转变是由太古宙进入元古宙。元古宙由一种改变了地球的新生命形式的影响所主导。这些改变是如此深刻，以至于我们今天仍然生活在它们产生的影响之中。可能早至30亿年前，而至少早于24亿年前，一种叫做蓝藻细菌（或称蓝绿藻）的微生物被进化出来，并开始做一些新事情——我们可以称之为“光合成2.0”。它利用光产生化学能量，在此过程中会生成氧气作为其副产品。最初，岩石中的矿物质与光合作用生成的氧气发生反应，将氧气从大气中去除，在此过程中矿物质自身也会发生明显的变化。随着时间的推移，地球吸收这些新生命产生的废物的自然容量变得饱和了，于是氧气开始在大气中逐渐累积。在超过 10 万年的时间里，氧气水平上升，使地球的大气发生了永久性的变化。[11] 这种光合作用的废物后来将成为今天许多生命仍然依赖的资源。

在这次所谓的"大氧化事件"之前，地球上居主导地位的生命是厌氧微生物，它们适应于没有游离氧存在的环境。人们普遍认为，大氧化事件导致了它们的大范围灭绝，但事实上很少有确凿的证据能证明这一点。最有可能的解释是，这些细菌要么是被赶到了更有限的厌氧生态龛中，要么通过进化的保护机制活了下来。无论哪种解释更正确，今天仍然存在许多厌氧菌种。在你的口腔和肠道中，生活着成千上万种不同类型的厌氧菌。在全球范围内，它们也活得很好：目前，至少存在 1000 亿种基因彼此不同的厌氧菌。[12]

新出现的废氧气为生物体提供了一种新的能量来源。在这段时期内出现了第二种基本的生命谱系——真核生物。这些生物体的细胞中有一个分离的细胞核，细胞核中含有 DNA，因此可以传递更多的信息。这是因为原核生物只有一条染色体上有基因，而真核生物的很多染色体上都有基因，这意味着信息可以平行传递。这种新的信息传递方式需要更多的能量，因而真核生物由线粒体提供能量，利用氧气作为能量来源。所有的真菌，所有的植物与动物，包括我们，都是真核生物。虽然很难与细菌区分开来，但最早的真核生物化石至少已经有 17 亿年的历史了。[13]

大氧化事件凸显出了利用事件分割和定义时代这种做法的另一个概念问题：影响地球的变化可能需要数千年甚至数百万年才能完全发挥作用。根据地质年代表，元古宙始于 25 亿年前，这是另一个近似的整数值。大氧化事件的影响达到顶峰的时间比它稍微靠后，之后持续了 5 亿年。这个日期也大致与地球大陆地壳的变化相吻合，从一个更热、更软的状态转变为一个更冷、更硬的状态——同样地，这也是一个永久性变化，我们现在还生活在它的影响之中。

在大氧化事件发生的同时，一种氮的全球循环模式出现了。这种模式大体不变地一直延续到现代，直到后来人类活动开始干预这种循环。尽管在大氧化事件之后的几亿年间，地球系统发生了这些根本性的变化，但随后地球进入了一个相对稳定的新时期。许多人把 20 亿年前到 10 亿年前的这段时间称为“无聊的十亿年”。在这十亿年里出现了真核生物、含氧环境和氮的全球循环，而这些变化一旦确定下来，就不会发生太大的变化。然后，一个新的快速变革时期开始了，它同样留下了一笔定义了我们今日生活环境的馈赠。

作为一个系统运行的地球所经历的最后一次重大转变是

产生了“显现的生命”：显生宙（Phanerozoic），即我们所生活的宙。这个宙开始于 5.41 亿年前，它以地球的另一个深刻变化为标志：令人难以置信的生命多样性的出现——被称为寒武纪大爆发。[14] 在大约 7000 万至 8000 万年的时间里，一个显著的转变发生了。从大多数单细胞生物体，到丰富复杂的生命，包括今天存在的众多主要的动物种类（称为门）。包含所有昆虫的节肢动物门，包含所有脊椎动物的脊索动物门，以及蠕虫、软体动物、珊瑚和许多现已灭绝的海洋动物，都一起出现在这个时期的化石记录中。从大约 4.7 亿年前开始，植物开始在地表大量生长，越来越多的动物也在这片土地上繁衍生息。一个关键的变化是硬壳和外骨骼的进化，这增加了动物变为化石的可能性；它们与此前的动物相比更大的体型也意味着一旦它们被保存下来，就更容易被发现。此外，新生命形式的出现被认为是地球历史上最重要的事件之一，也是划分地质年代的关键。

关于寒武纪大爆发的原因，专家们一直争论不休。最让人信服的一种解释是，海洋中的氧气浓度越过某一临界点，从而引发了一连串的进化上的变化。对现代海洋的测量数据显示，在低于海平面处氧气浓度的 3% 的低氧环境下，小型动物族群可以在结构非常简单的群落中生存。当氧气浓度增加到比这再高几个百分点时，变化就发生了：有足够的氧气以维持捕食者生存，这改变了群落的整个结构。在寒武纪大爆发的时候，氧气浓度的上升被认为已经超过了一个临界值，从而导致了一场捕食者与被捕食者的军备竞赛，一些物种灭绝了，同时防御性的进化方面的创新在短期内大量增加。被捕食者身上往往会进化出硬壳和外骨骼，而捕食者们身上的进化创新包括利齿。这些都是寒武纪大爆发时期第一次大规模出现的现象。含氧浓度的变化带来的生物学影响，可能是理解重大变化的关键，这些重大变化导致显生宙的出现，并且永远地改变了地球。[15]

显生宙只占到了地球历史的 12%，但大多数地质学家都研究它，因为它丰富的岩石和化石展现了地球上气候和生命的众多有趣变化。这突出了解释地球历史中的另一组困难之处：证据基础会随着时间而改变。对于太古宙和元古宙来说，重要的变化是清楚的，但幸存的化石和化学特征是稀少的。地质学家对此的回应是选择整数年来标记它们之间的过渡边界。然而，一旦有了额外的信息，就可以使用化石和来自年代久远的岩石的化学特征更准确地给过渡划界，而不是采用一个方便的整数年（学术上被称为全球标准地层年龄），比如太古宙开始时的 40 亿年边界。

体现了寒武纪大爆发及其后果的显生宙，其特点是出现了独特的 u 形动物洞穴化石，它被称作遗迹化石，拉丁语名为 Trichophycus pedum（“脚的痕迹”）。洞穴被认为是由今天的普里阿普利德海洋蠕虫（由于它们外形状似阴茎，故以希腊神话中的生育神普里阿普斯命名）的近亲创造的。这些洞穴标记着我们今天生活的宙的开始——距今 5.41 亿年前。

这种边界标记的正式名称是全球层型剖面和点位（Global Stratotype Section and Point），或 GSSP。它是指地球上的一个具体地点，以及岩层序列中的一个确切位置。于是，蠕虫化石洞穴被用作显生宙开始时生命爆发的方便的标记。这个特殊的 GSSP 是在加拿大纽芬兰布林半岛上露出地面的名为幸运头的岩石中段发现的。其想法是，正如威廉·史密斯 1799 年通过给巴斯周围的岩层地图涂上颜色所宣称的那样，这个在岩层（“层型剖面”）中的位置（“点”），与世界上（“全球”）其他地方的同一地层都相关联。GSSP 为其他地方与之建立相关性提供了一个锚点。它表明：“正是在这里，开始了一个新的岩层和地球历史上的一个新阶段。”

GSSP 标记物常被称为“金钉子”，因为早期地质学家使用锤入岩石的金属钉来标记地层边界，而且这类型的标记在地形学中被奉为“金标准”。它们标志着两个明显不同的岩层间的分界线。金钉子通常是某个新化石物种的首次出现，或者是与当时地球系统的某次快速变化有关的一种化学特征。通常，金钉子标志着地球上生命形式变化的前后边界。要想确定一个新的人类世的开始，我们也需要类似的东西——地球发生了重要变化的证据，以及这些变化的一个方便标记。

如果我们用地球历史上发生的重大事件来评估地质学家是如何在最粗略的水平上划分时间的，我们会发现，生命在这三次转变中都处于核心地位：它的出现，由制造氧气的光合作用的进化所带来的巨大变化，以及产生了复杂生命的寒武纪大爆发。但是，将那些来自希腊语的术语翻译出来，也揭示了一些其他的东西。地球在最初是“地狱般”的，对于生命来说太过炙热。然后出现了第一个“生命的开始”，随后是向着世界“早期生命”的转变，它为“显现生命”的最终出现创造了条件。这一切听起来颇有《圣经》的味道，或者是基督教和启蒙主义进步观的混合。

虽然早期的地质学家笃信宗教，但根据地球历史上的重大变化来划分时间无疑是一项科学尝试。考虑到大多数含化石的岩石是沉积岩，并且地球表面的大部分是海洋，我们手头容易获得的证据所支持的，是从海洋动物的角度来看待地球的历史。这种以动物为中心的视角被得到普遍认同的，视人类为最复杂的动物和进化的顶峰这一观点所强化。但如果我们换一个关注点，在看待地球的历史时，就会着重于不同的东西。

作为一个思想实验，我们也可以这样思考地球的历史：假如植物是有知觉的，并且它们已经建立了一个地质年代表。对这些智能植物来说，生命复杂性的提高仍然会是它们的关注重点，但细节很可能会看起来大不相同。也许从蓝藻到开花植物的一步步发展将会是整个故事的核心，同时细菌和真菌会扮演更重要的角色。这些生物体改变了碳、氮和磷在全球的循环，使植物获得更多的营养物质。或者，植物可能决定首先强调生命的出现和厌氧光合作用类型的反应，然后是光合作用产生废物氧，再然后植物们开始通过复杂的光合作用占领整片陆地。接下来，可能就是大约 2.45 亿年前开花植物的出现。食肉植物，比如捕蝇草的进化，可能被定义为最后一个世到来的标志，当时一些开花植物开始食用动物。

一种比专注于植物或动物更好的选择是，我们更宽泛地询问“生命”是什么，以及它在整个地球历史上是如何变化的。就我们的目的而言，生命可以被描述为经历进化的实体。它们生长、繁殖，将信息的副本——该怎么活着——传递给下一代。这些副本并不都是完美的：复制过程中会有一些错误，被称为突变，意味着有些副本为下一代提供了更好或更糟的信息。存活和繁殖的后代越多，更多适合环境的信息副本就会传递下去。从这个角度看，生命形态处理信息的能力的提高，使更复杂和多样的生物体得以进化出来，从而定义了地球历史上的重要变化。

因此，我们可以说重要的转变是最早的复制结构的出现，这种结构将称为原初生命体（protocell）的遗传信息传递给最初的原核生物。然后出现了真核生物，真核生物中的线粒体提供了更多的能量，产生更多的染色体、基因和一条更加庞大的信息流。下一个阶段将是多细胞生物的进化，包括在细胞间传递信息。然后，我们也可能加上一个向社会性动物的社群过渡的步骤，即在同一物种的整个群体中间传递信息。最后一个转变是动物社群中出现了语言，这是一个在信息传递方面更进一步的变化。[16] 我们同样注意到了生命复杂性的不断增加，但从这个视角看，它将被解读为地球生命之信息处理能力的逐渐增加。

另一些人可能会言之有理地认为，要对地球产生重大影响，必须有丰富的生物体，而这需要大量的能量。他们可能会说，对生命的历史来说，能量与信息处理同样具有基础性的作用。地球的历史同样可以被视为是一系列新能源出现的历史，每一种新能源都通过让生命体变得更丰富来改变地球系统。根据这一观点，地球的历史将始于由地球化学能量推动的初始生命，到利用太阳光进行光合作用的生命体，再到从氧气中获取能量的真核生物。按照这一逻辑，还有两次重要的能量转变凸显出来。第一，当动物开始吃其他动物时：在寒武纪大爆发的时候，肉成了一种新的能量来源。第二,一旦植物在富氧的大气中大量生长，火的存在就成了可能，而当火为早期人类提供强大的能量来源，使人类能够在更冷的环境中繁衍生息时，火的作用就变得更加重要。最近，燃烧化石燃料，即陈腐化的动植物的行为，已经改变了地球的能量平衡。[17]

换句话说，如果外星科学家要构建我们星球的历史，他们完全可能会把关注重点放在地球历史上不同的时期和地点。

从岩石探测或查阅其他自然档案中得到的官方地质年代表，是一种基于证据的对地球历史的理解。但它同时也包含了那些曾经组织，并会继续组织我们星球历史的人的历史和文化的元素。它是人类建构的产物，是为了帮助我们理解我们所处的世界而创造的。

## 处在当下宙中的生命

地球上最晚近的，也是我们当下所处的宙是显生宙，或称“显现的生命”，它始于5.41亿年前的寒武纪大爆发。在这个宙，常见的模式是先有新植物和动物形态的增加，随后又出现灭绝事件和多样性的丧失。之后，经过数百万年，又有新的生命形态出现并开始占据主导地位。在过去的5亿年里，由于灭绝事件已经被新近进化的生命形态所充分补偿，物种的多样性显著增加。这可能是因为多样性会进一步催生多样性，因为更多样的群落更加复杂，这为物种细分化创造了更多的机会。

较大型的灭绝事件被用于分隔囊括在显生宙内的各个时代，较小的灭绝事件也用来标记地球系统的一些周期级变化。这些灭绝事件是由许多大相径庭的现象引起的，比如大规模的火山爆发向大气中释放出数千亿吨二氧化碳，从海底释放出大量强力的温室气体甲烷，以及偶尔发生的外星陨石撞击。每个事件都使气候和更广泛的环境发生变化，进而对地球造成重大冲击，同时影响大气、海洋和陆地表面。其结果是，一些物种要么无法承受这些环境变化发生的速度，要么无法承受变化带来的新环境。这使大多数的物种种群数量减少，许多物种甚至完全消失。

大规模灭绝事件的定义通常是指所有物种的 75% 以上的消失。然而，并非所有这些消失都是由环境的迅速变化造成的。随着一些物种的消失，依赖于它们的其他物种也可能死亡。下一层级的依赖物种接着就会陷入危险。地质史上的物种灭绝似乎需要一段时间，它是一种随着生态系统瓦解而发生的波浪般的消失，最终导致全球生物系统的崩溃。这些大规模灭绝事件将幸存的生物体暴露在了存在较少竞争对手的广阔生态空间中。在这个空间里，新的物种得到进化，新的生命形态出现并逐渐占据重要地位，它们将地球系统重新引到了一条新的进化轨道上。这与今天急剧的气候变化和物种灭绝危机有明显的相似之处，令人担忧。

我们生活的宙以金钉子为标志，被划分为三个时代，如图 2.2 所示。首先，古生代（“古代生命”）始于 5.41 亿年前的寒武纪。这个充满巨大进化改变的时期以 2.52 亿年前发生的，地球历史上最大规模的灭绝事件结束，当时地球上 90% 到 96% 的物种都灭绝了。消失的生物包括早期的森林、几乎所有的食草动物和海洋物种，被称为“大灭绝”。它的最终原因尚不清楚，也没有单一因素可以解释所有这些不同种群的生物灭绝，但是板块构造、一个超级大陆的形成、多处的火山喷发（其中包括过去 5 亿年里最大的火山爆发之一）、陨石撞击和一次甲烷的大量释放，都与大灭绝关联了起来。最近的证据表明，有两次物种灭绝的高峰，第一次是由碳排放和由此引起的气候变化造成的，第二次是由海洋酸化造成的。伴随着由物种灭绝引发的生态系统的结构重组，似乎是这些相互关联的冲击导致了一场地球系统范围的灾难。[18]

大气中二氧化碳的含量可能已经达到了 2000 ppm（ppm 即“百万分之一”，是一个计量单位，以气体的体积计），这导致了气温迅速上升了大约 8 摄氏度；经过一万多年的快速变化，海洋的 pH 值（酸度的测量单位）也下降了 0.7 个单位。尽管这些重大的变化是在数千年里渐渐显现出来的，但很少有物种能够忍受如此持续而迅速的环境变化。相比之下，虽然今天地球的变化很可能比大灭绝时还要快，但到目前为止，这些变化发生的时间要短得多。在过去的一个世纪里，海洋的 pH 值下降了 0.1 个单位，而二氧化碳的浓度约为 400ppm，但正在以每年 2ppm 的速度上升。自工业革命以来，地表气温上升了 1 摄氏度，本世纪内可能还会再升高 1—5 度或更多，这意味着，地球系统变化的规模以及令人难以置信的变化速度都应该引起我们的关注。无论导致大灭绝的最终相互作用的因素是什么，很明显，这是地球历史上的一件大事，生命的多样性需要数千万年才能恢复。

在这次大灭绝之后，新的生命形态进化出来，占领了灭绝所留下的广阔生态空间。这个被称为中生代（Mesozoic，即“中间生命”）的新时代始于 2.52 亿年前，确定其开端的“金钉子”是牙形石的第一次出现。牙形石是一种已灭绝的类鳗鱼生物的嘴的化石，是在中国浙江省长兴煤山的一处岩石露头处发现的。中生代是恐龙出现的时期，所以也被称为“爬行动物时代”。恐龙在大约 2.3 亿年前成为地球上主要的脊椎动物。一种类似鼩鼱的小动物也出现了，这是最早有记载的哺乳动物化石。当时陆地上的植物以苏铁和针叶树为主，第一批开花植物（被子植物）要到中生代晚期才出现。海洋中有鱼、鲨鱼和许多现已灭绝的海洋爬行动物。地球总体上比今天暖和，各个大陆开始从单一的一大块陆地——“泛大陆”分离，经过几千万年的时间，逐渐形成了今天地球上的陆地分布格局。

中生代结束于发生在今天的墨西哥海岸不远处的一次陨石撞击，加上一系列巨大的火山爆发，导致了今天地球上最大的火山地貌之一，位于今印度西部高止山脉的德干暗色岩。陨石撞击、大规模的火山爆发，以及它们的后续反应导致大约 75% 的物种死亡，包括所有不会飞的恐龙。

这次陨石撞击标志着最后一个时代的开端，即 6600 万年前开始的新生代（Cenozoic，“新生命”）。同样，如此多个物种的同时消失使得生态龛位空置，随着时间的推移，它们被新的植物和动物种类填充。开花植物、温带和热带地区的森林以及哺乳动物都欣欣向荣，鸟类也是如此，它们是从侥幸逃脱灭绝命运的飞行恐龙进化而来的。这个时代一直延续到今天，也被称为“哺乳动物时代”。它的正式确定标志不是化石，而是岩石中含有的一种金钉子化学特征，即由陨石带到地球，并在陨石与地球相撞后扩散到大气中的稀有元素铱。在当时形成的岩石中发现了铱的沉降物。这一金钉子标志是一层铱含量异常之高的红色黏土岩层，在突尼斯西北部卡夫市附近的岩石露头处发现的。同样地，在把时间划分为不同的时代这一层面上，生命方面的变化是划分地质年代的关键。

## 当下时代中的生命

在不会飞的恐龙灭绝之后，随着哺乳动物和开花植物的出现，距今 6600 万年前的新生代开始了。这个代分为三个纪，纪是地质年代的下一个内嵌套层。它们是：延续了 4300 万年的早第三纪（Palaeogene，“古代生命”），然后是新近纪（Neogene，“新生命”），它始于 2300 万年前，此时出现了我们今天看到的现代生命形态，然后是第四纪（Quaternary，“第四时期”），也就是最近的 260 万年，它一直延续到今天。

当我们非常接近今天时，通常的时间划分方式会受到其他考虑的影响。很容易看出，用“第四纪”来命名当下这个纪有些奇怪。这个名字最早出现于 1759 年，当时意大利的采矿工程师兼地质学家乔万尼·阿尔杜伊诺（Giovanni Arduino）提出，所有的岩石，连带着它们形成的地质年代，可以被划分为四组，大致对应我们现在所称的古生代、中生代和新生代，以及他的第四个分组——由一些非常年轻且松散的岩石物质组成，被称为冲积物。后来，1829 年，法国地质学家儒勒·德努瓦耶首次使用第四纪这个术语，给出了一个简单的第一纪（Primary）、第二纪（Secondary）、第三纪（Tertiary）、第四纪（Quaternary）的岩石年龄序列和分类。[19] 随着越来越多的地质证据表明，地球上的岩层要比这多得多，并且地球历史上发生的重要事件远多于四个，这些古老的术语也渐渐被替换掉了。第一纪和第二纪被毫无异义地弃用了，而停止使用第三纪则花了更长的时间。第四纪在 20 世纪 90 年代被悄然放弃了。然而，2009 年，地质学家们进行了一次投票，第四纪像来自过去的僵尸一样归来了，重新成为我们生活其中的纪的正式名称。

第四纪包括两个世：将近 260 万年的更新世（Pleistocene，“最新时间”）和官方说法里我们现在正生活在其中的，始于 11650 年前的全新世（Holocene，“完全最近的时间”）。地质学套娃的最后一层是期，通常持续几百万年。在全新世中，期还没有被正式划定。正如我们在前一章所看到的，全新世标志着当前这个温暖的间冰期。标记期开端的金钉子是一种化学特征，即氘（也称为重氢）的变化。氘来自北格陵兰的一个冰芯，它标志着与其他全球变化相关的海洋温度的区域性变化。

后退一步来看，我们所处的纪和世的定义有些奇怪之处。在纪的层级上，新近纪的“新生命”身上并没有发生什么重要的变化，以至于它需要被第四纪的生命所取代。那么为什么说我们生活在第四时期？在世的层级上，过去的 260 万年里，由于地球轨道的规律性变化，间冰期每 4 万到 10 万年就会发生一次。为什么全新世是一个世级的变化，如果不是因为我们的存在？

我们不清楚，为什么地质年代表在接近今天时失去了其内在的科学一致性，同时当下的这个纪和世与之前所有的纪和世是如此不同。一个普遍的观点是，由于越接近现代，数据就越多，因此地质学家就有能力在更靠近现在的历史中找出更多的特征，从而划分出持续时间更短的时间单位。但是这一推论并不令人信服，这是因为，如图 2.3 所示，在过去的 5 亿年里，世或纪的长度并没有变化的趋势。以前“完整”的纪和世并不会随着我们越来越接近今天和数据的日益增多而变得越来越短。地质学家们在数百万年的时间里一直成功地保持了统一的标准，但是这一系统已经随着囊括今天的最后一个纪和世的到来而崩溃了。

为什么一些科学家在考虑最近的历史时就失去了相对比例感？鉴于在未来的某个时间将会有一个正式的提议将人类

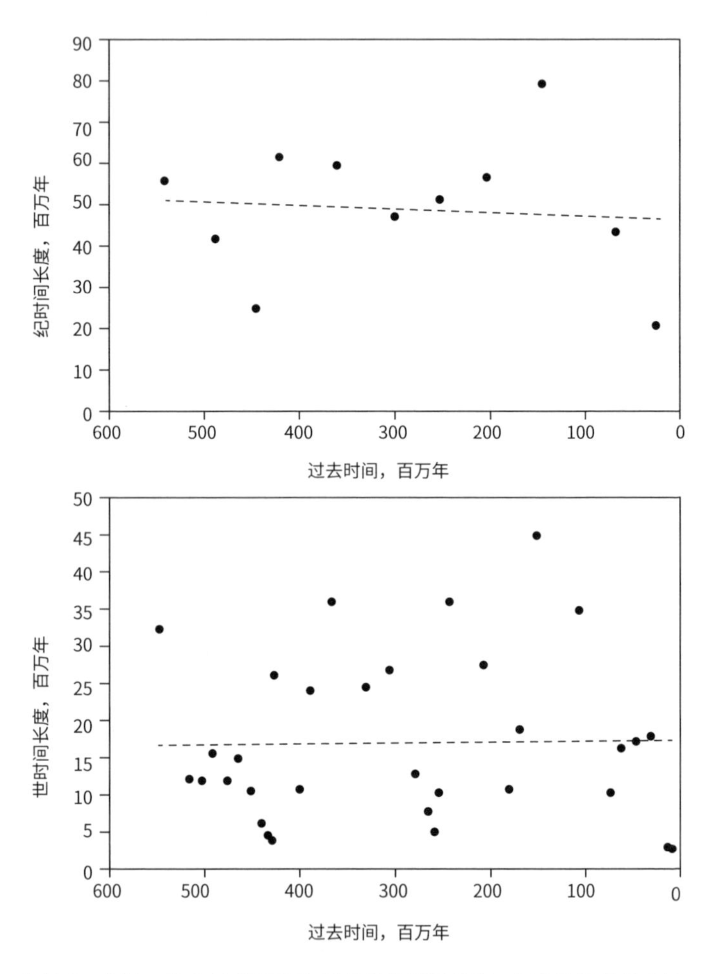


图 2.3　在过去的 5.41 亿年里的纪与世的时间长度。每个数据点代表显生宙官方完整的地质纪与世的时间长度。虚线显示，尽管有更多的证据，但没有明显的趋势表明接近今天的纪或世会更短。这表明地质年代表（2012 年）内的信息组织是一致的。[20]

世加入地质年代表中，因此了解这个问题对于我们研究我们是否处在一个新的世很重要。或许是不断增长的数据量蒙蔽了许多人的眼睛，使他们看不到更大的图景？或许这与研究最近历史的科学家数量较多有关，只是反映了人皆有之的，想把自己研究的那一小段时间视为重要且值得拥有官方头衔的渴望？又或许是一些更深层次的原因。

19 世纪，地质学家们把注意力集中在明显的化石记录上，他们强调那些讲述了一个让人感到舒服的故事的化石记录：寒武纪大爆发带来了鱼类时代（古生代），接下来是爬行动物时代（中生代），之后是哺乳动物时代（新生代），这构成了一个进化的阶梯，其顶点则是人类。第四纪成为与之无缝衔接的下一个阶段：它以冰期 - 间冰期的循环为标志，这是一个剧烈波动的环境。在这种环境中，一种有智力的猿类将获得成功。类人猿崛起，智人出现，接着全新世成为阶梯的最后一级，它指的是目前这个间冰期，人类便是在这期间出现的。“人类时代”是对哺乳动物时代的延续。

吸引人的是，地球的故事是从无生命的“地狱”到黏液，从黏液到鱼，再到爬行动物，最后到人类到文明。地球的故事以我们作为结尾，实在是过于简化了。按照同样的逻辑，人类世将是人类的支配地位这块蛋糕上的糖衣，是生命开始拥有自我意识的世，智人这个物种在其中获得了近神的地位。当然，这个故事与我们对进化的了解是完全矛盾的。不存在所谓的支配物种：鱼类、爬行动物和哺乳动物都是不同的；没有一种生命形态在本质上比另一种更好；我们都没有什么特殊的起源。

此类叙事的吸引力是强烈的，也往往是下意识的。自从布丰第一次尝试描绘地球历史的轮廓以来，当考虑到人类在其中的地位时，地质学常常将其与我们想要如何看待自己相混淆。或者换句话说，加入了人类的地质学等于政治。无论你是断言还是否认人类活动已将地球带入了一个新的世，这毫无疑问都具有政治含义。这种其范围超越了对科学证据的狭窄、理性之考量的观点，在现代科学圈子里并不受欢迎。今天，支持第四纪和全新世的地质学家们通过用不同的标准来定义地球历史的最后这百分之零点一，来对这些选择进行合理的解释。他们关注的是气候，具体来说，是冰期—间冰期的循环，而不是生命的变化。这使得人类世的概念与将它作为术语加入地质年代表这项举措之间的关系更加复杂。科学家们是在寻找一种开启了地球历史新篇章的，生命上的变化，还是在寻找将地球置于全新世间冰期环境条件之外的，气候上的变化？哪种证据才是重要的？

## 调和不同的人类世叙事

地球在45亿年的历史中发生了巨大的变化。有时生命会改变地球系统，就像进化出氧气光合作用之后发生的那样，氧气光合作用导致了大氧化事件；有时源自地球本身的变化会改变自身系统，包括火山爆发和温室气体的大量释放，这些可能导致了2.52亿年前的大灭绝；偶尔的外星撞击也会改变地球系统，例如6600百万年前的陨石撞击导致了非鸟类恐龙的灭绝。这段历史表明，地球功能的变化和生命的变化是相互关联的。

地质时代的地层学观点大体上根据岩石所捕捉到的可见的生命变化来研究地球的历史。它是一部生命的编年史，正式定格为地质年代表。正如我们此前看到的，从这一角度看，18世纪和19世纪的地质学家观察到了物种灭绝、植物的培养和动物的驯化，物种跨越自然屏障的迁徙，以及想象中的未来的化石，这使他们宣告了一个人类时代的到来。他们关注直接影响生命的人类活动，同时想象被未来岩石包裹着的生命的故事的新篇章。

保罗·克鲁岑提出的对人类世的新聚焦，源于对作为一个系统的地球的变化的考虑。焦点在于，相较于全新世（即目前的间冰期），地球系统的状况发生了变化。如果我们考虑到温室气体的释放以及由此导致的地球能量失衡及其不断上升的气温，那么以人类世——这一保持了相对稳定的间冰期气候的时期——来取代全新世是合乎逻辑的。这是因为，化石燃料的使用和大面积的森林砍伐已经向大气中释放了太多的二氧化碳，以至于目前二氧化碳的含量达到了 300 多万年来的最高水平。

然而，无论是社会停止排放大量二氧化碳，还是我们最终耗尽化石燃料，在地球历史的背景下，气候影响的持续时间都不会长到能产生地质学意义上的重要性。自然过程将慢慢地从大气中去除高浓度的二氧化碳，这大约需要 10 万年。将这次地球系统的急剧变化与真正的长期性事件关联起来的，是它将对未来地球生命形态所产生的影响，因为急剧的气候变化通常会导致物种灭绝，从而为新的生命形态的进化开放生态龛位。这种地球系统永久性转变的痕迹将会保存在地质沉积物中。这样，用来定义地球大部分历史的以生命为中心的地质年代观，与应用于正式定义第四纪和全新世的以气候为中心的年代观就可以得到调和。

但是，需要什么时间尺度的变化才能使人类世具有地质意义呢？要终结全新世，需要有持续数千年的变化，但我们能不能找到更深层的影响，它标志着生命编年史上的新篇章呢？最简单的，我们可以看看地质年代表。在寒武纪大爆发以来的 5.41 亿年里，有 11 个完整的纪——不包括尚未完结的第四纪——它们的平均时长为 4900 万年。33 个完整的世——不包括尚未完结的全新世——平均跨度为 1700 万年。人类世可能不会长达 1700 万年，因为地球系统的重大改变会缩短纪的长度。但是它们确实有一个几百万年的最小长度，因为新生命形态需要这么长时间来进化出与先前形态相比足够大的差异，并且这些差异需要这么长时间才能在岩石中被明显地保存下来。要想说人类活动在严格的地质学意义上创造了一个新的世，这些活动所遗留的影响就需要持续大约数百万年的时间。也就是说，它们需要持久到本质上成为永久的程度。人类活动需要将地球——我们唯一确定生命存在的地方——置于新的进化轨道上。

要理解我们是否把地球带入了一个新的世，我们需要回答两个关键问题。首先，地球目前是处于一种新的状态，还是不可逆地走向了一种由人类造成的新的状态，其规模与过去由板块构造、火山爆发和陨石撞击造成的地质变化相似？其次，地质档案中是否有这种新状态的可测量的物理证据，这些证据随后将形成新的岩层，即记录地球历史上关键性转变的自然“数据存储设备”？

因此，对人类世的研究需要横跨地球系统科学（地球作为一个集成系统是如何变化的？）、地质学（地质沉积物中的哪些变化标志着存在全球性的环境变化？）、考古学（那些早已消逝的古代文化都留下了什么？）、生态保护科学（如果我们能抑止动物栖息地的丧失进程，第六次大灭绝是否可以避免？）、进化生物学（今天的环境变化对于生命的长期后果是什么？），以及人类历史（哪几项创新大幅提高了人们改变环境的能力？)。

总体策略应该从评估今天的人类活动是如何影响了地球作为一个综合系统的运作方式开始。世界上各种各样的环境问题是众所周知的：物种灭绝、气候变化、栖息地丧失、有毒化学物质污染、垃圾过剩。认定人类世需要的是对这些变化的综合理解。在每个例子中，都需要将当代的变化与地球历史上的变化进行比较。它们能与复杂生命爆发以来的重大事件，甚至是地球历史上的重大事件相提并论吗？

接下来，我们应该探究我们这颗星球可能的未来。地球是否正在走向一个新的状态，换言之，我们造成的一些环境影响将是长期的，而且也许是不可逆转的吗？人类活动可能正在导致地球的全球性变化，但靠我们自己的努力能否修复这一破坏，或者地球系统能否自我修复，以至于人类活动在地质学的时间尺度上不会留下真正永久的痕迹？换句话说，如果我们能让过去的一切真正过去，修复所造成的破坏，这是否就意味着我们很可能没有生活在一个新的世。我们还可以更宽泛地问：是否有可能让地球回到一个前人类世的状态？

最后，当评估人类世的证据时，我们需要调查记录了较近过去的环境变化的地质沉积物。人类影响的一些证据一定会保存在岩石或其他地质档案中。只有当我们确定一个新的、带有人类活动印记的沉积岩层开始形成了，才能真正说我们已经进入了一个新的世。为了得到一个正式的定义，需要选择一种变化的记录来标识人类世的全球界线层型剖面和点位，即确定人类世的“金钉子”。现在让我们带着这项考虑来重新审视智人作为地球系统中地质变化之肇始者的作用。我们的旅程将从东非，我们的祖先刚从树上下来的时候开始。

第三章

CHAPTER 3

# 从树上下来

“人类的起源与历史终将得到阐明。”

查尔斯·达尔文，《物种起源》，1859 年

“在生物世界的进化史上出现的所有适应手段中，文化是最有效的一种。”

费奥多西·多布然斯基，

《生物与文化进化的伦理与价值观》，1973 年

与许多其他动物相比，人类相当弱小。我们行动不是特别快。我们没有天然的武器，没有毒液，也没有极其锋利的牙齿。但不知怎的，我们已经成了世界上顶级的掠食者，并且已经实实在在地占领了这个星球。目前智人的数量接近 75 亿，到 2050 年将增加到近 100 亿。我们似乎已经影响了地球系统的几乎每个部分，其结果是，我们正在改变地球生命的进化轨迹。我们也在有意和无意地改变着我们自己的进化。这种成功是因为我们非常聪明，不仅是作为单独的个体，而且更重要的是因为我们可以沟通和协同工作。[1]

那么，为什么一种奇怪的、几乎没有毛发的、聪明的猿类会取得这么大的成就呢？其关键似乎是科学家们称之为“文化积累”的东西。也就是说，一种社会学习系统。在这一系统中，成功得以维持、传承和不断被改进。换句话说，如果你发现什么东西有效，你就把它告诉其他人。这就产生了一种齿轮式的传动机制：每种创新都能使智人的能力提高一级。这种累积的文化起到了显著的作用，它把智人从一个既是猎人又是猎物的物种变为顶级的掠食者。我们成了地球上所有掠食者中最高效的。

并非所有的创新都能带来更好的结果。正如作家罗纳德·赖特（Ronald Wright）在《进步简史》（*A Short History of Progress*）中所指出的，如果你们是一个原始人的狩猎团，并且学到了如何猎杀猛犸象，那很棒。要是你们能在一次狩猎中杀死两头象，那就更棒了。要是你们通过团队合作，设法把数百头象一起逼落悬崖摔死，那么你们会比之前的任何人都过得好。但这只在短期内行得通。从长远来看，你们给自己制造了一个非常大的问题——没有更多的猛犸象来供你们猎食了。你们陷入了一个进步的陷阱。如果我们追溯人类发展历史，就会发现还有其他的进步陷阱，它们也对人类社会以及更广义的环境产生了深远的影响。

## 两条腿好

早期人类的进化可以简化为四个主要阶段：直立行走、石制工具、更大的大脑和文化。[2] 第一步是进化出用两条腿直立行走的能力，这让人类可以走很远的路。这种能力对人口的全球分布和全球影响至关重要。第二阶段是大约 330 万年前石器的出现，它让人类得以做到许多肉体本身做不到的事情。第三阶段是大约 200 万年前，直立人进化出了更大的大脑，这导致了最早的古人类（hominin）——所有现存的和已绝迹的人类物种的统称——走出非洲。第四阶段是我们这个物种，即智人的出现，这发生在 30 万到 20 万年前，而文化的加速积累始于 10 万到 5 万年前。我们祖先的进化及其关系如图 3.1 所示。

东非高原隆升后形成了壮观的非洲大裂谷，这意味着茂密的热带森林逐渐被草原所取代，而注意到这一点是理解为什么会进化出独立行走的开始。原本提供稳定食物来源的森林变得碎片化，各处资源之间的距离增加了。直立行走的进化就是为了应对这种新的生态环境的，对灵长类动物来说，它是一种更有效的跨越较远距离、找到新分离出的森林食物区的方式。[3]

在过去的七十年里，人们一直认为，双足行走是为了应对从树上下来的生活。这个理论假设，行走是从我们的近亲大猩猩和黑猩猩进化而来的。当这些类人猿在地面上移动时，它们用手的指关节来支撑自身重量，就好像是在用四条腿移动一样。与真正的四足动物相比，这种“指关节行走”效率非常低，因为黑猩猩的肩关节不适于支撑其体重。由于人类和黑猩猩的基因非常接近，因此人们认为，我们的共同祖先也是靠指关节行走的。

然而，当研究人员对当时的环境条件得到了更多了解，

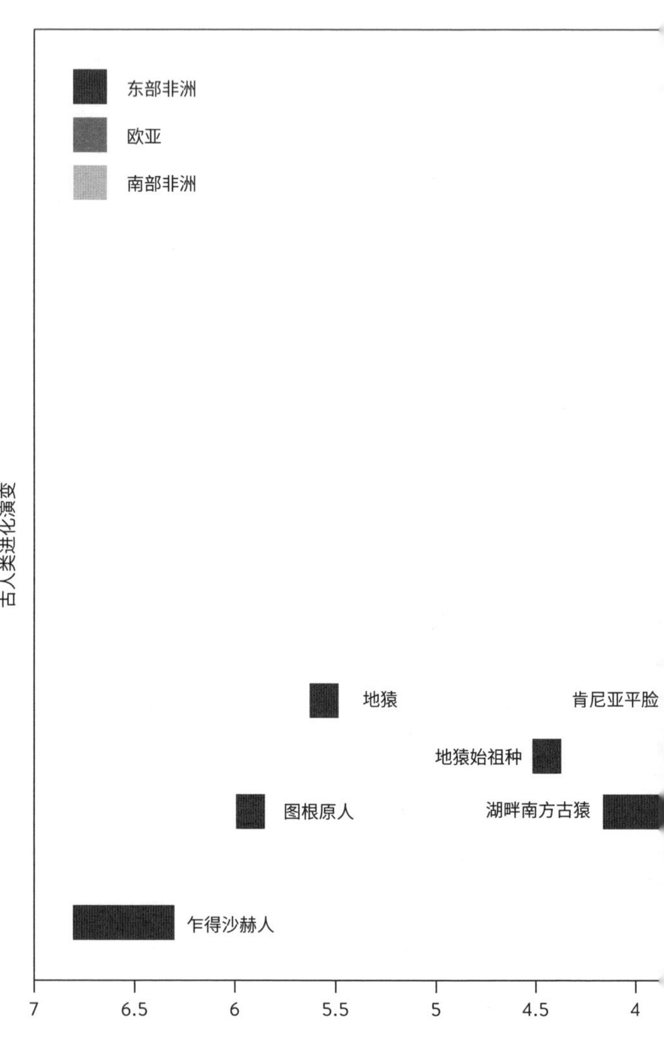


图 3.1　此图总结了在过去的 700 万年里主要存在过的古人类。[5]

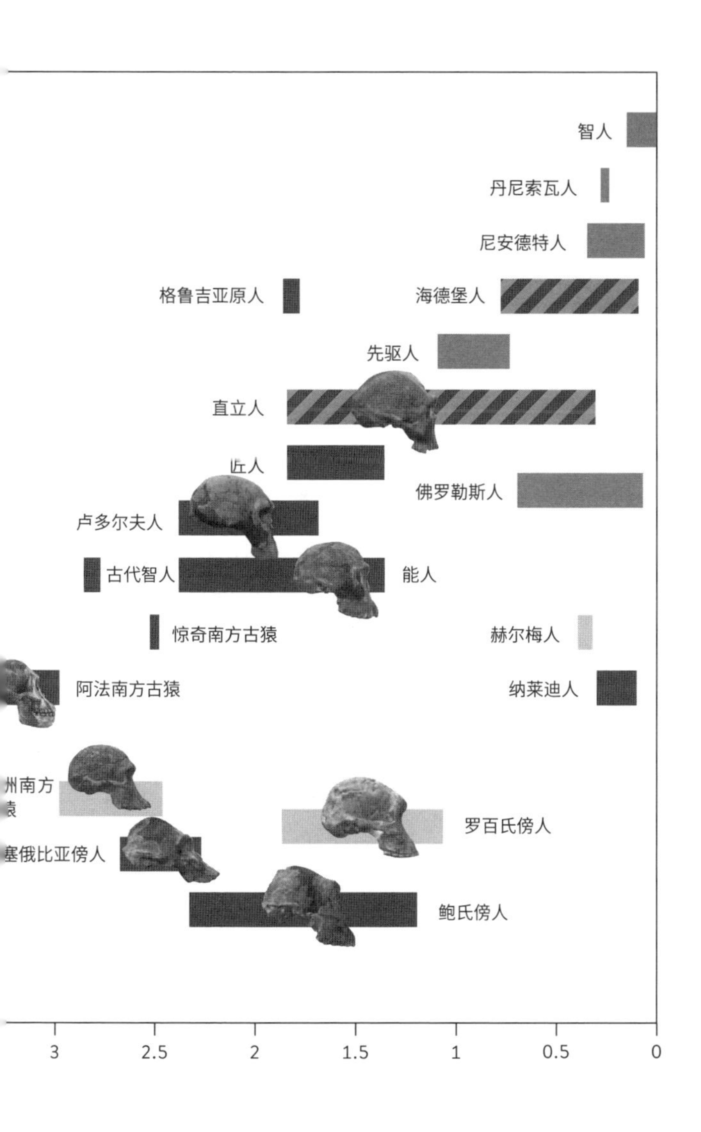
智人
丹尼索瓦人
尼安德特人
格鲁吉亚原人
海德堡人
先驱人
直立人
匠人
佛罗勒斯人
卢多尔夫人
古代智人
能人
惊奇南方古猿
赫尔梅人
阿法南方古猿
纳莱迪人
州南方
猿
罗百氏傍人
塞俄比亚傍人
鲍氏傍人
3
2.5
2
1.5
1
0.5
0

以及在生活方式和类人猿进化方面获得了更好的数据之后，他们就对经典的两足动物起源观产生了质疑。现在他们认为，我们的祖先无论是在地面，还是在树木之间都曾用两足移动。[4] 今天所有的类人猿都能用两条腿走路，但行走能力非常有限，而且大多数只有在已经爬到树上时才能这样做。例如，猩猩在树上活动时，仅有 2% 的时间是只使用后腿的，但还有 6% 的时间，它们是在双臂之一的辅助下用后腿行动的。虽然这段时间很短，但它对猩猩来说却是至关重要：它能让猩猩够到挂着水果的细树枝，或者从一棵树跨越到另一棵树上，既节省了爬上爬下的力气，也降低了遇到地面捕食者的风险。

双足运动起源于森林的进一步证据同样来自埃塞俄比亚发现的保存完好的距今 440 万年的拉密达猿人（属于地猿始祖种）的化石。[6] 这位昵称为“阿尔迪”（Ardi，在当地语言中意为“大地”或“地面”）的女性的骨骼在阿法尔沙漠灌木丛中被发现。她的大脑很小，大约是现代人大脑的 20%。地猿的牙齿表明它很可能肉草兼食，它们的其他骨骼则暗示了一种居住在树上的生活方式以及原始的两足行走能力，它们非常长的手臂也指向这一结论，它们显然适于爬树和在树枝间摇摆，而不是指关节行走。这表明，阿尔迪和她的亲戚能够在相当长的距离内直立行走，同时保留了爬树的能力——这对于在东非采集食物和躲避大量的捕食者来说都是必不可少的。这与该地区的动植物化石相一致，这些化石表明，大约

440 万年前，该地区可能是开放林地和更封闭的冠层森林栖息地的多样化组合。阿尔迪之后是其他大脑较小的两足古人类，比如 360 万年前的阿法南方古猿，它们非常成功，在非洲各处都发现了它们的化石。现在看来，我们的祖先更有可能是在树上学会用前肢支撑直立的。

今天对双足行走的反复出现及其起源于森林环境中的解释也符合我们目前对 1000 万至 500 万年前东非景观变化的认识。随着东非地壳隆升和断裂的继续，从森林到草原之间的变化并不是一蹴而就的。恰恰相反：热带森林开始破碎，出现了马赛克般的不同植被类型。今天，东非的植被极其多样，从云雾雨林到干旱的沙漠，从开阔的热带草原到潮湿的沼泽地。[7] 这种森林景观的碎片化会促使类人猿适应环境。随着森林总面积的减少，黑猩猩和大猩猩很可能会向专门利用森林资源的方向进化，包括更好地爬树，以确保持续获得树冠的果实，同时仍能让它们在地面上收集后备食物。这种对垂直攀登的进一步偏重将会带来更灵活的髋部和膝盖，相应地，当在地面上步行时，它们便会更偏向于用指关节行走。我们的祖先采取了另一种适应路线——采用陆地两足行走以确保利用原处的食物来源，但为了获得食物和安全，它们同时保留了攀爬的能力。

我们从生活在树上的祖先那里继承下来的遗产是可以适应各种各样的地形的脚和腿，这就使得我们发展出了高效奔跑的能力。[8] 我们人类惊人地擅长跑步：在威尔士中部全长 22 英里的丘陵地带赛跑中，现代人类的速度经常超过马，在阿拉伯联合酋长国超过 50 英里的沙丘地带举行的赛跑也是。[9] 我们擅长长跑。但与非洲食肉动物相比，我们在短距离内的速度并不是那么快，所以保留长臂和强壮的腿部肌肉以便爬树对我们的祖先来说是很有价值的。大约 200 万年前，我们的古人类祖先已经获得了在更远的距离上快速移动的能力——这对我们后来得以遍布于非洲以外的地区至关重要——但他们塑造环境的能力仍然有限。一项创新将开始改变这个状况。

## 石器

1964 年，路易斯·李基（Louis Leakey）和他的同事根据他们在坦桑尼亚奥杜瓦伊峡谷发现的化石，宣布了能人（Homo habilis）的存在。[10] 他们将其描述为：可以双足行走，并且大脑比拉密达猿人大的人。最重要的是，这些化石与石器有关——这一发现反映在这个物种的名字中，能人即“技艺熟练的人类”。在整个非洲东部和南部都发现了能人的化石，其年代从 235 万年前到 150 万年前都有。然而，正如在科学领域经常出现的情况一样，新发现改变了我们的理解。2013 年，一名埃塞俄比亚学生沙拉丘·塞尤姆发现了一块颌骨化石碎片，地点还是在阿法尔地区。这块新化石似乎介于南方古猿和能人之间。它可以追溯到280万年前，被认为是人类属（即人属）的最早证据。这个发现把我们所属的人属的起源又向前推了超过40万年。[11]

同样，2011年和2012年，在肯尼亚北部图尔卡纳湖（Lake Turkana）的西岸发现了石器，这些工具的年代可追溯到330万年前[12]，比在西图尔卡纳发现的最古老的石器早了100万年。这一发现是革命性的，因为人们一直认为，人属的进化与石器制造的开始相关联。但是工具似乎早于人属的出现。这些化石的意义在于，它们的发现与在中型羚羊和水牛大小的动物身上发现的带有切割痕迹的骨头有关。目前已知的唯一一种在近似的时间里在西图尔卡纳地区生活过的古人类物种是大约350万年前的肯尼亚平脸人，而在埃塞俄比亚阿瓦什山谷附近发现的阿法种南方古猿距今340万年。有证据表明，这两种古人类中的一种或全部不仅制造并使用工具，而且它们还冒险走出相对安全的森林，到平原上寻找猎物。

两足行走和工具制造是人类进化的重要步骤，也标志着我们改变当地环境能力的转折点。正如石器使我们的祖先能够砍伐植被和猎取更大的猎物，直立姿势使我们的祖先能够走更远的距离。但是，由于人口数量少，并且工具有限，我们祖先所造成的影响仍然非常小。是大脑的增大才使我们在生态学上开始变得不同寻常：我们的智力将改变我们在食物网中的生态位置，成为顶级掠食者。

## 聪明猿的崛起

大约 190 万年前，直立人（Homo erectus），即“站立的人”在东非的出现，常常被视为人类历史的基础起点。这一物种中最著名的一例名为“纳里奥科托姆男孩”（the Nariokotome Boy）。他是 1984 年由理查德·李基和艾伦·沃克（Alan Walker）在图尔卡纳湖领导的研究小组发现的。对其臀部的分析表明，这具骨骼确实是一个男孩，牙齿生长曲线表明他死时只有 12 岁。他当时已经有 160 厘米（5 英尺 3 英寸）高了，这意味着，如果他长成一个成年的直立人，他的体型应该跟现代人差不多。[13]

直立人是我们所知的古人类中最早在 180 万年前从非洲大裂谷迁移到欧亚大陆的物种。这个新物种出现在气候变化剧烈的时期，当时东非大裂谷中广阔而深邃的淡水湖定期涨落。早期非洲直立人的脑容量比更早的人类祖先（如拉密达地猿和阿法南方古猿）大 80% 以上，约为现代人脑容量的三分之二。此外，它们的骨盆形态也有改变，以使具有更大的头和大脑的婴儿能够出生。

牙齿化石上的生长曲线表明，直立人是第一种在童年时期发育迟缓的古人类，这与现代人类儿童的发育相似，但与其他类人猿的后代非常不同。一只雄性黑猩猩和一个雄性人成年后的体重相似，但他们的成长模式却大不相同。人类孩子一岁时的体重是黑猩猩的两倍，但到 8 岁时，黑猩猩的体重就是同龄小孩的两倍了。黑猩猩在 12 岁时达到成年体重，比人类早 6 年。雄性大猩猩也是快速而稳定的成长选手：一只 150 公斤的雄性大猩猩在 5 岁生日时重 50 公斤，10 岁生日时重 120 公斤。造成这种不同的原因是，人类有一个生长暂停期或停滞期，延迟了其完全成年的时间。这种延长的童年意味着，在发展社会大脑所需的很长一段时间内，我们对食物的需求都相对较低；学习与一大群人互动需要很长时间，而且对一个人的成功至关重要。

这种模式始于直立人。直立人的体型比早期古人类要大，与现代人相当。直立人在长途奔跑中需要许多关键的适应能力。最近，研究发现直立人肩膀的外形表明他们可以投掷石块。[14] 直立人还制造了一套更为复杂的石器，被称为阿舍利石器（Acheulean tools），它以法国亚眠市城郊的圣阿舍勒地区（Saint-Acheul）命名。在那里，人们发现了许多这样的石器。[15] 适应长距离奔跑的进化，投掷石块的能力和新的石器工具都表明直立人是熟练的狩猎者——成功的新捕食者。事实上，如果用存在的时长来衡量成功，直立人是我们的祖先中最成功的一种，他们的活跃时期从 190 万年前持续到 7 万年前。

直立人不仅是一种足迹遍及非洲、欧洲和亚洲的新领土的高效掠食者，而且他们还对环境产生了根本性的新影响。这些早期人类可能已经学会了使用火，这在对环境施加根本性影响方面是一个重要的里程碑。操纵火的能力可以产生深远的影响，因为它可以移除植被，使地貌景观变得开阔，继而可以改变生活在一个地区的物种，并改变当地的气候。火还向大气中释放二氧化碳，从而可能影响全球的气候。火的使用不仅意味着环境管理的开始，它在烹饪食物中的使用也大大增加了许多食物原料所能提供的能量。因此，火与我们的进化息息相关。

灵长类动物学家理查德·兰厄姆（Richard Wrangham）认为，直立人一定学会了控制火，因为很难想象他们如何在没有熟肉的情况下，用如此小的肠道来维持如此大且高能耗的大脑。[16]这意味着，火的使用在190万年前是很普遍的。这一观点与大多数古人类学家的主流观点相反，他们认为人类对火和日常烹饪的掌握出现在人类进化的较晚时期，大约在100万年前。

如果早期人类掌握了用火的假说不正确，那么直立人是如何获得足够的卡路里来为他们更大的大脑提供能量的？进化人类学家凯瑟琳·津克（Katherine Zink）和丹尼尔·利伯曼（Daniel Lieberman）可能已经找到了一种解释。烹饪并不是获得更多卡路里的唯一方式。用石器切肉和捣碎根茎类蔬菜和坚果可以将咀嚼食物所需的时间减少40%。这意味着花费更少的力气，获得更多的卡路里。如果这一解释是正确的，那么必要的咀嚼力就会随之下降，这与观察到的直立人与早期古人类相比，下颌变小且下颌力量变弱是一致的。[17]

无论对火的掌握最早始于何时，它都标志着古人类社会的重大变化。这是因为，首先火需要从野火中获取，然后通过不断的燃料供应来控制和维持。这需要观察、耐心、预见和规划。最后需要复杂的社会沟通：需要有人去捡木柴，而其他人则去照看火堆。火的掌握扩大了可吃食物的种类和从其中能提取出的能量。这意味着早期古人类可以从土地上获得更多的食物，从而带来人口密度的增加。

火的掌握不仅影响了环境，而且对我们祖先可以在其中生存的环境的范围也产生了深远的影响。他们用燃起的火堆来驱赶大型捕食者、有毒动物和携带疾病的蚊子。火同时也提供了光和温暖，并允许古人类迁移到更冷的地方——到更高的海拔和更高纬度的区域。所有这些影响都使得古人类的数量得以增长。此外，他们很可能还使用火来硬化和弯曲材料，以获得更称手的工具。移动火源意味着人类可以去到远离主要营地的地方狩猎，同时获得更多的保护，免受食肉动物的袭击。有节制地焚烧野地也可以清理植被，促进草的生长，从而易于捕获到以其为食的动物。一般来说，一旦我们的人类祖先将火引入某个区域，它的草地面积就会迅速扩大。古人类一旦为了自身利益而掌握了火，便开始在不经意间重塑整个生态系统。

同样也可以说，火可能刺激了其他的社会发展，如语言和在更大的社会群体中合作的能力的提高。火还有许多其他用途，包括在群体之间传递信号，宣称对特定领地的权利，以及在宗教仪式和其他社会活动中使用。所有这些变化反过来又提高了狩猎的效率（因为烹饪让人类可以从同样重量的肉中获得更多的卡路里），继而改善了群体内部协作，并增加了古人类的整体人口。虽然它在小范围内对环境的影响有时很大，但在全球范围内，这些影响是极小的，并且在地质学意义上并不重要。然而，古人类改造世界的关键因素甚至在 50 万年前就已经出现了：双足行走使得他们可以有效地分散并生活在越来越远的地方，对火的掌握可以让他们迁徙到气候更寒冷的地方，更大的大脑使他们可以进行有效的团队觅食和狩猎，最后工具可以使他们更高效地狩猎和加工食物。但是又过了 30 万年，我们自己这个物种才在东非出现。又过了 45 万年，才出现与现代智人（Homo sapiens）文化相似的人类文化的明显证据。

## 智人的出现

在直立人首次出现在化石记录的 100 万年之后，一个新的物种又一次首先出现在了埃塞俄比亚。他们是海德堡人

（Homo heidelbergensis），出现在距今大约 60 万到 70 万年前。虽然这个名字最初来自 1907 年在德国海德堡附近发现的一块下颌骨，但我们目前对这个物种的认识是，海德堡人是位于非洲的直立人的后代，他们也与直立人一样，后来散布到了欧洲。依据其类似现代人但巨大而结实的头骨，可以辨别出海德堡人的骨骼标本。实际上，它们的头骨与现代人的极为接近，以至于一些人认为他们是尼安德特人和我们人类的共同祖先。他们大脑的平均大小与现代人大脑的尺寸区间有重合，是南方古猿的三倍。在几十万年的时间里，海德堡人似乎是唯一在非洲和欧洲都有发现的古人类。

海德堡人是非常活跃的猎人：在南非，人们发现了 50 万年前的石制矛头化石，这些石器可能是用来制作狩猎长矛的。同时在德国，人们发现了 40 万年前的木制长矛。随着时间的推移，海德堡人的足迹继续扩散，甚至到达了英国（当时英国还与欧洲大陆连在一起）。古人类学家克里斯·斯金格（Chris Stringer）将这种古人类称为“不列颠人”（Homo Britannicus）。[18] 后来，欧洲人的样貌开始看起来各不相同了，所以人们认为，他们可能已经进化成了三个人种：在亚洲的一支成为丹尼索瓦人（Homo denisovan），距今约 60 万年；在欧洲的一支成为尼安德特人（Homo neanderthalensis），距今约 40 万年；在非洲的一支，在 30 万年前的某个时间，则成了我们智人（Homo sapiens）。

最早可以被认为是智人的化石标本是在北非的摩洛哥发现的，它们的年代可以追溯到大约 30 万年前，但由于它们具有一些更古老的特征，这些化石是否真的是智人仍存在争议。第一个明确的智人化石证据是在埃塞俄比亚发现的，其年代可以追溯到大约 20 万年前。[19] 人们普遍认为，智人是在非洲进化，然后以与直立人和海德堡人相同的方式走出非洲的。有趣的是，在超过 25 万年的时间里，智人的行为模式与他们的祖先相似。但接下来，地球上就第一次出现了抽象思维和使用象征符号来表达文化创造力的证据。我们在化石记录中看到了贝壳雕刻、珠子和赭石染料。大约 5 万年前，壮观的人类艺术作品开始出现——法国、西班牙和印度尼西亚的洞穴壁画。另外还有雕塑，在奥地利、法国和捷克共和国发现的“维纳斯”小雕像。在人类的一个人种身上，正在发生着一些不同寻常的事情。

我们不清楚为什么智人会在 30 万到 20 万年前的某个时间出现，更不清楚为什么会在 5 万年前发生一次创造力的大爆炸。与此同时，随着我们创造力的增长，还产生了其他一些明显的生理变化：这些人类比早期的祖先更苗条，头发更少，头骨更小而且更脆弱——他们看起来基本上和我们一样。

这种文化上的变化可能是因为新一波智人取代了第一波。新的证据表明，智人离开非洲的过程发生了不止一次。[20] 在 8 万年前至 5 万年前，一波智人移民到欧洲，取代了我们更为古老的祖先。这些“智人 2.0 版”体型较小，在骨骼结构方面通常也不那么强壮；总的来说，他们的身体状况较差。那么他们是怎么占据支配地位的呢？再一次地，优势在于文化的积累：代际之间存储、传播和扩展知识。一旦解锁，这个机制便使智人 2.0 成为每个大陆上的顶级掠食者。第一个出现在他们打击对象名单上的可能是与其竞争的其他人类。在数万年的时间里似乎发生了一场缓慢的消耗战，最终导致了丹尼索瓦人、尼安德特人以及地球上曾生活过的所有其他人种的灭绝。

关于人类统治之旅的这一早期阶段，我们只发现了少部分迹象。最近研究的化石证据表明，随着智人变得苗条，他们的头骨变得更加扁平，身形也更加纤细。一个由罗伯特·切里领导的研究小组认为，造成这一结果的原因一定是睾丸激素水平下降，因为这种激素的水平与有着宽眉骨的长脸之间有很强的关系，今天也有许多人认为它们是“男性化”的特征。[21] 如果睾丸素水平较低的人不太可能出现反应性或自发性暴力行为，这将大大增强社会的宽容度。[22] 这种反应性暴力的降低很可能是我们在更大的群体中生活以及发展出一种更具合作性的文化的重要先决条件。这种文化继而使得智人能够将暴力指向他们的竞争对手——古人类近亲。

如果这是正确的，那么这就意味着在一个群体内部减少暴力可以促进合作，甚至可能促进繁衍方面的成功。在大多数灵长类动物中，身体最强壮的雄性往往占据主导地位，但在早期人类中，最好的组织者或最有创造力的人，可能才是对群体最有用的人。[23] 团队合作可以提高狩猎能力，降低被攻击和被捕食的概率。这些变化使智人 2.0 做到了一件在整个地球的历史上非常罕见的事情：从食物链的中部移动到了顶端。这些人类从觅食死肉和植物采集者变为无论迁徙到哪一处栖息地都是最高效的杀手。如果这一理论是正确的，那么我们走向全球性统治地位的关键一步，来自以牺牲男性主导的暴力形式为代价的社会合作的巨大成功。很可能，一个睾丸素水平较低的社会为我们在全球的主导地位铺平了道路。

一个问题仍需要答案：我们是怎样变得不那么暴力，同时更有创造力的？[24] 进化人类学家布莱恩·黑尔（Brian Hare）和他的同事们通过比较非洲中部的黑猩猩（Pan troglodytes）和倭黑猩猩（Pan paniscus），提供了一条线索。黑猩猩和倭黑猩猩是两个亲缘关系很近的物种，分别生活在刚果河两岸非常相似的环境条件下。他的团队注意到，雄性黑猩猩的体型明显大于雌性，但在倭黑猩猩中，这种差异很小。这种体型差异，或二态性，再一次由睾丸素水平的差异所导致。但这不仅仅是体型的问题：黑猩猩，尤其是雄性，极具攻击性；但是在倭黑猩猩中，群体内部或不同群体之间的暴力几乎不存在。既然这两个物种有着共同的祖先，那么可能是什么原因导致了这些差异呢？黑尔和他的同事提出了一个“自我驯化"的过程，在这个过程中，暴力的个体会受到惩罚并无法繁殖后代。倭黑猩猩表现出的特征与人类驯养的那些物种非常相似，包括狗、牛和豚鼠。他们认为，黑猩猩群体内表现出的两性异形性高于倭黑猩猩的原因是，在黑猩猩居住的刚果东边，它们要与非洲大猩猩正面竞争，而倭黑猩猩住在刚果的西边，它们没有竞争对手，所以对群体外暴力的需求较低。[25] 黑尔和他的同事进一步提出，同样的过程可能也发生在早期人类身上。

较低水平的群体内部暴力和较低程度的两性差异，可能也造就了一个更加平等的社会。[26] 虽然在研究现代狩猎-采集群体并以此推断过去的人类社会时需要谨慎，但对刚果和菲律宾现代群体的研究表明，关于在哪里生活和与谁生活的决定，两性的发言权基本一致。[27] 尽管生活在小社群中，但由相对自由的小社群组成的广泛关系网导致狩猎-采集者与大量同他们没有亲属关系的个体生活在了一起。这也可能被证明为早期人类社会的一种进化优势，因为它可以催生出更广泛的社会网络，在不相关的个体之间建立更紧密的合作，更广泛地选择配偶，以及减少近亲繁殖的机会。群体之间的频繁流动和互动也促进了创新技术的共享，这可能有助于文化的传播。同一个吊诡在此出现了：我们日益增强的对环境的主宰能力，也许是靠一个更加和平、两性更平等的人类社会的发展而得以实现的。

随着智人 2.0 遍布非洲和欧亚大陆，人类社会 5 万年前的景象当然是被模糊了的。当然，积累性的文化在那个时期得到了发展：各种艺术实践的遗迹已经被广泛发现。如果我们今天去观察那些高度灵活的狩猎－采集社会，尽管需要接受他们与生活在很久以前的群体的文化有很大不同，但他们往往也会是非常平等的文化。同样，有一些证据表明，那些无法控制其在群体中的反应性暴力的个体，往往会被赶走或杀掉。对生活在巴布亚新几内亚热带雨林中的格布西部落的研究表明，他们能够断定一个人的暴力行为是否不可容忍，如果是，那么为了整个部落的利益，那个人就会被杀掉。[28] 这种早期的“先发制人型暴力”（proactive violence）可能减少了群体内部的长期暴力。这一点，再加上女性在择偶时偏好认知能力而非攻击性行为，可能在数千年的时间里，已经导致睾丸素水平下降，社会更加趋于性别平等，以及我们累积性文化的开始，这可能是让我们得以征服世界的决定性特征。

## 现代人类的散布

任何全球性的支配都需要智人分散到世界各地（图 3.2）。根据化石证据，真正的智人大约在 20 万到 30 万年前最初在非洲进化；然后他们离开非洲，分别通过四个相对明确的事件进入到中东。第一个始于约 12 万年前，距今 10 万年时，他们已经到达了现在的中国地区。从大约 9 万年前开始，又有三次人类移民浪潮离开非洲，重新分散到欧洲和亚洲。[29] 这些事件中的最后一个，就是席卷全球的智人 2.0。遗传学研究表明，他们也曾向东扩张，经过现在的俄罗斯，进入蒙古和朝鲜半岛，并且从大约 12000 年前起跨越白令海峡，进入北美、中美洲和南美洲。到最后一个冰期和全新世开始之时，也就是大约一万年前，第二波智人已经到达了地球上除南极洲以外的所有主要陆地。

全新的、更苗条的智人涉足的任何地方，都已经看不到直立人、海德堡人及那些更早的智人了，他们之前的古人类都消失了。当智人遇到其他古人类物种，如尼安德特人和丹尼索瓦人时，他们之间似乎发生过多次杂交，接着，这些古人类种族就灭绝了。他们的遗产留在了我们的基因中：在许多欧洲人和亚洲人的 DNA 中，有尼安德特人和丹尼索瓦人祖先的遗传痕迹。[30] 也有证据表明，智人来到欧洲，导致他们需要与尼安德特人争夺资源。这两个种群之间很可能发生过战争。无论当时发生了什么，所谓的“聪明的人”最终胜利了。现在已经没有其他的人类物种还生存在地球上。这是我们造成的第一个永久性的、在地质学上有意义的影响。化石记录将显示出几种类型的人类最终被削减成一个单一物种的现象，在每个大陆上都发生了。就消除多样性而言，这仅仅是个开始。

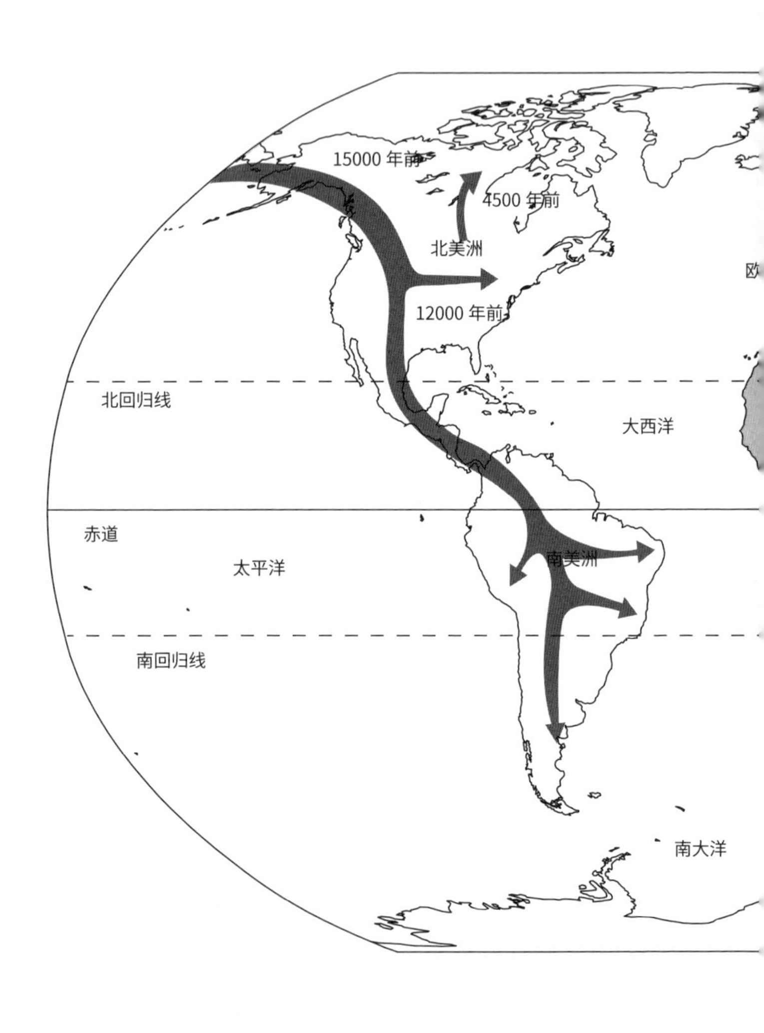


图 3.2　尼安德特人与直立人的空间范围，以及智人首次到达世界各地的时间。[32]

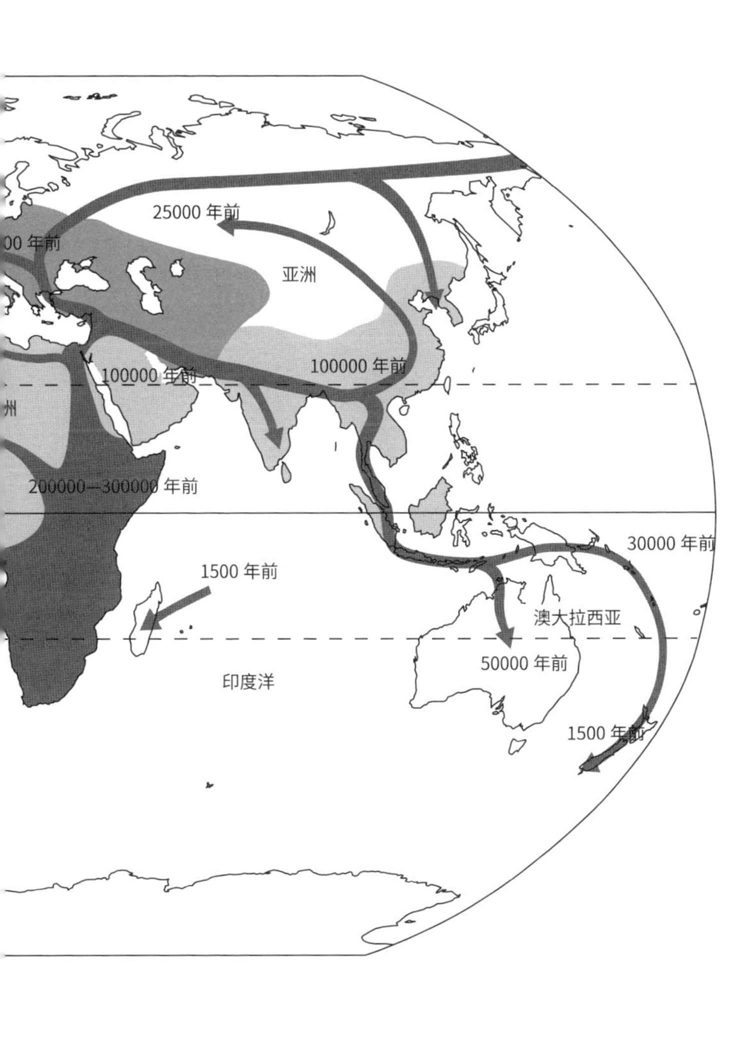


智人的迁徙路线和时间
尼安德特人的地理活动范围
直立人的地理活动范围 直立人的地理活动范围

## 屠杀巨型动物

大约 5 万年前从非洲走出来的新智人，他们带来了前所未有的影响环境的能力。通过很大群体内的协调合作，以及根据我们追捕具体猎物制定计划、协调和选用策略，我们真正成了世界上的顶级掠食者。第二波早期智人每迁移到一个新的地区，他们就开始有组织地猎杀体型庞大的巨型动物（被称作 megafauna，定义为体重超过 40 公斤的动物），如图 3.3 所示。与此同时，全世界大约一半的大型哺乳动物灭绝了，这个数量占所有哺乳类物种的 4%。灭绝现象的分布并不均匀，各块大陆上大型哺乳动物的灭绝比例分别是：非洲 18%，欧亚大陆 36%，北美 72%，南美 83%，澳大利亚 88%。[31] 最严重的几次灭绝发生在此前没有进化出古人类的大陆上。看来，罪魁祸首是我们。

自从亚利桑那大学的保罗·马丁（Paul Martin）在 1972 年提出“更新世过度捕杀”假说（Pleistocene overkill）以来，学术界一直在争论到底是气候的变化（特别是在最近一次冰川作用的末期），还是人类狩猎的压力导致了所有这些物种的灭绝。存在非常有力的证据表明，这主要是我们造成的。巨型动物在陆地和海洋中持续存在了上亿万年，并且在过去的 260 万年里，它们经历了大约 50 次第四纪冰期和间冰期的循环都存活了下来。只有到了最近 5 万年，随着我们祖先的繁

图 3.3　美洲灭绝的巨型动物与现代人的尺寸对比

衍，巨型动物才开始大量灭绝。甚至有证据表明，早在大约100万年前，非洲就出现了由古人类活动导致的“长鼻目”象类物种和剑齿虎的灭绝，这些物种在我们祖先没有居住的地区继续繁衍生息。

几乎所有有记录的巨型动物的灭绝都与智人的扩张密切相关。例如，大型动物的减少发生在4.5万年前的澳大利亚，5万至7万年前的欧洲，3万年前的日本，1.5万至1万年前的北美，一万三千年到七千年前的南美洲，大约六千年前的加勒比海，大约三千到一千年前的太平洋岛屿，大约两千年前的马达加斯加，大约七百年前的新西兰。[33] 把所有这些情况放在一起考虑，“气候变化论”就站不住脚了；与灭绝现象最为相关的显然是人类的到来。

让我们以猛犸象为例来解释上面的观点。猛犸象在大约一万年前的上一个冰川期（或冰期）的末期几乎灭绝。[34] 只有东西伯利亚海岸东北约140公里处的弗兰格尔岛上，仍生活着为数不多的几百头猛犸象。这次同样是因为缺少人类的存在，猛犸象得以存活。海平面上升形成这个岛屿，并且在大约6000年的时间里，上升的海平面保护了岛上的猛犸象，使其不受人类捕猎者的伤害。当人们终于在4000年前来到这个岛上时，长毛象灭绝了。岛上的象牙提供了遗传物质和证据，证明种群规模小与近亲繁殖都不是导致它们灭绝的原因。罪魁祸首最有可能是新到来的人类。[35]

通过对生活在这些栖息地的动物数量的粗略估算，我们可以估计，在更新世末期，仅存的几百万人就杀死了 10 亿只大型动物，这个数字是令人震惊的。[36] 正如一同发现进化论的阿尔弗雷德·拉塞尔·华莱士（Alfred Russel Wallace）在 1876 年所指出的："所以，很明显，我们现在正处于地球史上一个完全特别的时期。"我们生活在一个动物种类贫乏的世界里，所有最大、最凶猛、形态最奇怪的动物都在最近从这个世界上消失了。"[37]

人们来到一个新的地方，那里最大的动物很快就灭绝了，这种模式在一次次地重复。其灭绝原因是人类狩猎，这是一个有争议的理论，因为人们趋于认为，古人类与他们的环境相处和谐。当然，这是相对的——这些人类与他们栖息地的和谐程度远远超过了在他们之后生活在农业或工业社群中的人与栖息地的关系。如果你是一种生长缓慢、繁殖缓慢，同时又需要大量食物的动物，那么一定是快速的气候变化使你更难生存。尽管如此，狩猎在物种灭绝中产生影响的证据是显而易见的。当欧洲水手到达无人居住的岛上时——只有大型动物，而没有任何一点人类的进化痕迹——他们写下了他们的所见，所以我们才有了关于当时存在而现在已消失的那些物种的记录。

1507 年，当葡萄牙的水手们抵达印度洋马达加斯加以东约 2000 公里处无人居住的罗德里格斯岛时，他们发现了一种温顺的白色大型鸟，它不会飞，因其独居生活方式而被命名为“罗德里格斯孤独鸟”（Rodrigues Solitaire）。18 世纪早期，这种现在被科学界称作罗德里格斯朱鹭的鸟类灭绝了，它们大部分都成了荷兰殖民者的盘中餐。同样的命运也发生在附近的毛里求斯岛上一种不会飞的大渡渡鸟身上。类似地，加勒比僧海豹（或海狼）也从 1494 年 8 月起，最开始是被克里斯托弗·哥伦布和他的船员们当做食物，后来陆续被欧洲人吃掉，现在它们也已经灭绝了。但是对巨型动物的屠杀是否也影响了地球系统呢？

**物种灭绝对生态系统的影响**

巨型动物，据其定义，是些体型庞大的动物，因此它们也形塑着生态系统。它们通过破坏、践踏和大规模的消耗来改变植被。而这些促进了草的生长。最近对非洲稀树草原大象的研究表明，在某些地区，稀树草原大象可以减少多达 95% 的木本物种。大型食草动物存在的地方，浓密林地或森林通常不会成为主要的植被类型，它们会让景观变得更开阔，带来当地和所在区域生物多样性的全面增加。

其中一个例子就是欧亚大陆的高纬度地区。在以前的间冰期，这些地区的主要植被是干燥的“猛犸象大草原”，这种环境能保持相对较高的生物多样性，容纳了包括猛犸象、马和野牛在内的各种生物。相比之下，在目前全新世的间冰期，同时也是第一个没有大陆猛犸象的间冰期，生产力较低的涝渍植被侵入了这些地区。[38]在我们目前生活的间冰期，大型动物的缺乏意味着低多样性的苔藓苔原、灌木苔原和森林主导了自然景观。巨型动物的消失可以改变整个生态系统的架构。

巨型动物灭绝后，生态系统中大规模变化的发生变得惊人普遍。这些动物的消失对整个食物链上下游都产生了影响。有时，大型食草动物的灭绝使较小的食草动物获得了额外的资源，从而使它们的种群得以增长。这对食肉动物产生了连锁反应。反过来，食草动物群落的重组又可能重组植物群落，从而再次影响食草动物，进而影响食肉动物。这些“营养级串联”的因果效应可能会导致处于食物链其他部分的更多的动物灭绝，并将生态系统推向一个全新的状态。

这些影响很难研究，因为没有一个伦理委员会会允许为了科学研究大规模屠杀巨型动物，但通过对已经被改变的栖息地精心组织的观察，也可以达到类似的目的。例如，在过去的几十年里，由詹姆斯·埃斯特斯（James Estes）领导的海洋生态学家们通过一个偶然发生的实验对阿拉斯加附近的一些偏远岛屿的生态系统进行了跟踪研究。[39]在其中的一些岛上，海獭通过捕食海胆，使后者的数量保持在一定的水平上。在另外的一些岛上，毛皮商人过度捕杀海獭，以至于后者到了灭绝的地步。在这些没有海獭的岛上，海胆数量激增，并迅速吞噬了布满海床的海藻。这片贫瘠的海洋景观反过来意味着滤食性贝类和海藻鱼的消失。海鸥对此的反应是从以鱼为食转向以无脊椎动物为食。继而，鹰也不再以哺乳动物、鱼类和鸟类的混合食物为食，而是转为以捕食鸟类为主。整个生态系统因此被一个关键物种——海獭的灭绝所改变。[40]

海獭的消失带来的最后一个巨大的后果可能是重 8 吨、长 8 米的斯特勒海牛（又名大海牛，Hydrodamalis gigas）的灭绝。斯特勒海牛是美洲和非洲海牛的近亲。大海牛最初是在 1741 年被格奥尔格·斯特勒（Georg Steller）发现的。当格奥尔格·斯特勒的船在白令海峡司令群岛上的一个偏远小岛（靠近埃斯特斯菲尔德遗址）搁浅的时候，他看到了这种动物。后来猎人们为了获得肉和灯油，开始捕杀大海牛。但直接的捕猎只是大海牛面临的威胁之一。海藻林是大海牛的栖息地和食物来源，但随着海獭数量的减少，海藻林大面积消失。海獭的消失间接加速了大海牛的灭绝：到 1786 年，最后一只大海牛离开了这个世界。

巨型动物不仅改变了生态系统的样貌，还改变了所谓的生物地球化学循环——在经过动物食用、消化和排泄之后，原本锁在植物体中的营养物质会更快地释放出来。生态学家亚德韦德·毛利指出，这在寒冷或干燥的低生产力环境中尤其重要，在那里大型动物的内脏可以充当温暖潮湿的孵化器，加速植物的分解和养分供应。[41] 这些大型动物在自然中的消失意味着营养物质更难以获取，使得干旱和寒冷地区的生产力更低。这种消失也造成了树木比草长得更快，进而在这些寒冷的气候中改变了陆地表面的反射率，即反照率（albedo）。深色的针叶树吸收更多的能量，提高了空气温度，使这些生态系统比原来更多产了一些。总体上，我们可以说，巨型动物的灭绝以一种复杂的方式改变了生物地球化学循环和能量交换。

就我们的研究目的而言，可能是由巨型动物灭绝引起的，最有趣的地球系统变化之一是“新仙女木”事件。它指的是一次非常突然的暂时性气候逆转，标志着全新世的开始。在由冰期到间冰期长期渐暖的过程中，新仙女木事件见证了从 12800 年前开始的温度骤降。它的名字来自蔷薇科的高山苔原野花仙女木（Dryas octopetala），它是一种指示当时的植物迅速变化的标志。在那个时期，大气中的甲烷含量从 680ppb（十亿分之六百八十）迅速下降到 450ppb（十亿分之四百五十）。通常的观点是，北美冰层迅速融化，使得海洋中的淡水增加，同时改变了全球环流模式，继而影响了全球气候：甲烷含量的下降是由于低温导致的沼泽甲烷释放量的减少。但更有争议的是，一些研究人员指出，甲烷的减少与人类首次到达美洲并开始在美洲繁衍的时间相吻合。

现在这个故事听起来应该很熟悉了——人类的到来与 114 种食草动物灭绝的时间相一致。由于食草动物在消化植物的同时释放甲烷，它们的快速减少将意味着甲烷排放量也相应地快速减少。据计算，这些巨型食草动物的灭绝可以解释新仙女木事件中的大气甲烷含量 12.5%—100% 的下降。总的来说，这些物种的灭绝可以解释高达 0.5 摄氏度的气温下降。[42] 这条证据链还远远称不上完善，但是在这么短的时间内消失了这么多巨型动物一定会产生一些全球性的影响。无论具体的影响力级别如何，人类行动影响的范围正在逐渐波及全球。

重要的是要记住，即使在智人遍布除南极洲以外的所有大陆之后，我们在世界范围内的人口总数仍在 100 万至 1000 万之间，不及今天区区一个大城市的人口。尽管人类的数量很少，但我们通过使世界上的巨型动物灭绝而对环境施加了深远的影响。这些变化在当时是巨大且永久的，但主要集中在陆地上，没有达到地球上最大的灭绝规模。但是，我们人类已经从任环境摆布转为为了自己的目的而改造环境。而这一切都发生在农业出现之前。农业出现后，人类对环境造成影响的速度更快，而且幅度也更大了。

第四章

CHAPTER 4

# 耕作，第一次能源革命

“如果没有农业，就不可能有城市、股市、银行、大学、教堂或军队。农业是文明和任何稳定经济的基础。”

艾伦·萨弗瑞，与记者的访谈，2012 年

“饥荒是一个成熟的农业社会的标志，是文明的徽章。”

理查德·曼宁,《与粮为敌：农业如何劫持文明》，2004 年

上一次冰期结束时，随着冰的消退和地球变暖，人类开始栽培植物和驯养动物——改造它们，使其为我们提供食物和纤维。人类不再仅仅依赖于在大自然慷慨的馈赠中觅食，对有用的动植物的选择使智人能够控制捕捉太阳能量的过程，从而取得对其有用的产物。通过将自然进一步为其所用，农民可以将更多的能量引导到生态系统中供他们使用，而不是仅仅依靠野生食物。人类可用的能量总量大幅度增加，这也从根本上不可逆转地改变了世界上的各个人类社会。

这种能量使用方面的变化大得惊人。一个典型的处于静息状态的人每天耗能的功率约为 120 瓦，这大致相当于两个老式灯泡的功率。生态学家亚德韦德·毛利的计算表明，我们从事狩猎-采集的祖先的耗能功率相当于 6 个灯泡（约 300 瓦），这是由他们自己 120 瓦的基础代谢功率，加上收集食物，再将其转换成一种可用的形式，外加获得生火的燃料的额外耗能组成。

然而，一个前工业化时代农民的耗能功率约为 2000 瓦，略多于 30 个灯泡。他们获得这额外的能量，靠的是对更多的太阳能量的利用，通过将其转化为大量的植物和动物。从他们所依赖的生态系统的新陈代谢中转移到人类体内的能量份额，从 0.01% 以下跃升至至少 3%。[1] 在最基本的层面，选择农业使更多人得以靠土地生存：这是人类逐渐控制地球过程中的关键性一步。

农业的产生是一个缓慢的过程；没有哪个人在某一天早上醒来就想："我应该种庄稼。"由觅食到农耕的转变经历了好几代人。它最初不是在一个地方，而是在许多地方各自独立发展起来的。10500 年前，农业最早出现于亚洲西南部、南美洲和中亚。然后，它又一次看似独立地出现在 6000—7000 年前的中国长江和黄河沿岸和中美洲，然后又独立出现于大约 5000 年前的非洲、印度、东南亚和北美的稀树草原地区（见图 4.1）。最新的证据表明，至少有 14 个彼此独立的农耕文化发源地，也可能有 17 个，甚至可能多达 21 个。农业从这一个个中心传播开来，并逐渐扩展到了全世界。[2]

关于这一重大变化，我们需要回答一系列根本性的问题。刚开始的时候，农业似乎制造了更多的劳动量，同时降低了人类的健康水平，那么最开始人类为什么会决定栽培植物和驯养动物呢？为什么智人似乎在此前的至少 19 万年都没有发明出农业，然后却在几千年的时间段内多次发明农业？为什么农业会产生于这 14 个左右的特定地方——是什么让它们与众不同？为什么我们的大部分食物都要依赖一些特定的植物和动物呢——为什么不把所有的植物和动物都驯化呢？为什么农业会取代狩猎-采集成为最普遍的生活方式？最后，这种蔓延是如何影响全球环境的？在下文中我们将看到，有证据表明，早期农业影响了大气中的温室气体，稳定了全球气候，并可能推迟了下一个冰期的开始，这为大规模的复杂文明的发展提供了充足的时间。

## 让自然屈从于我们

现代农业养活着 75 亿人，而今天全世界以狩猎-采集为主要生活方式的人可能不到 100 万。事后看来，早期人类开始驯化动植物似乎是非常明智的。如果他们能够管理农场的粮食生产，谁还愿意继续猎杀大型的危险动物和寻找根茎和浆果呢？这种后见之明是有缺陷的。考古证据反复证明，人类从狩猎和采集过渡到农业导致了更多的劳动，更糟的营养条件，更矮小的身体尺寸和更重的疾病负担。[3]

今天，如果你足够幸运，可以遇到一群拥有大量土地的狩猎-采集者的话，就会发现与勉强维持生计的农民相比，他们的生活相对轻松是显而易见的。虽然这些群体在文化上与那些生活在农业革命之前的群体不同，但他们可能有一些大

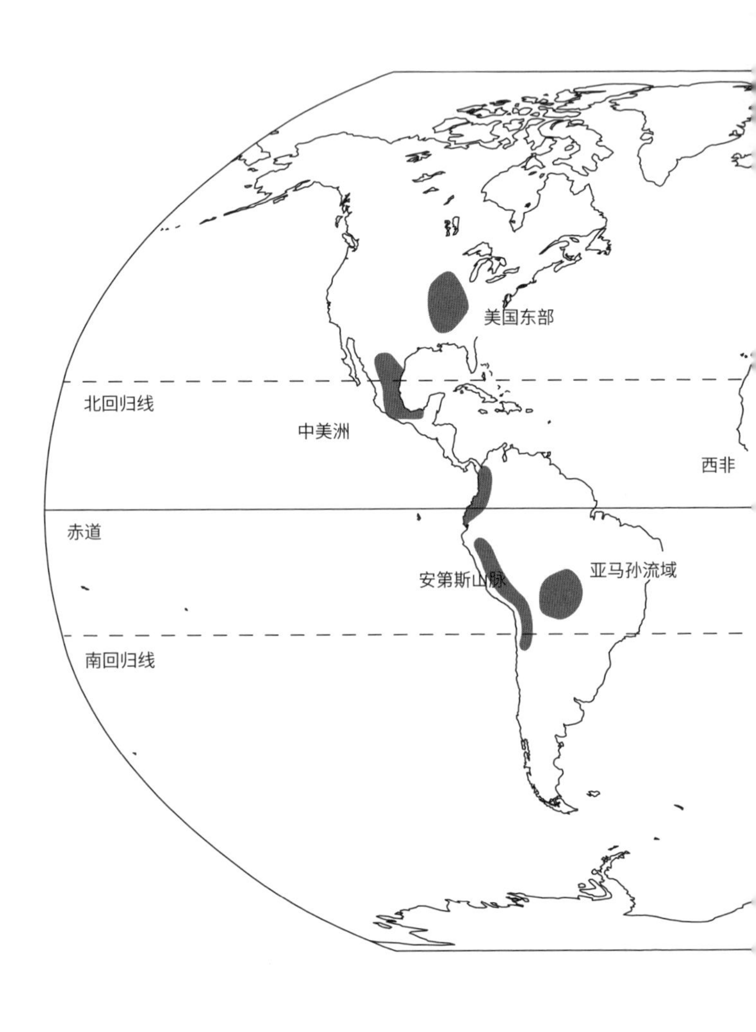


图 4.1　独立的动植物驯化中心都发生在彼此相隔几千年的时间里。对于亚马逊、埃塞俄比亚和中国南方地区发现的证据较少：因此可能至少存在 14 个独立的驯化中心。[4]

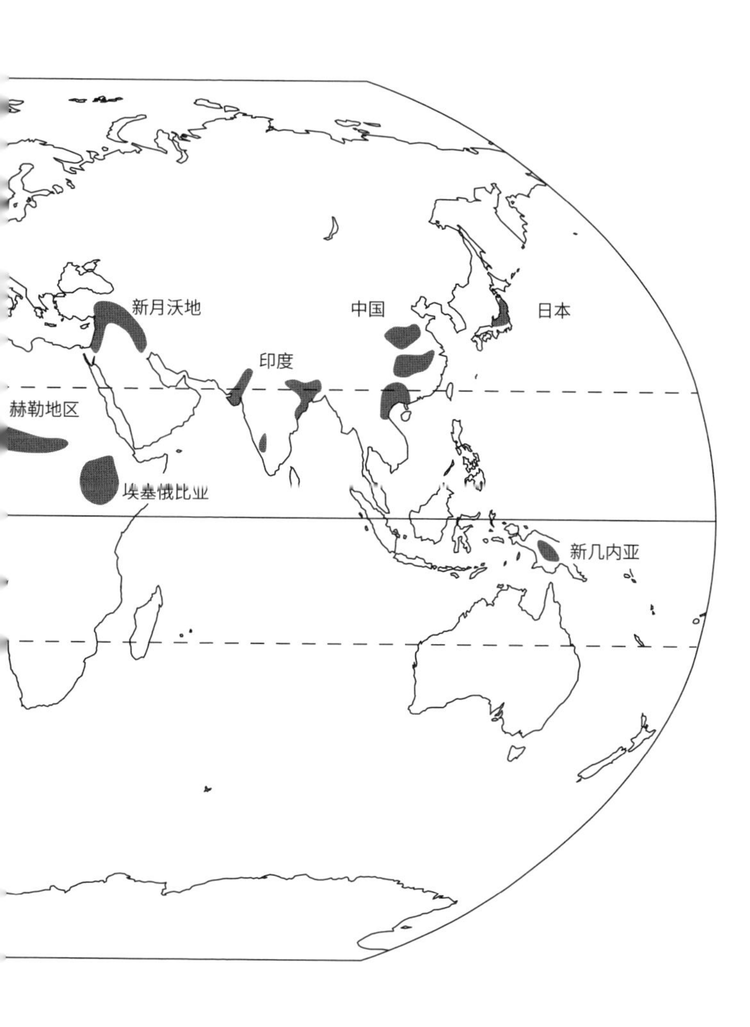


动植物驯化的独立起源地

致的共同点。研究表明，许多狩猎-采集者起得很晚，并且在收集食物上花费的时间并不是很多。他们的社会在决策和育儿方面更加平等。然而在农业社会中，在现代技术出现之前，众所周知人们必须在黎明破晓前就起床，到田间进行长时间的体力劳动。谁会愿意选择它呢？

驯化似乎是一系列未被预见的后果，它使世界上的各个群体通过农业获得了一种更稳定的生活方式。就像前一章讨论的累积文化的知识共享一样，驯化似乎是一种棘轮：一旦你踏上了培养动植物这条路，就很难回头。在各个独立发源地产生的农业生存模式都是很缓慢地发展出来的，可能花了3000年时间，相当于大约150个或更多个世代。这个过程非常缓慢，身处其中者几乎察觉不到变化的发生。

狩猎-采集者通过选择、收集和将重要的植物种类带到他们的营地，开始了驯化的过程。他们还试图驯服和管理他们所在地区的野生动物。如果他们成功了，他们将会获得方便的食物供应。最关键的是，他们不需要不断地把营地搬到更好的猎场。附近的地方就足够了。因为他们不需要靠频繁迁移来维持稳定的食物供应，他们也不需要在婴儿间保持较大的年龄间隔——不用搬迁意味着没有人需要抱着他们走远路。从土地中获取的更多可供使用的能量，加上正常的食物供应，将能为不断增长的人口供给养分。即使饮食变差了，更加频繁的分娩也能完全弥补由饮食单一、营养有限而导致的较高死亡率。此时，棘轮就完全成型了。即使务农需要繁重乏味的劳作，而回报仅是单调的食物，你也必须为了你的孩子们这么做。家里的孩子需要吃饭。而且无论如何，更多的孩子都意味着今后更多的耕作劳动力。

更多人口生产更多的食物，这又反过来导致更多的人口。一旦这一自我强化的循环体系就位，沿着务农的道路继续走下去就讲得通了。植物越来越容易种植，但同时它们也需要人们更多的工作，需要人们进行土壤维护、脱粒和其他处理，包括准备贮藏。但这项工作是有回报的：它带来了更高的产量。接着，劳动力进一步转向务农，而不是觅食，这反过来又增加了对务农的依赖。然后，自我强化的第二个循环继续运行：更多的人从事更多的农业工作，为越来越多的人提供生存所需的能量。没有回头路。

但是为什么当时有些人转向农业，而另一些人却抵制它呢？事实上，现在仍有一些人在抵制，直到今天，他们一直维持着狩猎-采集的生活方式。这或许是因为狩猎-采集型社会有两种基本的群体，我们称之为即时回报群体和延迟回报群体。像刚果雨林中部的巴卡人、东非稀树草原上的哈扎人和菲律宾的阿格塔人都属于即时回报群体，他们一直生活在高度流动和不固定的群体中，没有等级制度。他们不依赖于特定的其他人，所以他们没有一个至高无上的权威。对于这些群体来说，开始耕作很难；不断地流动、缺乏个人财产概念以及只关注即时创造利益的劳动都使耕作不太可能出现。[5]

相比之下，从事农业活动更有可能成为延迟回报的狩猎-采集群体的选择。这些群体的流动性较低，他们对之前的劳动产物拥有一定的财产权，这些劳动产物通常以储存起来的食物和更多的私人物品的形式存在。在这样的社会中，提高土地产出的粮食能量，意味着更多的粮食可以被储存起来，同时积累的财富可以传给下一代。这样做的愿望将变为促进驯化动植物的强大压力。许多当代的延迟回报群体，如生活在亚马孙雨林的亚诺马米人，结合了觅食和耕作。这表明，流动性较低的群体选择耕作，为的是更便捷地获得碳水化合物丰富的作物，同时在这样做的初期，他们还在继续靠搜寻获得其他大多数食物。通过这个过程，耕作开始缓慢地将野生动植物转变为服务于我们的有机体。

## 驾驭进化

我们对新月沃地的驯化过程了解得最多，新月沃地是人类最早的农业群落之一，位于今天的亚洲西南部。[6]顾名思义，新月沃地的形状犹如一弯新月，在一个多数地方都是干旱和半干旱的地区中间，它是一片相对湿润和肥沃的土地。新月沃地包括美索不达米亚（底格里斯河和幼发拉底河中间及周围的土地）、黎凡特、尼罗河上游和地中海的东海岸。大部分领土位于新月沃地的现代国家有伊拉克、叙利亚、黎巴嫩、约旦、以色列、巴勒斯坦和埃及；它还包括了土耳其的东南边缘和伊朗的西部边缘。新月沃地可能不仅是人类最早进行驯化的地点，而且这里还产生了一些世界上最有价值的驯化动植物，例如小麦、奶牛、山羊、绵羊和猪。

在大多数驯化发生的地区，仍能发现植物或动物的原始野生品种，其基因变化可以一直追踪到完全驯化的品种。例如，在新月沃地仍能找到野生的小麦和大麦，当它们位于茎秆顶部的种子成熟时，就可以被辨认出来。种子一旦成熟，就会从茎秆头部掉到地面，在地上休眠，然后发芽。这种种子的脱落现象使采集种子变得很困难。然而，偶尔也有一些植株的种子不会脱落。一个基因的突变，就可以让小麦或大麦的种子成熟时不至脱落。虽然这对植物来说是灾难性的，因为它就不能释放种子和繁殖了，但这对人类觅食者来说是一件完美的事，因为它把种子集中在植物的顶部，便于收获。

随着早期狩猎-采集者采集到的这类谷物越来越多，我们可以想象到，先是一些种子偶然撒出，然后人们开始刻意种植非出苗品种。这将强有力地选择“不脱落”的基因，由此创造出我们今天种植的小麦和大麦的雏形。事实上，他们这样做并不需要有什么先见之明：只需选择播种最有价值的植株的种子，就能收获更多有用的作物。[7]

这种驯化过程现在还在继续，并逐渐增添新的有用的特性。在种子萌发方面也发生了重大的变化。野生小麦中，掉入土壤的种子约一半会在两年后或更长的时间后发芽。而所有驯养的植物都是经过培育的，所以种子播种后几乎百分之百会当年发芽。接着，在20世纪60年代，也就是人类迈出驯化的第一步之后大约10500年，人们在使自然服从于其需求方面又发生了另一个跨越性的变化。作为所谓的“绿色革命”的一部分，野生和驯化的小麦被杂交，目的是得到高产的品种，这些品种可以长成整齐划一的较矮植株，这样更能抵御大风袭击，也更容易收割。由此，到2013年，世界小麦产量为7.13亿吨，小麦成为仅次于玉米（10.16亿吨）和大米（7.45亿吨）的全球产量第三高的谷物。[8]

狩猎–采集者也开始驯化动物，选择动物身上那些对他们最有用的特征：鸡被驯养得更大，野牛则被驯养得更小。即使在完全不同的动物身上，驯化也会产生相似的行为、形态、生理和认知特征。这些变化包括身体颜色、头骨形状、牙齿、大脑尺寸和解决问题的能力的变化。进化生物学家布莱恩·黑尔认为，这些变化大多是由选择降低动物的侵略性造成的。

狗（学名为 *Canis familiaris*）是人类最早驯化的犬科动物，从灰狼（学名为 *Canis lupus*）到狗的驯化可能经历了两个阶段。[9]第一个阶段涉及自然选择或“自我驯化”，中间没有任何来自人类的直接干预。

在这个阶段，攻击性较低、容易恐惧的狼获得了初步的进化优势，因为它们能够相对容易地接近人类的居住地，从而更好地利用新的生态机会：人类的垃圾和粪便中的食物。这并不是特别难以置信，因为即使在今天，某些埃塞俄比亚哈拉尔人仍然有时每晚亲手喂鬣狗。令人惊讶的是，当鬣狗越过城墙进入城市里时，它们的行为发生了显著的变化——它们变得温顺起来，并且没有对人类或其他鬣狗表现出暴力迹象。悄悄地进去，然后带着食物离开，才是符合它们利益的行为。[10]

一旦狼开始以前后一致的方式对待人类，就可以开始第二个阶段：有意繁殖，选择无攻击性和其他人类想要的特征。西伯利亚一项著名的银狐实验表明，选择无攻击性动物的进化结果很快就可以显现。选择性繁殖始于 1959 年。狐狸在它们的一生中很少与人互动。在 7 个月大的时候，那些当人出现时反应温和的狐狸（即不咬人和不咆哮的那些）被选中进行繁殖。他们还设置了另外一组狐狸作为对照组，两组的饲养条件相同，但在这一组中不管狐狸如何对待人，都允许它们随机繁殖。仅仅几代之后，这些经过选择性繁殖的狐狸就开始主动接近人，而不是后退，也不会在被触摸时咬人。经过 20 代的繁衍，它们对人就像狗一样友好，有些甚至还向人摇尾巴。[11] 就像我们在小麦和狗的例子中看到的那样，驯化似乎相对简单直接，如果我们刻意引导的话，进化过程可以发生得相当快。

驯化一旦完成，刻意的培育就可以增强许多不同的性状，从而使狗被培育来扮演许多不同的角色：能够猎杀狼、参加竞技比赛、放羊，或者只是被我们抱在膝头抚摸。对于一个外星动物学家来说，要理解猎狼犬、边境牧羊犬、格雷伊猎犬、腊肠犬和吉娃娃是同一个物种是非常困难的。[12] 而在植物界，一个外星植物学家会辨认出西蓝花、所有的卷心菜、花椰菜、抱子甘蓝、羽衣甘蓝、球茎甘蓝，更不用说十几种不同的中国绿色蔬菜，都来自同一个物种——甘蓝（Brassica oleracea）吗？

很明显，驯化使动植物对人类更有用。然而，在可选择的约 35 万种维管植物中，只有约 100 种野生植物被驯化。就动物而言，在巨型动物灭绝之后，世界上只剩下大约 150 种大型陆生食草类哺乳动物，但其中只有 14 种被驯化过。即使在几种存在近亲关系的植物或动物物种中，通常也只有一种被驯化过。例如，马和驴已经被人驯化，但四种斑马中没有一种被驯养过，尽管它们与马和驴的亲缘关系很近，甚至可以与马杂交。为什么已被驯化的物种数量如此之少？这是野生物种本身的问题，还是早期农民的能力或意愿的问题？

经常有一些不易察觉的因素会阻止野生物种的驯化过程。例如，橡树是欧亚大陆和北美重要的野生可食用植物，但它从未被驯化。当把它与杏树相比较时，原因就清楚了。野生的杏仁和橡子含有苦味的毒素，尽管也有变异的树能结出美味的坚果，供人类食用。在杏树中，这种变异是由单一的显性基因控制，因此无毒的杏树通常会产生新一代类似的无毒树，使它们成为完美的驯化对象。但是，能结出可食用橡子的橡树品种被多种基因的组合控制，因此，无毒橡树的后代可能既有无毒的，也有有毒的。因此，即使在今天，可靠的可食用橡子的生产仍未实现。

基因很重要，但它并不是全部的原因，因为食物也需要在一年中合适的时候成熟。中国东南部的橡树大多天然无毒，但它们也没有经过栽培。它们没有被驯化，可能是因为橡子的季节性生产与水稻和谷子的收获季节相冲突，而后面两种作物对早期农民来说是更有价值的农产品。基因很重要，但缺少与农耕系统的契合似乎也限制了一些物种的驯化。

至于动物，有很多原因导致一些物种没有被驯化。人类可能无法为一些圈养起来的动物提供其主要食物，这就是为什么没有驯化的食蚁兽。还有一些动物单纯地不愿意在圈养的环境中繁殖，比如大熊猫和猎豹。一些动物的生长速度很慢，同时两胎之间间隔的时间太长，驯化起来过于缓慢，比如大象（在印度劳作的大象，事实上没有被饲养和驯化，但它们是经过训练的野生动物，或许这也是亚洲大象在巨型动物大灭绝中幸存的一个重要原因，还有一个原因是一部分雌象没有象牙这个特质)。许多动物在被圈起来时,或是面对潜在的捕食者(如人类)时会感到恐慌。还有一些动物缺乏跟随头领的倾向(这对于控制大批驯化的群居动物是必需的),这种本能在大角羊和羚羊身上就没有出现。

还有一些动物过于有攻击性。这解释了人为什么没有驯养熊和犀牛。最典型的例子是马的近亲——斑马。17 世纪,定居南非的欧洲人决定驯化斑马,但以彻底的失败告终。斑马是凶猛危险的动物:它们每年伤害的动物管理员比老虎还多。它们会咬任何试图触摸它们的人,并且在这些人逃跑或者死亡之前都不会松口。斑马也有比马更好的周边视觉,这使专业的竞技牛仔都不可能套捕它们。当斑马看到绳子飞过来,它们会在最后一秒钟扭头躲过。许多动物与斑马一样,可能有一种单一的特性,使其无法屈服于我们的意志。

值得注意的是,几乎所有被驯化的物种都是在几千年前被挑选出来的。早期的农民似乎已经筛选了所有有可能的物种,并在大约 5000 年前驯化了它们。事实上,现代农民并没有为食物生产增加任何一种重要的经过培育的动植物。是数千年前的农耕社群驯化的动植物物种,养活着今天的 75 亿人。

在我们看来,就人类世而言,选择性繁殖开启了一个重要的进程:人类开始创造新的动植物物种,亚洲的水稻、狗、羊和牛已经被科学家们归类为新物种。当这些新物种出现在地质沉积物中时,与过去的世的情况一样,它们预示着变化,但这次的变化不是由物种对环境变化的反应，而是由人类对进化的直接操纵造成的。随着农耕的出现，我们朝着彻底改变我们的家园又迈出了一步。然而，由于服务于人类欲望的物种只是总数的一小部分，它们本身并不构成地球生命的重大改变。正如我们之后将看到的，是农耕的另一个不那么直接的影响，推动了一波新的改变地球的事件。

## 我们为什么要等待?

现代人类出现在20万年前的某个时候，但农业直到大约10500年前才出现。为什么花了这么长的时间，人类才在新月沃地、中国南部、印度、中美洲、亚马孙河、北美东部、萨赫勒地区、热带西非、埃塞俄比亚和新几内亚等不同的地方貌似独立地发展出了农业？[13] 发生了什么事？

在现在这个间冰期之前，农耕文化出现的机会是极为渺茫的。在现代人类存在的大部分时间里，地球都处于冰期状态。与间冰期相比，当时的地球更冷、更干燥、二氧化碳含量更低，气候也更多变。所有这些因素使存在一个足够湿润、温暖和稳定的地区，其农作物的产量可以在几个世纪里保持稳定的可能性大大降低。可预测的收成是农耕开始发展的必要条件，同时它带来的自我强化反馈机制的棘轮对社会的控制也是必要的，它推动了社会整体走向农业耕作的生活方式。

事实上，实验室实验已经证明，当现代农作物的野生祖先在二氧化碳水平降低的情况下生长时，谷物产量会减半，这使冰期不太可能成为驯化植物的开始。[14]

现代人类只经历过两个间冰期，另外一个是大约13万到11.5万年前，很可能是在大约10万年前智人离开非洲之前。当时存在一个时机问题：我们本可以直接到达新月沃地，而那里正好有具备成熟驯化条件的动植物，但当时农耕的气候条件开始恶化。然而，也有可能是第一批走出非洲的智人没有发展出驯化的技能或思维过程。这个群体没有创造艺术或其他与高水平认知伴随产生的手工艺产品。累积文化直到大约5万年前智人2.0离开非洲时才真正开始腾飞。最近的遗传学证据表明，最早的经过驯化的狗出现在3.2万年前，并且在大约2.3万年前，新月沃地的一些狩猎-采集者在尝试进行驯化。[15]这样看来，智人2.0在那个时候已经可以驯化动物，但收效甚微。我们似乎有理由得出这样的结论：当人类有了进行驯化的认知之后，只有在间冰期的环境条件下，农业才可能成为一种可以成立的生活方式。

考虑到人类的认知能力和当时有利的气候条件，农业在那个间冰期出现是必然的吗？毫无疑问，异常稳定的温暖气候、典型的湿润环境和较高的二氧化碳浓度增加了农业出现的可能性。很可能，这种稳定性与其他因素结合在一起，使农业中心能够在某些而非另一些地方出现。由此，“成为越来越高效的大型动物捕猎者”这一进步陷阱造成了许多地区的变化：到上一个冰期结束，许多人类赖以为生的巨型动物变得稀少或已经灭绝，这成了促使人们寻找其他食物来源的一个推动因素。这引发了一场所谓的“广谱”革命，人们不得不吃他们的次选，甚至是再次选的食物，从而使食谱的种类更加多样化。这些食物包括更小的野禽和植物，需要经过粉碎、研磨、浸泡或煮沸等一系列准备过程。这次广谱革命意味着许多物种作为潜在的可食用对象被筛选出来，进而指引人们走向可能的驯化。

但仅仅是聪明的人类在二氧化碳含量更高、气候更稳定的情况下寻找新的食物来源，还不足以引发一场革命。驯化的原材料也要在场。如果有这样的物种存在，它们就会从它们的自然栖息地被移到离人类更近的地方，通常会是更肥沃的地区。产量最高的植物将被选中继续下一年的种植，并开始得到认真的有意栽培和驯化。拥有适宜物种的地方可能处于驯化的边缘。在物种、稳定的气候和较高密度相对定居的人群（这些人被迫选择一种广谱饮食）三个条件同时满足时，农业似乎是不可避免的。人们将难以抗拒早期的农业试验所带来的额外能量。

文化信仰可能也形塑了农耕最初在全球出现的模式。在许多地方，狩猎-采集者知道农耕社区的存在，尽管存在敌意，有些人还是与他们进行商品贸易，但并不选择改变自己的生活方式。他们共同存在了数千年。即使在今天，一些狩猎-采集者仍然主动自觉地避免采用农业，而另一些也只是在被剥夺他们祖先的土地时才勉强开始从事农耕。然而，能量利用效率的增加以及因定居而多生出来的农耕人口意味着在大多数地方，随着农耕群体的扩大，当地的狩猎-采集群体都会被同化、排挤或是被杀死并取而代之。

十四个关键驯化中心各自的扩张速度在很大程度上取决于它们的地理位置，这是因为在某一特定气候发展起来的农耕系统往往会局限在其所在的区域。从新月沃地沿着东西轴方向相对快速扩张是有可能的，因为白昼长度、气候、季节性、栖息地甚至疾病的相似性意味着经过驯化的动植物通常已经很好地适应了新区域。中国的驯化中心为农耕在欧亚大陆的东西向传播提供了第二个起点。因此，小麦和马从新月沃地向东西两个方向传播，而鸡、柑橘类水果和桃子从中国向西传播。相比之下，欧亚大陆的农作物和牲畜需要花费更长的时间才能向南传播到气候截然不同的非洲。然而，位于热带的西非驯化中心在同一热带气候区内迅速扩张。在美洲，驯化扩张的速度比较慢，因为最大的两条山脉——安第斯山脉和落基山脉是南北走向的，这意味着东西走向的扩张要保持在同一气候区域内要困难得多。

农业扩张的结果是全球人口的稳定增长。变化的步伐开始加快：在被狩猎-采集的生活方式支配了数万年之后，一种新的农耕生活方式在短短几千年内席卷了全球。大约 10500 年前，当新月沃地开始发生驯化时，地球上大约有 500 万人。大约 2000 年前，由于农耕革命及其带来的额外能量的推动，人口已上升到 2 至 3 亿人。伴随这种新的粮食生产出现的还有更大的聚落，更清晰的社会阶层，以及大规模聚居生活中更加专业化的社会分工。包括金属工具、书写和灌溉在内的新技术出现了。村庄变成了城镇，城镇偶尔也会变成城市。帝国和专业化的军队为争夺更多的领土而战。随着时间的推移，狩猎-采集者渐渐只能生活在非常贫瘠、不适于农耕的土地上。这些惊人的变化都源于人类驯化了区区 100 个其他的物种来满足我们的需求。这些物种给了我们能量。

## 进化的爆发

农业的起源和迅速发展也对人类文化产生了深远的影响。例如，今天生存于世的 88% 的人类所使用的语言都源自七个语系之一，而这七个语系均发源于欧亚大陆上的两小块区域——新月沃地和中国最早的驯化中心。[16] 农业为这些民族提供了一个有利的开端。随着他们的人口迅速增长，他们带着自己的语言和基因逐渐扩张到了世界上的其他地方。在这些社会中，大多数人都在土地上劳作，并承受着压力，他们必须不断取得更多的能量来满足整个种群的需要，这是数千年来土地利用日益集约化的一个关键驱动力。由于新的等级制度可以得到支持，加上对农民施加了适当的压力，这种能量供应从根本上改变了社会。统治者、复杂的官僚体制和职业军队蓬勃发展。发生了繁多而大量的变化，不仅限于社会和文化方面。我们开始在这个新的现实中进化。人类的进化并没有随着农业的发明而停止；相反，一套全新的选择压力出现了。

例如，所有人类生来就有能力消化母乳中的乳糖，因而一出生就可以吃奶。然而，大多数人在儿童期过后，体内乳糖酶的数量就会减少。接着，大约 9000 年前，在中欧、西非和印度西南部的小群体中，乳糖酶开始在人们进入成年期后仍持续存在，使得非人类乳汁和乳制品得以被人消化。[17] 成年人体中乳糖酶的持续存在似乎是由于关键的乳糖酶基因所致。如今，这种基因可以在 80% 的欧洲人和拥有欧洲血统的美国人身上找到，而在撒哈拉以南的非洲和东南亚，这种基因的出现率很低，它在大多数中国人身上也不存在。这些基因的地理分布与家养牛的散布有很强的相关性。因此，乳糖耐受性在早期的农业社群中具有显著的进化优势，在这些社群中，乳制品要么被用作主要的能量来源，要么在冬季或干旱时期被用作后备食物。乳品生产和欧洲血统的人口已经将乳糖耐受性传播到了全球各地——虽然世界上大多数人仍然对乳糖不耐受。

与动物生活在一起也间接地影响了我们。野生动物的驯化和城市中心的发展可能带来了新的传染病。流行病学家内森·沃尔夫和他的同事们研究了历史上造成最大危害的 25 种疾病。15 种首先发生在温带地区（乙型肝炎、甲型流感、麻疹、腮腺炎、百日咳、鼠疫、甲型轮状病毒、德国麻疹、天花、梅毒、温带白喉、破伤风、肺结核、伤寒、斑疹伤寒），10 种发源于热带地区（艾滋病、恰加斯氏病、霍乱、登革出血热、东部和西部非洲昏睡病，恶性疟原虫和间日疟原虫疟疾、热带黄热病和黑热病）。

这两类疾病之间有一些明显的区别。大多数温带疾病是通过与感染了该病的人或动物接触而传播的，而 80% 以上的热带病是由昆虫传播的。温带疾病往往是急性的：病人要么死亡，要么在几周后康复。如果病人活下来，他们通常会终生免疫这种疾病。而大多数的热带疾病是慢性的，持续时间从几个月到几十年，并且不能提供持久的免疫力。

70% 的温带疾病是所谓的“群体性流行病”。这些疾病作为短暂的流行病在一个地方发生，并且只能在人口众多的地区持续存在。这是很好理解的，因为如果一种疾病是急性且高效传播的，而且要么杀死其患者，要么给患者带来终身免疫，那么这种流行病很快就会耗尽当地易感人群的数量。如果没有宿主动物或宿主环境，这种疾病就会灭绝。因此，人口必须足够稠密，这些疾病才可以持续存在，传染邻近地区的人，并在多年后回到原来的地区。届时，因为一直有婴儿出生，已经产生了一批新的潜在患者，他们之前从来没有接触过这种疾病，所以他们没有免疫力。在农业出现后的5000年里，人口增长了20倍，数量增加了近1亿人，这很可能是这些疾病能够持续存在的原因。

另一个地理差异提供了证据，证明农耕地区动物是疾病负担不断增加的来源：在这25种主要疾病中，只有一种——恰加斯氏病，明显起源于美洲。这些主要病原体中，18种起源于欧亚大陆和非洲，尽管农耕在其他地方也有发展（剩下的6种，我们要么不确定其来源，要么不清楚其初始地域）。

这种差异被认为是由于欧亚大陆和非洲有更多的驯养动物，这些动物身上的疾病可以发展和变异从而传染人类。在世界上14种主要的哺乳动物家畜中，唯一来自美洲的物种是大羊驼，它没有传染人类，也许是因为它从来没有被挤奶、被骑过或者被养在靠近人类的室内。而其他13个物种，其中包括和我们关系最亲密的5个数量最丰富的物种（牛、羊、山羊、猪和马），都起源于欧亚大陆，它们的体内可能潜藏着后来传播给人类的疾病。

影响主要疾病的地理分布的，可能还有其他因素。在10种热带疾病中，有9种发生在美洲以外。这很可能是由于美洲人类与猴子之间的遗传距离几乎是非洲和亚洲人类与猴子之间遗传距离的两倍。

这意味着在中美洲和南美洲的热带地区，疾病从我们的近亲传染给我们的可能性较低。此外，我们的人类祖先在热带非洲生活了 500 万年或更长时间，而人类在大约 14000 年前才开始迁移到美洲，所以这些疾病在欧亚大陆和非洲有更长的时间发展和传染人类，同时与人类的接触时间也更多。这一历史遗产一直延续到了今天。埃博拉病毒和寨卡病毒在大幅传播之前都是从非洲热带地区进化出来的，而亚马孙河流域并不是一个可以传播到世界各地的各类新疾病的源头。这些差异不仅塑造了人类的历史，而且我们将看到，它们也塑造了我们对地球系统一直持续到今天的影响。

## 推迟下一个冰期

农耕的兴起意味着越来越多的人改造越来越多的土地，以满足人类的需求。通常，早期的农民会用火开辟土地用于种植。这种做法是有效的，但并不可控，因此可能造成大面积的破坏。早期农耕系统的效率不高，所以大片的土地被烧毁。农民们将储存了大量碳的土地，如林地和热带稀树草原，转变成通常存碳量极少的田地或牧场。这种植被的更替将二氧化碳释放到大气中。此外，如果养殖湿地水稻或反刍动物，如牛、绵羊和山羊，这些都会产生甲烷。这两种强大的温室气体，如果产生得足够多，可能会使整个地球系统发生变化。有一种说法是，这些早期的农民产生的温室气体足以阻止这次间冰期发展进入下一个冰期。但是这些数千年前的农耕社区是否阻止过冰期的到来呢？

在过去的260万年里，地球经历了50多次冰期—间冰期的循环，每一次循环都对包括气候在内的地球系统产生了深远的影响。[19]在上一个冰期的顶峰，也就是21000年前，北美洲从太平洋到大西洋几乎被一片连续不断的冰盖覆盖。冰盖最厚的地方在哈得孙湾上空，有两英里多厚。它一直向南，延伸到纽约和辛辛那提。在欧洲，有两片主要的冰盖：所谓的英国冰盖，一直向南延伸至诺福克；斯堪的纳维亚冰盖，从挪威一直延伸到俄罗斯的乌拉尔山脉。在南半球，冰盖覆盖了巴塔哥尼亚、南非、澳大利亚南部和新西兰的部分地区。冰盖里锁住了很多水，致使全球海平面下降超过120米，相当于自由女神像或伦敦眼的高度。[20]相比之下，如果今天南极洲和格陵兰岛所有的冰融化了，全球海洋将会上升的高度要少得多，只有大约70米。

冰期—间冰期旋回的原因最早是由杰出的塞尔维亚数学家、气候学家米卢廷·米兰科维奇（Milutin Milankovitch）提出的。他在1941年指出，地球轨道的摆动改变了太阳能量的分布，或者说是到达地球表面的“日射量”，使地球进入或走出冰期。[21]这被称为轨道驱动（orbital forcing），米兰科维奇意识到，这些接近北极圈的太阳辐射量的变化是改变地球整体气候的关键。他解释说，当北半球高纬度地区在夏季接受的阳光较少时，该地区的一些冰可以全年存在。然后，每年新的冰会被添到旧的上面，慢慢积累，最终产生一个冰盖。

35 年后，三位杰出的科学家联合起来，利用海洋沉积物生成的长期气候记录，对当时颇具争议的米兰科维奇轨道驱动理论进行了测试。1976 年，吉姆·海斯（Jim Hays）、尼克·沙克尔顿（Nick Shackleton）和约翰·英布里（John Imbrie）发表了一篇关于历史气候的开创性研究，表明轨道驱动理论与可预测的地球轨道摆动变化相一致，如图 4.2 所示。[22]这些变化可以用三个指标来描述：离心率（地球轨道椭圆形状的变化），倾角（地球旋转轴倾斜的角度）和岁差（地球的轴向轨道的倾斜程度）。这带来了一个全新的研究领域，以了解过去气候变化的根本原因以及轨道驱动对地球气候系统的影响。我们现在可以将轨道驱动对地球气候系统的影响追溯到 14 亿年前的元古宙。

海斯、英布里与沙克尔顿也认识到，轨道参数的变化不仅引起了冰期—间冰期旋回，同时也设定了它们的节奏。任何一个离心率、倾角和岁差的特定组合都可能与许多不同的气候有关。例如，今天地球的轨道结构与 21000 年前冰盖最大的时候相似。气候反馈机制建立在太阳能量在全球分布的微

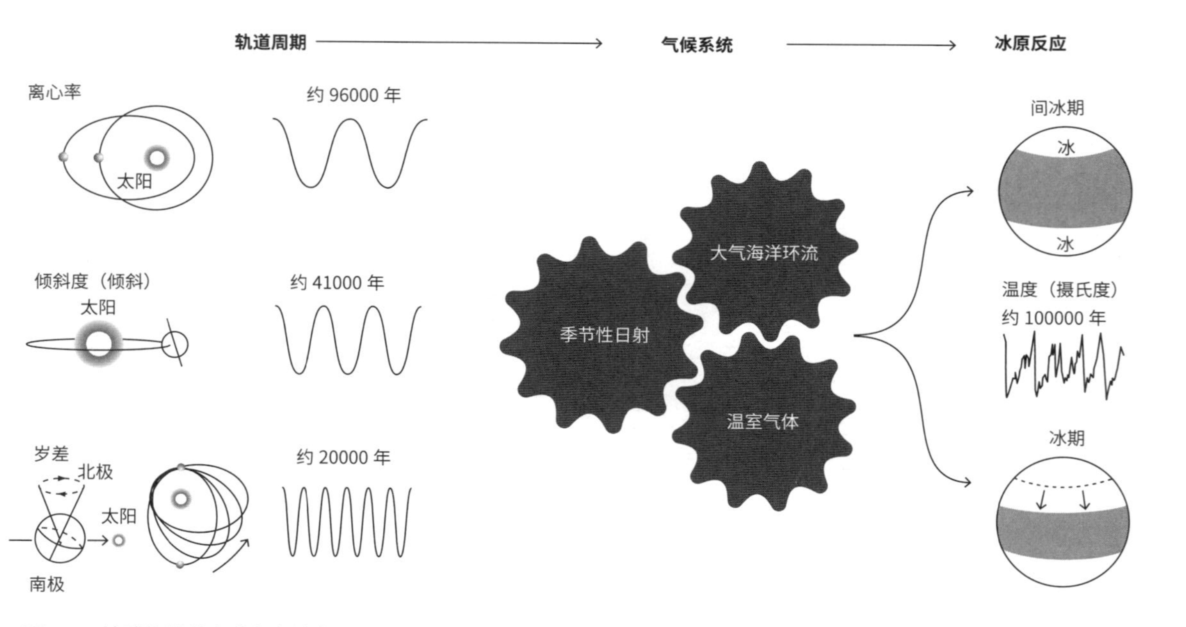


图 4.2　地球轨道的变化如何在气候系统中产生反馈，包括日照的季节变化（从太阳获得的能量）、大气中温室气体水平的变化以及海洋环流的变化，这些变化驱使地球处在两种气候状态之间：寒冷的冰期与温暖的间冰期。[25]

小变化的基础上，它们推动地球进入或走出冰期。这种对冰盖、海洋和大气反馈相对重要性的理解，反过来又导致了人们发现温室气体在决定过去气候方面发挥的关键作用。[23]

格陵兰岛冰块里的气泡与南极地区的冰盖让我们了解到温室气体量在过去曾发生过多大的变化。[24]它们告诉我们，在寒冷的冰川期二氧化碳含量较低，在温暖的间冰期则含量较高，大约在 180—280 ppm（百万分之 180-280）之间变化，而甲烷的含量则在 350—700 ppb（十亿分之 350-700）之间变化。它们是自我强化的积极反馈回路的重要组成部分，推动地球系统进入或走出一个冰期。虽然对每一次冰期—间冰期旋回的完整解释目前还没有研究出一个定论，但我们知道，随着温度的升高，二氧化碳会从海洋中释放出来，从而使大气变暖，冰期突然终止，这又进一步加强了升温。升温还导致冰盖融化。由于白色的表面可以比深色的表面反射更多的太阳能量，白色冰的消失意味着地面可以吸收更多的太阳辐射，从而放大最初的升温效果。所以温暖间冰期的开始伴随着非常高的温室气体浓度和高温度的地面大气。

冰芯记录包含了最近的八个温暖的间冰期。在每个间冰期开始时，温室气体的浓度都很高，然后缓慢下降。在对它们进行研究后，古气候学家威廉·鲁迪曼（Willian Ruddiman）意识到，现在的间冰期——全新世，是不同的：这一次，在几千年的下降后，二氧化碳的浓度从大约 7000 年

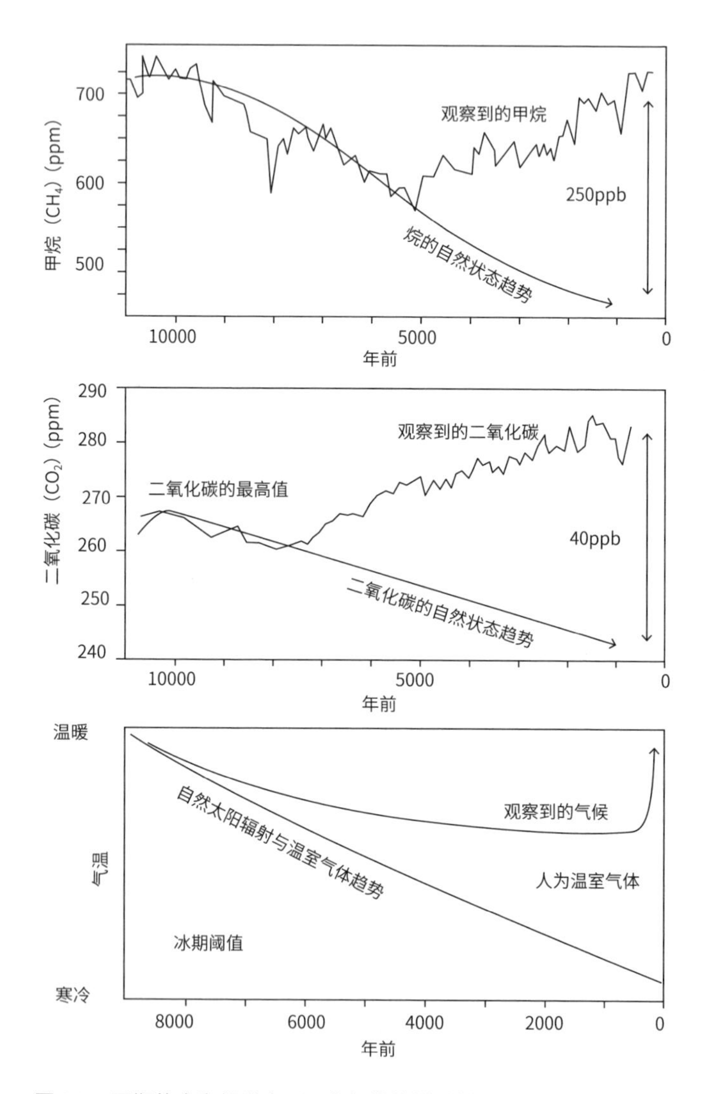


图 4.3　早期的人为假说表明，大规模的耕种使大气中二氧化碳与甲烷的水平开始升高，偏离了它们预期的轨迹，从而稳定了地球的气候，并且可能足以阻止下一个冰期的到来。[27]

前又开始上升，同时甲烷的浓度从大约 5000 年前开始上升，从图 4.3 可以明显地看出这些趋势。他认为，早期的农民为了耕种砍伐森林，使大气中二氧化碳下降的一般趋势发生逆转，同时也使由于水稻种植导致的大气甲烷含量的下降发生逆转。[26] 这个观点引起了巨大的争议，但是它已经被一次又一次的测试，就像所有有可能成立的理论应该做的那样，并且变得更加强大。过去十年的额外数据进一步证实了，人类在数千年前就曾影响地球系统的气候。[28]

我们可以利用我们对轨道驱动的认识来预测每一个间冰期的自然长度。此外，我们还可以计算出未来地球轨道的变化，从而预测下个冰期的开始。古气候学家克罗伊斯·斯达克斯（Chronis Tzedakis）和他的同事们计算，如果没有人类的干预，大气中的二氧化碳的最高浓度将在地球系统从上一个冰期旋回中反弹的时候达到最高点，然后下降，直到达到一个临界值，大约是 240 ppm。这个值比前工业化时期低 40 ppm，比今天至少低 160 ppm。一旦达到 240 ppm，气候系统就会回应轨道驱动，地球就会进入下一个冰期。在这个浓度以下，冰盖开始慢慢地生长，地球最终进入整个旋回中冰期的部分。这意味着在没有人类干扰的情况下，冰盖现在应该正在生长，下一次冰期应该在现在到未来的 1500 年之间的任何时候发生。但是，由于早期农耕者释放的温室气体，冰盖不再生长，大气也从未达到 240 ppm 的阈值。这种 10500 年前出现的新生活方式慢慢地、微妙地、不经意地推迟了下一次冰期，这是一次真正的全球性环境影响。

人类并不是第一个从事农业的群居动物社会。白蚁、蚂蚁和树皮甲虫早在人类开始驯化动植物的5千万年前，就各自独立地进化出了以培植真菌作为食物的能力。在每个例子中，这种培植行为都提供了更多的食物能量，让生物群变得更大，并造成更大的生态系统影响。由于智人带来的农业的出现和其在世界范围内的传播产生了类似但更大规模的影响。直接提供给人类的食物能量使人类的数量从第一批农耕社群建立之初的约500万增长到公元1500年的约5亿，这中间也只经过了一万年。生态系统的影响是全球性的：地球的大部分陆地表面发生了改变。然而，尽管许多大型动物的数量减少了，包括马在内的一些家畜的野生祖先也消失了，但巨型动物的灭绝并没有重演。在这方面，自给自足的农业是相当可持续的。

从地质记录中可以看出这种新的生活方式所产生的更广泛的影响。经过数千年的开垦，农业用地侵蚀的速度加剧，大大超过了此前各地质时期的侵蚀速度。[29]农作物的种子和花粉与驯养动物的骨骼越来越多地出现在地质沉积物中，因为它们主导了越来越多的地貌。一旦以农业为主导的帝国出现，金属加工变得常见，就会产生长距离污染：3400年前的印加帝国造成了汞含量的升高，这一点可以在秘鲁安第斯山脉冰芯的记录中看出，而罗马帝国铜冶炼的影响也在2000年前格陵兰的冰芯中有所记录。[30] 当然，在全球范围内的影响是，它们推迟了下一个冰期开始的时间。

然而，农耕最重要的影响，要比推迟下一次冰期更让人不易察觉。农耕活动导致的温室气体的排放几乎完全抵消了在此前各个间冰期中见到的漫长的全球降温。这种新的生活方式帮助产生了一个持续数千年的气候稳定时期。这些情况意味着，农业从长远来看是有发展前景的。如果没有农业，复杂的文明和帝国可能永远不会出现。人们无意间开始的，对农业生活方式的追求创造了有利于农业进一步扩张和向前发展的条件。技术的革新，常备军的建立，文字的发展，幅员辽阔，人口众多的帝国出现。然后，经过几千年的农耕后，在上一个千年的中期，一种新的生活方式在世界范围内传播开来，使人类对地球的主宰发生了飞跃性的改变。

第五章

CHAPTER 5

# 全球化 1.0，现代世界

“美洲金银产地的发现，土著居民的被剿灭、被奴役和被埋葬于矿井，对东印度开始进行的征服和掠夺，把非洲变成商业性地猎取黑人的场所——这一切都标志着资本主义生产时代的曙光。”

卡尔·马克思，《资本论》第一卷，1867 年

“16 世纪的欧洲人撒下了第一张全球经济的网。”

皮埃尔·肖尼，《欧洲古典文明》，1966 年

人们常常认为，在农业兴起之后的几千年里，人类社会是静止的。其实并不是。帝国崛起了——一些曾盛极一时而后灭亡，而另一些却留了下来。大多数人仍然是自食其力的农民，他们养活自己，或者自己与统治精英。觅食作为一种生活方式被推到了农业的边缘地带。人口增长迅速，从农业开始时的 100 万至 1000 万之间，到公元 1500 年的 4.25 亿至 5.4 亿之间，这中间大约只过了一万年。[1]

过去的人一直在创新。他们发明了一些实用的工具，比如 5500 年前的轮子和 4000 年前的钉子，以及那些提高他们智识的工具——6000 年前的莎草纸、5000 年前的算盘和 2000 年前的纸。工具的材质也发生了变化，由石器到青铜，再到后来的铁器。随着更复杂的耕作系统的发展，粮食生产变得更有效率。会计方法与书写使一小部分精英可以控制日益庞大的帝国，智识的转变也随之发生了。5 万多年的文化积累还在继续。然而，这些创新几乎没有像农业革命那样，改变大多数人每天日复一日所做的事。

到了16世纪，一切都开始改变，而且速度越来越快。此前农业社会的发展，是从简单的农耕社区到城邦，再到帝国（常常又从这里重新开始）。在农业技术进步的推动下，这一发展路径慢慢地开始被一种新的生活方式所取代。人们吃什么、如何交流、在想什么，以及人们与滋养他们的土地之间的关系，都发生了重大的变革。不知何故，那些生活在欧洲大陆西部边缘的人改变了人类社会发展的轨迹，也改变了地球系统的发展轨迹，从而创造了我们今天生活的现代世界。没有什么会和以前一样了。

向现代世界转变的一个关键时刻是欧洲人来到了被他们命名为“美洲”的大陆。1492年10月12日，克里斯托弗·哥伦布登上了巴哈马，他以为自己无意间来到的地方是印度。甚至在1498年，他又三次航行到美洲（并深入了内陆，包括现在的委内瑞拉地区），直到1506年去世，他都拒绝相信这是一片新大陆。比起了解这些土地和人民，他对金子和宝藏更感兴趣。[2] 而与哥伦布同为意大利人的亚美利哥·韦斯普奇（Amerigo Vespucci），则大言不惭地编造了关于他航海的部分描述，自欺欺人地要使整个世界相信，他来到了一个新世界。关于这些的描述，最著名的是在他1503年的信件中：

在过去的几天里，我给你们写了很多信，告诉你们我从新的国家回来的消息。这些国家是在这位最文雅高贵的葡萄牙国王的指挥下，由船只发现和探索出来的。我们可以合法地称它为一个新世界，因为我们的祖先并不知道这些国家，它们对所有听说的人都将是全新的。因为古人认为，在昼夜平分线以南的世界上的大部分地区，不是陆地，而是海洋。他们称其为大西洋；即使他们得到了确定的关于那里有任何大陆的信息，他们也被灌输许多理由来否认它的存在。但这种观点是错误的，甚至完全与事实相反。我上一次的航行证明了这一点，因为我在南部地区发现了一个大陆；那里的动物和人比我们的欧洲、亚洲或非洲都要多，那里比我们所知的任何其他地区都要温和宜人。[3]

这些文字在当时的欧洲被再版，并且说服了一位德国制图师按照他的描述，将这片新的第四大陆标记在他的全球地图上。马丁·瓦尔德泽米勒（Martin Waldseemüller）1507 年的地图使用了“亚美利哥”的拉丁文阴性形式来标记它，因为欧罗巴、阿非利加和亚细亚都是女名。这张新的地图和名字传播很广。正如前面提到的，名字至关重要，在这里，一个大陆不是以这个地方的某个方面命名的，甚至不是以将这条新知识带给我们的人的名字命名的，而是以一个实际上只是在编造故事的人的名字命名的。然而，现在它被绘制到了地图上，更多的人将被吸引到这个所谓的新世界。对广袤新大陆进行探索的诱惑导致了人类东西半球的接触，从而引发了一系列改变地球的事件。

除了一艘迷了路的北欧海盗船偶尔造访过北美大西洋海岸，以及罕见的几次波利尼西亚人对南美太平洋海岸的突袭，美洲人已经与亚洲和欧洲人隔绝了大约 12000 年。人类的这种分离之所以发生，是因为在上个冰期的末期，尽管世界正在变暖，仍然有足够的冰面覆盖，供一些人穿过白令海峡，从亚洲到达北美。然而，这扇穿越的机会之窗并没有开放太久，因为随着世界继续变暖，大部分海冰融化，这条路线也被关闭了。

这为数不多的成功穿越白令海峡的人散布在美洲大陆上，慢慢地占据了整个大陆。我们之所以知道这一点，是因为在现代的旅行方式变得普遍之前，几乎所有的美洲原住民都是 O 型血，而不是像世界其他地方那样，A、B、AB 和 O 型血都同时存在。更具体地说，美洲原住民有一种独特的 O 型血等位基因变体——一种基因形式——称为 O1V，G542A。[4] 这种突变在亚洲是不存在的，所以肯定是在人们离开亚洲后不久后出现的，然后由一个很小的源头群体传播而来，这些人后来分布到了美洲各地。尽管智人的基因都非常相似——作为一个年轻的物种，我们没有时间积累大量的基因多样性——在这种自体相似性中，仅有一小群人跨越了白令海峡这件事使美洲原住民变得不同，因为他们与外界隔绝，而整个美洲从北到南，人们的基因都是相对更相似的。

在经过了 12000 年的隔绝后，美洲原住民与欧洲人在力量极不对等的情况下相见了。正如我们在上一章中所看到的，几乎所有经过驯化的主要牲畜都来自欧亚大陆，而那些与人类相处最密切的牲畜（牛、羊、山羊、猪和马）已经和欧洲人一同生活了数千年。这为各种疾病在动物与人之间相互传播提供了机会；也让这些疾病有充分的机会在亚欧大陆（即从中国东部到西班牙西部）上蔓延。1493 年，当哥伦布第二次到达加勒比海时，他计划定居下来。他到达的时候还带了 17 艘船，1500 人，数百头猪和其他动物。他们 12 月 8 日一上岸，那些被关在船底的猪就被放了出来。

第二天大家都开始生病了，哥伦布也不例外。美洲原住民开始死亡。原因很可能是美洲原住民之前从未接触过的猪流感。[5] 23 年后的 1516 年，西班牙历史学家巴托洛梅·德·拉斯卡萨斯（Bartolomé de las Casas）在描述那座岛（今海地和多米尼加共和国）时写道："伊斯帕尼奥拉岛的人口在减少，他们被抢劫，被摧毁……因为在短短四个月内，他们（西班牙人）照顾之下的印第安人有三分之一已经死亡。"两年后，在《印度群岛的补救措施》（*Memorial on Remedies for the Indies*）一书中，他写道，"在伊斯帕尼奥拉岛上的 100 万人中，基督徒所到之处只剩下了 8000 或 9000 人，其余的人都死了。"[6] 但更糟的事还在后面。

从欧洲启程的长途航行最初被当成一种隔离天花患者的

方式，因为天花的传染性最长只会持续一个月。患者要么在船上死亡，要么在抵达时获得新增的免疫力。不管怎样，病毒都不会从旅途中幸存下来。船帆的改进提升了航行的速度，缩短了旅程的时间，同时新的疾病也可能会搭个便车。天花于1519年1月登陆伊斯帕尼奥拉岛，并迅速传播到中美洲大陆。美洲原住民对天花、流感或其他从欧洲带来的疾病没有免疫力。这些传染病加速了西班牙对我们通常称之为阿兹特克帝国的地方的征服——“阿兹特克帝国”（the Aztec Empire）这个说法是在19世纪发明的——或者更准确地说，它应被称作在1428年三座城市的统治者签订条约之后诞生的墨西哥三国同盟（Mexican Triple Alliance）。[7]

在西班牙人进行掠夺的过程中，疾病也助了他们一臂之力。1519年8月，当埃尔南·科尔特斯（Hernán Cortés）最初试图攻占前哥伦布时期美洲最大的城市——人口20万的特诺奇提特兰时，他差点死在那里。但当他重整旗鼓时，疫病侵袭了特诺奇提特兰。经过75天的围攻，疾病、战争与饥饿造成的死亡使这个当时世界上最大的城市之一几乎失去了生机。几百名西班牙人和特拉斯卡拉人与特诺奇提特兰人对战。在1521年8月13日，科尔特斯宣布西班牙攻占了特诺奇提特兰。

科尔特斯手下的一名士兵贝尔纳尔·迪亚兹·德尔·卡斯蒂略（Bernal Díaz del Castillo）写道：“我发誓，湖上所有的房子都堆满了人头和尸体……街道、广场、房屋和庭院都堆满了尸体，阻塞了道路，几乎不可能通过。”[8] 美洲原住民仍在战斗，但他们无法战胜一波又一波的疫病，及其所导致的食物短缺和西班牙先进的武器装备。一个正在快速扩张中的帝国就这样终结了。它面积 30 万平方公里，与今天的意大利一样大，人口在 1100 万到 2500 万之间。只有大约 200 万人在征服中幸存下来。[9]

新的疾病在巴拿马蔓延开来，一位访问过那里的当代历史学家估计，在 1514 至 1530 年间，当地有超过 200 万人死去。[10]病毒继续通过达连地堑进入南美洲。美洲最大的帝国——在某些方面上，也可以说是当时世界上最大的帝国——是印加帝国，它的疆域沿着美洲大陆的脊梁安第斯山脉延伸。在见到西班牙人之前，他们对其早有耳闻——“长着大胡子，乘着大房子在海上活动”。[11] 但是疫病也先于白人到来：另一位西班牙“征服者”弗朗西斯科 · 皮萨罗（Francisco Pizarro）在 1526 年与印加人有过接触，但没有侵略他们。墨西哥三国同盟的命运再次降临在印加人身上：一些人估计，在与皮萨罗见面仅仅一年之后，瓦伊纳 · 卡帕克（Huayna Capac）就成了印加第一位死于瘟疫的统治者。

与特诺奇提特兰的灾难不同，关于印加帝国的终结，我们更难拼凑出一个完整的叙事，因为印加文明并没有发展出书写，并且西班牙在 1531 年才听闻卡帕克的离世。许多人说他死于天花，但仔细阅读各种记述（包括对其死后被制成的木乃伊的描述）就会发现，他更有可能死于一种更易传染且传播速度更快的欧洲疾病，比如麻疹或流感。无论如何，印加人受到了致命的削弱。同时，他们 200 万平方公里的帝国（上面生活着 1000 万至 2500 万人口）被皮萨罗及其部下占领。印加人似乎使用一种名为“quipi”的结绳系统来保存人口记录。但在四个世纪的历史进程中，印加文明被摧毁，破译这些记录的方法也消失了。尽管确切的数字还不清楚，但研究人员估计，大约有一半的人在征服过程中死亡。[12]

这些只是降临到美洲原住民身上的微生物灾难中最早的一批。对于印加人来说，天花确切无疑的到来，是在 1558 年，当时印加人口已经遭到战争、疫病和饥荒的重创。整个美洲的高死亡率意味着劳动力的匮乏。由于征服者缺少美洲原住民供他们奴役驱使，他们把非洲人运到了美洲。除了在大陆被严重摧残的恐怖之上增加跨大西洋奴隶贸易的恐怖之外，蚊子携带来的两种新的致命疾病又继续蹂躏该大陆的人民：黄热病和疟疾。[13] 当然，很少有人能对所有这些在几十年时间里先后出现的疫病产生天然的免疫力。

当试图理解美洲原住民的灾难性死亡时，许多人错误地只关注天花。天花是一个重要的杀手，但绝不是唯一的一个。流感、麻疹、斑疹伤寒、肺炎、猩红热、疟疾和黄热病等疫病一波又一波地来到这片大陆。此外，还有为了抵抗西班牙人以及后来的葡萄牙人、英国人、法国人而死于战场的人，以及被迫成为他们的奴隶，被活活累死的人。变化带来的巨大动荡和如此多生命的丧失，使当地的传统社会几乎被破坏殆尽，农耕活动无法继续——于是饥荒又增加了死亡人数。

根据得到较充分研究的村庄、城镇和地区的数据，在与欧洲人持续性的接触过之后，至少有 70% 的美洲本地人会死亡，而且这个比例常常高达 90% 或更高。例如，伊斯帕尼奥拉岛人口众多，据估计，1492 年其人口规模在 50 万至 800 万之间。1514 年，由于需要劳工，西班牙人统计了幸存的原住民人口，结果他们只找到 26000 人。到 1548 年，长期居住在岛上的历史学家瓦尔德斯（Oviedo y Valdes）认为，岛上的原住民幸存者只有 500 人——最多占原始人口的 1%，也许只有 0.1%。[14] 针对美国西南部，使用历史记录和一系列高科技考古方法，研究者们判定新墨西哥赫梅兹省 87% 的人口死于与欧洲的接触：其中一半的人死于第一个十年，接着死亡率放缓，经过一个世纪的时间，累计人口损失达到近 90%。[15] 这个损失水平与欧洲和世界其他地区的其他孤立群体接触时的情况一致。例如，詹姆斯·库克（James Cook）于 1777 年登陆塔斯马尼亚岛；15 年后，大约 30% 的原住民死亡，70 年后，原始人口剩下不到 1%，仅有 44 名原住民。[16]

欧洲人抵达美洲，对局地和地区的影响显然是毁灭性的，但死亡的总人数是多少？我们首先需要知道 1492 年时有多少人生活在美洲，然后还要知道有多少人幸存到了下一个世纪。不幸的是，没有关于该大陆 1492 年的人口记录。学者们通过对人类扩张的简单模拟计算得出，1500 年，全球人口在 4.25 亿至 5.4 亿之间。考虑到美洲约占地球陆地表面的 31%，我们可以斗胆猜测，除南极洲外，如果人口数量与陆地面积成正比，那么在与欧洲接触之前，美洲的人口为 1.27 亿至 1.67 亿。但即使在今天，美洲的人口密度仍低于亚洲和欧洲。因此，如果我们假设同样的比例，这将意味着美洲在与欧洲接触之前的人口为 7000 万至 8900 万。这些数字与人类学家亨利·多宾斯（Henry Dobyns）的估计相吻合。多宾斯采用了另一种计算方法：他利用历史记录评估出每个地区瓦解后的最低人口，然后将每个估计出的数字除以 10%，得出与欧洲接触前的人口数为 9000 万。1492 年，历史学家威廉·德内万（William Denevan）尝试了另一种方法，他把所有与欧洲接触前的不同地区的人口估计加起来，得到了 5400 万的人数。最近，地球系统建模人员得出了一个最有可能的估计数目——6100 万人。[17] 我们永远无法知道 1492 年时美洲原住民的确切数量，但 5000 万到 8000 万是一个合理的范围。

但是死亡人数是多少呢？正如我们所看到的，死亡率很高——大约 90% 或更多。如果当时的人口是 5000 万，即我们的下限估计，那么 90% 的死亡率意味着死亡人数为 4500 万。如果是我们的上限估计，即与欧洲接触前人口为 8000 万，死亡率为95%，那么死亡人数为7600万。1493年至1650年之间，欧洲人来到美洲，可能导致地球上10%左右的人死亡，主要是农耕带来的疫病帮助欧洲人殖民了北美洲和南美洲。

但回到我们的中心问题：人类的两个分支在经历12000年的分离之后的这次重新会合，是否改变了地球和人类的历史？人类及其致命疾病在全球范围内的汇合，只是更大规模的全球生物汇合的一个方面，历史学家阿尔弗雷德·克罗斯比（Alfred Crosby）称之为“哥伦布大交换”（the Columbian Exchange）。[18] 在这个过程中，不仅病原体在流动，植物和动物也是如此。物种从一个大陆迁移到另一个大陆，从一个海洋盆地迁移到另一个海洋盆地，离开了它们进化的背景环境。这导致了世界物种的全球化和同质化，这项进程一直持续到今天。

哥伦布大交换极大地改变了农耕和人类的饮食习惯。变化的结果往往在文化上是如此根深蒂固，以至于我们已将其当作理所当然的——参见图5.1。图中显示了一些受欢迎的食物的起源。很难相信16世纪以前欧洲没有马铃薯或番茄，美洲没有小麦和香蕉，中国和印度没有辣椒，非洲没有花生。全球饮食结构的转变近乎彻底：即使在刚果雨林深处，现在人们的主食也成了木薯，一种源自南美的植物；而在亚马孙雨林深处，亚诺马米人食用的大蕉则是在非洲被驯化的。

从16世纪开始，农民突然有了更多农作物和动物可供选

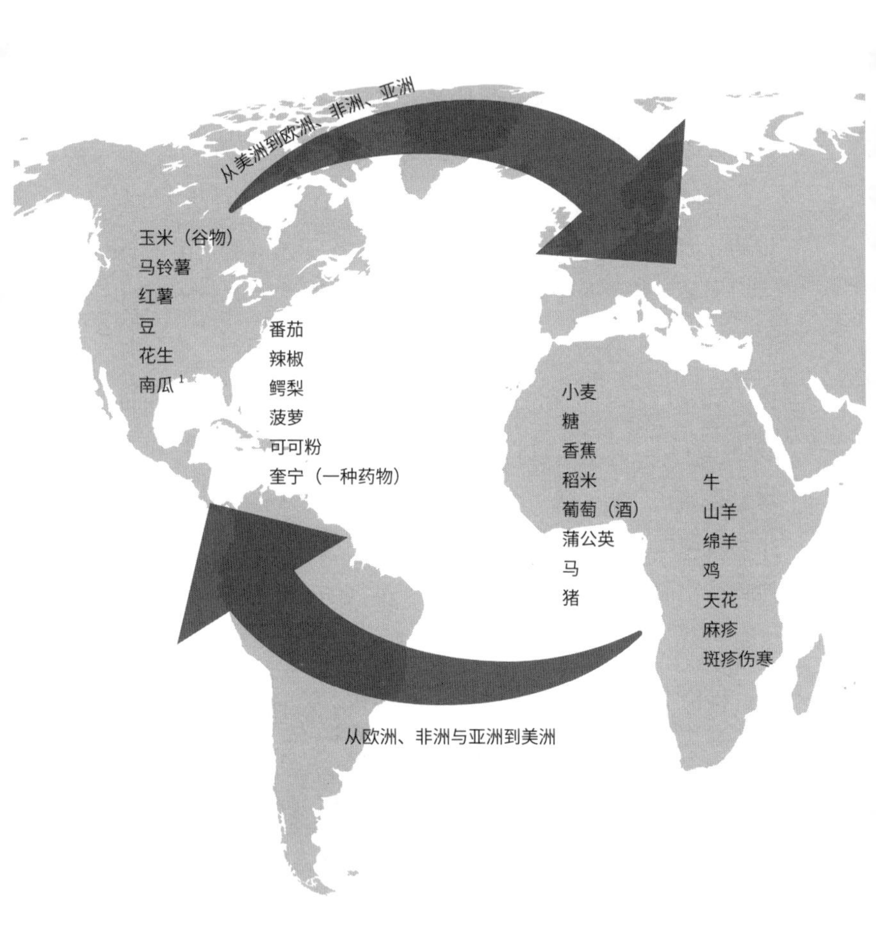


图 5.1　物种的全球化：来自哥伦布大交换的植物、动物、欧洲人到达美洲后带来的疾病以及随后的全球贸易循环例子。

1　原文为 squashes 与 pumpkins 两种。——译者注

择。现在可以从世界各地获得最适合当地环境条件的作物并进行种植。人们选择生长得最好的作物，将它们纳入新的农耕系统。在任何一个地方种植的农作物，其多样性的增加对全世界的农民来说都是一个福音。这些新作物的作用不仅限于提高产量。例如，在中国，玉米的到来使得人们可以耕种更干旱的土地，从而引发了新一轮的森林砍伐和人口的大量增长。

尽管新的致命疾病在传播，其中包括新出现在欧洲和亚洲的致命的梅毒（这跟与美洲的贸易有关），但哥伦布大交换最终使更多的人得以靠土地的出产生活。这些新的可利用的植物和动物带来了自最初的农业革命以来最大的一次农业生产力的提高。[19] 几千年以来，不同民族在驯化和改良作物方面所做的努力现在已经取得成果，并在全世界得到广泛应用。一种单一的、全球化的耕作文化诞生了。

随着欧洲人来到美洲，世界上最早的全球贸易循环开始了。中国、西欧和南美在商业上相互联系。从 1572 年起，大量的白银从玻利维亚波托西著名的“银山”和墨西哥城以西的萨卡特卡斯（Zacatecas）开采出来，然后运往西班牙在马尼拉的贸易前哨。由于当时白银是中国的通用货币，中国商人乐于与西班牙人交易丝绸、瓷器和其他西班牙人想要的奢侈品。流入西班牙的财富刺激了竞争对手英国和法国发展自己的殖民计划。其结果酿成了人类历史上最罪恶的事件之一。

跨大西洋奴隶贸易始于 16 世纪。从经济上讲，它形成了

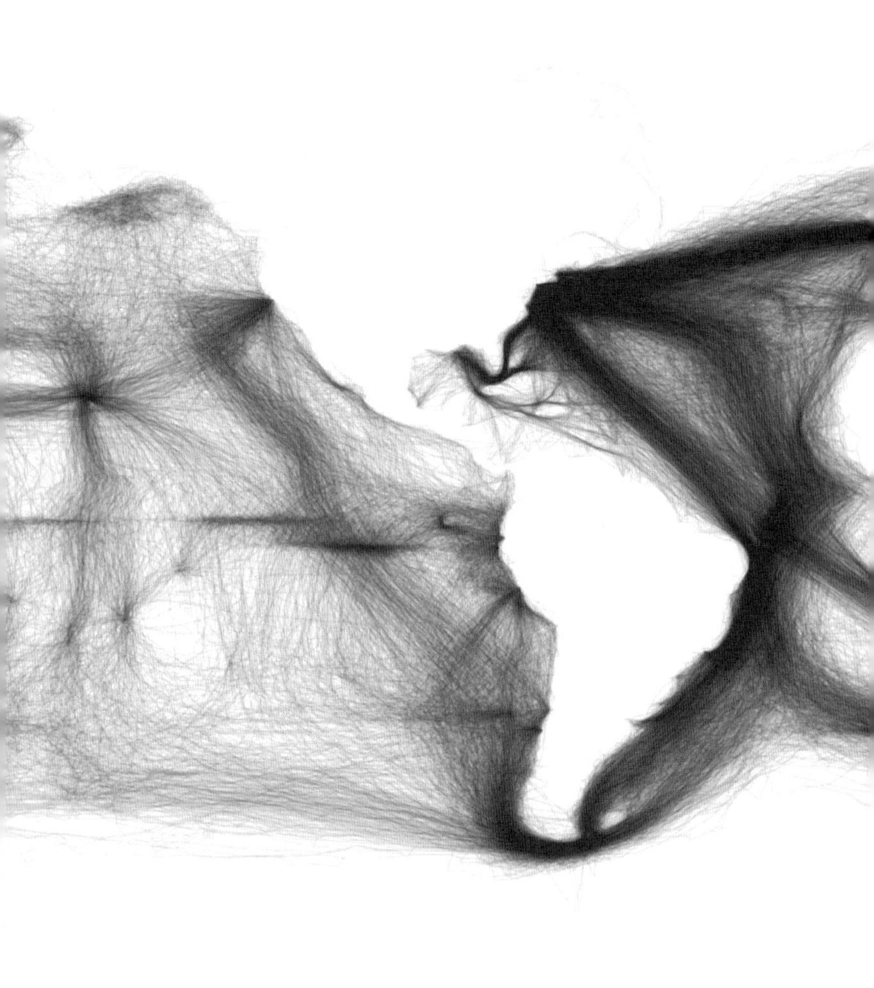

图 5.2　18 世纪与 19 世纪的航路。最近，数字化的原始航海日志使人们可以看到地球陆地的轮廓，显示出曾经互不相连的大陆之间的贸易联系如何形成了一个新的泛大陆。[20]

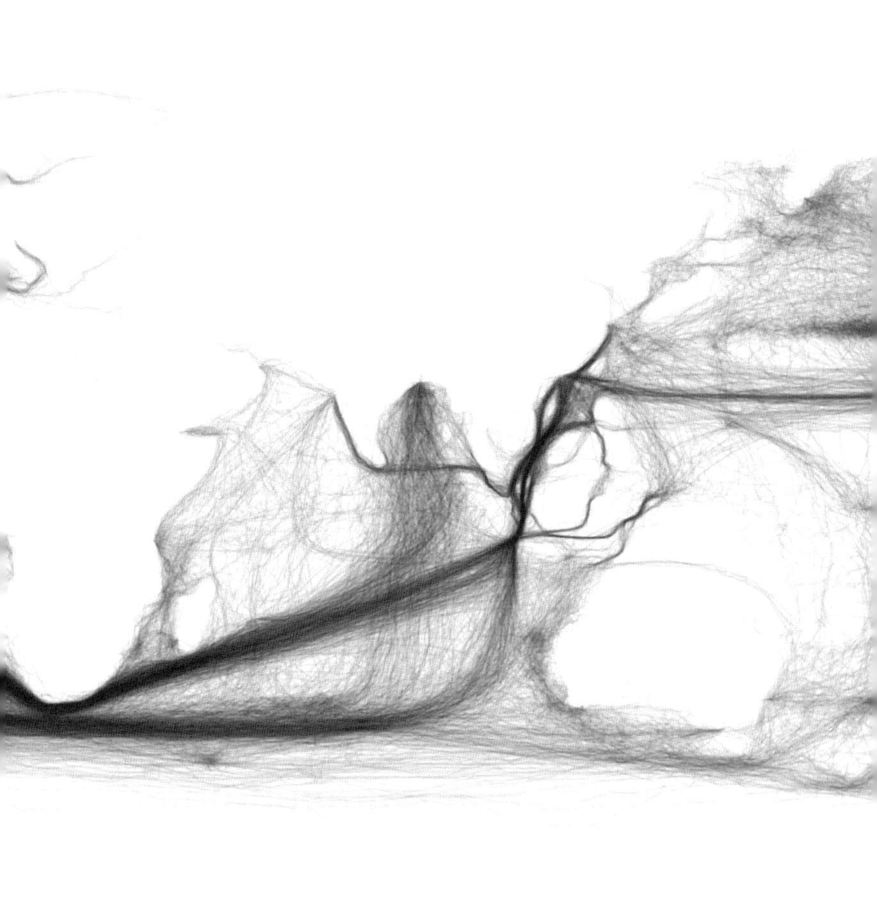

一个“贸易三角”，即每个地区用对一个地区的出口来偿还从另一个地区的进口。这种三角关系始于欧洲的制成品，如布料和铜，在非洲被用来交换非洲奴隶。奴隶被运到美洲，在那里他们被迫生产棉花和一些“上瘾食品”（如糖和烟草），这些东西又被卖回欧洲，完成三角贸易的第三条边。

图 5.2 显示了早期现代世界的全球贸易规模，它将从航海日志中摘取的早期航线绘制在一张空白页上，清楚地显示了世界各大洲的轮廓。之前，地球从未被紧密地联结在一个单一的全球经济体系中。与此同时，它也正在被重塑为一个单一的全球生态系统。贸易推动了人、商品和商业上重要的物种的发展。其他生物则搭上了便车。

## 一个新的泛大陆

哥伦布大交换带来的影响令地球进入了一个新的进化轨道。物理上的影响是显而易见的。世界各地出现了种植同一种作物的农田：欧洲和北美种植小麦，墨西哥和东非种植玉米。世界各地饲养同样的动物：中国和巴西都有养猪场；英国、墨西哥和新西兰人则在田野里放牧奶牛。除了精心管理的农田，许多其他物种也已经适应了非本地的环境，也就是说，它们已经在新的家园永久定居了。这些动物包括现在在每个大陆上都能找到的褐家鼠、英国公园里的美国灰松鼠、美国能将树木缠死的亚洲葛藤，以及南美洲南部凉爽平原上的野马——这个列表还可以继续写下去。

所有这些新来者开始改变它们生活的生态系统。有些物种不只满足于在它们的新家占据一席之地。如果这些长途旅行者能够逃离它们的天敌和易于侵袭它们的病原体，它们就能更加繁荣昌盛。事实上，它们可能成为有害物种，就像兔子被引入澳大利亚时一样。这个新的进化实验同时也在影响着海洋，因为船只把水当作压舱物，并每隔一定的时间进行更换。这让水和生物体在海洋间流动。例如，欧洲青蟹现在可以在北美和南美、澳大利亚、南非和日本的水域中见到；斑马贻贝原产于黑海地区，现已进入欧洲和北美。[21] 和大陆一样，独立的海洋盆地也被串在了一起。全球化正在大规模地扩展许多物种的地理分布。

有些新来者适应新环境，有些则开始与本地物种杂交。如果新来的物种与现存物种混合基因，它们就可能创造出介于这两个物种之间的新的杂交物种，或者在某些情况下它们可能产生新的物种。例如，牛津狗舌草是一种雏菊（学名为 Senecio squalidus），它是由两种不同种类的雏菊杂交出的品种。这两种雏菊均采自意大利南部，并于 17 世纪晚期在牛津植物园被培植出来。它现在生长在英国，并且传播到了北美和北非。这是一个完全由人类创造的物种，是一类独立的生物，不与它的任何一个“母体”物种杂交。

以这种方式创造的新物种并不是极端罕见的。大米草（Spartina anglica）是由美洲和欧洲的两种近缘米草在南安普敦相遇而产生的一种新物种，现在遍布世界各地。[22] 变化不止于此。在美国，一种亚洲金银花的成功入侵导致果蝇进化出了一种新的杂交品种。这种新果蝇只以入侵的金银花为食，不与它的亲本果蝇种（Rhagoletis）交配。这是一个全新的物种。[23] 这种进化上的间接影响正在我们周围发生，几乎不被人类察觉，但却是受到人类行为驱动的。

这些生命的变化具有重要的地质意义。两亿年前，地球上所有的陆地都与超级大陆——泛大陆相连。随后，泛大陆分裂成不同的部分，这些新大陆慢慢地移动到地球上我们今天所熟悉的位置。从那以后，每一片分离的大陆上的遗传物质都在很大程度上开始独立地进化。横贯大陆的航运开始将大陆重新连接起来，既有人们将选定的物种转移的有意为之，也有物种自己"偷渡"到新大陆的无心插柳。在 16 世纪，一项新的由人类驱动的全球范围进化实验开始了，这项实验也将在未来无限期地继续下去。板块构造在数千万年里所造成的影响，正在被几个世纪的航运和几十年的航空所清除。我们正在创造一个"新的泛大陆"。这符合一个新的世（new epoch）的特征，因为这对地球生命来说是重大的地质变化。这是地球历史上的一件大事。

与全球化同时出现的，还有同质化。随着亲缘关系较远的物种相互接触和融合，遗传独特性，即遗传多样性，在全球范围内丧失了。在生态系统的层面上，那些本来被长距离隔开的物种正在变得越来越相似。在物种层面上，普通物种正在变得越来越普遍，而这往往要以牺牲全球稀有物种为代价，从而意味着多样性的丧失。正如许多游客所埋怨的，他们去到一个遥远的城市，看到街上都是同样的汽车，每个街角都有一家麦当劳，而一位生态学家在他们环游世界的旅程中看到的生命的全球化和同质化也与此类似。一旦你睁开眼睛观察周围的植物和动物，注意它们都是在哪里最初进化的，人类对地球上生命的惊人主宰就会变得显而易见。

虽然全球化和同质化对全球尺度上生物多样性的影响是明显和负面的，但当考虑较小的地理尺度时，其可能的影响是复杂的。在每个地方，我们都在有选择地清除物种同时引进新的物种。虽然生境（habitat）的改造（通常是为了耕作）减少了改造后的生境中存在的物种数量，但新的农业生境提供了新的生态位，而人们提供了新来物种的稳定供应。因此，如果一些原始生境保留下来，而新的由人类创造的生境又从该地区以外增加了新的物种，那么最终的结果就是区域多样性的增加。然而，由于许多地区特有的物种被生活在其他地方的物种所取代，因此全球物种的数量减少，生物多样性丧失。

这与人类文化中的全球化是很相似的。星巴克和类似的连锁商铺在一个小镇上的出现并不会消灭所有独特的当地餐馆，但它们中的一些的确消失了。总的来说，在一个特定的城市，餐馆类型的多样性增加了，但是随着全球化的餐馆涌入世界上的各个地方，全世界的餐馆类型的总数下降了。就像偶尔也会出现新物种一样，在有了太多星巴克的大城市里，也会产生供独立咖啡店生存的新的反星巴克环境。许多街道上到处都是相同的全球咖啡连锁店，让人感觉更加相似，许多农田也是同样的情况。当我们考虑整个城市的时候，它可能比之前更多样化一点，但是所有的地区都变得更加相似，全球的多样性消失了。

从地质学的角度来说，在16世纪开始大规模进行的跨大陆航运，以及后来在20世纪盛行的航空，正在起着与过去的板块构造同样的作用。今天，它们正在把大陆和海洋编织在一起，这与过去2亿年来大陆分裂的趋势正好相反。当几百年后的地质学家检视这个时代的地质记录时，化石物种将在记录上被认为是瞬间到达新大陆和新的海洋盆地。这些因为人类活动而跨越地理屏障的化石物种，将会呈现出一个已经进化完全的新物种的形态，就像在地球历史上的其他世一样。但模式上也会有些微妙的不同。通常在地质记录中会有灭绝的物种，这些物种又创造了空缺的生态位，进化会将这些生态位用新的物种填充，而新的物种往往有着截然不同的外表。在人类时代，跨越大陆的物种或新的杂交物种的突然出现，将在地质记录中显现出与已经存在的物种非常相似的形态。地球生物的同质化是人类世的一个重要标志，在地球历史上没有明显的类似现象。

科学作家查尔斯·C. 曼（Charles C. Mann）对阿尔弗雷德·克罗斯比关于最早的哥伦布大交换的故事进行了更新和扩充。他写道："对生态学家来说，哥伦布大交换可能是自恐龙灭绝以来最重要的事件。"[24] 一些生态学家把 1492 年以后跨越自然屏障的物种称为"新生物"（neobiota）或"新生命"，这个术语最近也被一些人类世地质学家采用。[25] 的确，至少从 20 世纪 90 年代开始，一些生态学家就为我们这个由人类主宰的新地球提出了"同质世"（the Homogenocene）或"相同期"（age of Sameness）的说法。仅仅从地质学的观点来看，这可能是一个比"人类世"更好的术语，因为如果地质时间单位不是以发现岩石序列的地方命名，那么它们通常是以生命发生的变化而命名。然而，当欧洲人到达美洲，开始从根本上改变地球上生命的轨迹时，它也开始改变一些人的思维方式。这为地球系统的进一步（以及在某些方面更为剧烈的）变化奠定了基础。

## 削弱权威

欧洲人发现了一个"新世界"，其影响远比改变人们的饮食要深远微妙得多。它开始改变许多人看待世界的方式。简单地说，一片完全未被发现的大陆，充满了人类、植物和动物，但它却从未在古代的文献中被提到过。这削弱了古代智慧的权威，开辟了新的思维方式。《圣经》、亚里士多德和古希腊人的著作，或者老普林尼和罗马人的著作，怎么可能从来没有提到过这些呢？怎么会没有人知道它呢？

慢慢地，一个明显的事实浮现出来，并非所有的知识都来自古代的文献。从 1440 年起，古腾堡印刷机的广泛使用让古代文本可以被大量复制，使更多的人可以对它们进行比较。当然，任何思想上的革命都需要表达上的革命，即一种新的语言。事情实际上也是这样发生的。历史学家戴维·伍顿曾令人信服地辩称，在哥伦布航海时期，欧洲任何一种主要语言中都没有“发现”一词。这个词第一次出现在 1504 年，当时意大利人亚美利哥·韦斯普奇在一封信中回忆起他的一次美洲之旅，用意大利语表达了这个意思。直到 1563 年，这个词的这个意思才在英语中出现。在中世纪，“发现”（to discover）在英语中通常意味着“背叛”，比如“揭露告密者”。但是到了 16 世纪末，它意味着获得过去未知的知识，这也是我们今天使用这个词时的用法。[26]

这些细微的变化很重要。始于 16 世纪的科学革命，其核心是将两种思想付诸实践。首先，承认没有人知道一切，也从来没有人曾经知道过一切。第二，断言通过细致的观察，你就有可能对你所研究的东西有更多的了解。科学革命始于一个不寻常的，或许也是独特的智识时刻，当时有一大批人承认了他们的无知并对此采取了一些行动。成立于 1660 年的伦敦皇家学会（the Royal Society of London）很好地概括了这一点。该学会可能是世界上第一个科学学会，其拉丁语铭文是“Nullius in Verba”（不要因为他人的话而相信）。经验和证据，而不是权威和假设，成了真理的新标准。

当然，科学革命有许多重要的先行事件。同样，所有的文化都会产生与众不同的思想家，而人类历史归根结底是一个实验和观察的故事。阿尔弗雷德·克罗斯比指出，欧洲社会经历了长达四个世纪的变革，才使这一科学革命得以生根：人们开始拥抱测量和量化。中世纪出现了机械钟，可以精确地划定时刻。其他发明包括最早的所谓的波多兰航海图、透视画法、基于细致量化的重复节奏的新音乐风格以及复式记账法。克罗斯比说：“到 16 世纪，西欧有定量思维的人的数量超过了世界上其他任何地区。”[27]

当关于科学革命如何出现的书可以装满一个小图书馆的时候（而且伊斯兰世界在长达几个世纪的时间里远远领先于欧洲），人们都明显地看出了，在关于接受自己的无知，并利用定量测量系统地获得未知的知识这件事中，有着极为不同寻常的东西。此外，人们普遍认为，科学史上一个关键的早期时刻是数学家、天文学家尼古拉·哥白尼在其 1543 年出版的《天体运行论》(*On the Revolutions of the Celestial Spheres*)一书中正式提出的地球绕太阳公转的论点。1620年，弗朗西斯·培根在《新工具》(The New Instrument of Science)中说："知识就是力量。"到17世纪下半叶，随着1660年第一本科学杂志的问世，1687年出版的艾萨克·牛顿的《自然数学原理》(*Philosophiae Naturalis Principia Mathematica*)，科学革命全面展开。

培根的观点是，当这种新知识被用于技术发明时，它就成了一种推动历史的力量。在科学革命的促成下，旧的自然、生命和社会的循环观念正在让位给定向变革的观念。如果人类面临的各种困难是无知的产物而不是上帝的设计，那么一个不断改进的世界就在向我们招手。从这一点出发，"进步"的思想开始慢慢生根发芽。当然，纯粹的科学不能决定它自己的命运。所有科学方法为之提供了答案的问题，都是由人们提出的问题，被问得最频繁的问题是那些精英们最感兴趣的问题。在所有被问到的问题中，只有其中的一部分得到了资助，以试图找到一种答案，而这又一次使科学向精英阶层的利益倾斜。事实上，科学方法和进步思想的出现与欧洲的殖民计划——一种新型的帝国——以及对投资的丰厚回报的渴望始终密切相关。探索和剥削是手足兄弟。

## 追求利润

欧洲的地理大发现和科学革命的时代，也是奴隶制和帝国主义的时代。从我们的视角看来，以一种产生了地质学意义的方式，海外生产所谓的“上瘾食品”——烟草、糖，以及后来的茶和咖啡——开始真正彻底地改变了人类。一个地区的地质会在岩石层之上的土壤中留下独特的化学特征。接下来，当我们食用来自该地区的动植物时，同一些化学特征也会进入我们的身体。通过仔细分析我们牙齿和骨骼中所含金属锶的同位素的比例，可以揭示一个人日常食物的地理来源。在全球化贸易之前，我们骨骼的化学成分反映了我们的起源，显示出人类生活的地方、食物的来源和骨骼之间的地质一致性。[28]在哥伦布之后，长途运输食物的消费量稳步增长，先是通过上瘾食品，后来又通过日益全球化的农产品贸易。这意味着，人类的骨骼开始慢慢反映出一种全球化的食谱，打破了同位素与当地地质的联系。人类骨骼化学越来越不与特定的地方相关联，而是反映了一个人类化地球（humanized Earth）的地质情况。

上瘾食品变得越来越受欢迎，尤其是糖和烟草。[29]它们的独特之处在于它们容易上瘾，不能在本地生产，而且便于储存。只要稍微多工作一点，就能买到一小点这类上瘾食品。一个“为了即刻满足性消费，而做额外工作”的循环开始了。其中的主要论点是，从 17 世纪开始，欧洲西北部的家庭为了获得更多消费品，增加了他们的工作时间，减少了闲暇。他们还将家庭生产的重点放在可在市场上销售的商品上，这也是为了获得资金，以购买上瘾食物。这种“勤劳革命”（industrious revolution）使社会的更大一部分人远离自给农业，并为之后的工业革命创造了社会条件。[30] 有些人认为这是通向第二次社会剧烈变革的重要道路的一部分，与此同时出现的还有新的全球化贸易：市场和雇佣劳动渐渐成为一种生活方式，一种新的资本主义生活方式。

对农民来说，渴望有更多钱来购买上瘾食品是激励他们努力耕种的一大因素。还有另一个决定性的推动因素。当时英国正在发生一件奇怪的事情，这件事将在未来慢慢席卷世界。自从几千年前农耕社群中出现了最早的等级制度以来，非生产性阶级就不得不说服社会其他阶层为他们提供食物和衣服。实现这个目的的一个方法是让农民相信，你更高的地位意味着你比他们更接近仙灵、祖先或神。另一种方法是恐吓和胁迫，通常是强迫农民进贡他们生产的东西或交税。而英国地主偶然发现了一种全新的榨取财富的方法。到 16 世纪，英国开始了最早的圈地运动，平民被赶出公共土地，以便地主将土地专门用于利润日益丰厚的养羊业。每一块土地都开始成为私人的所有物——只有一个人拥有对它的权利——整个地球都变成了私有财产，而我们今天已经认为这是天经地义的。

这样做的一个结果是，农民越来越多地成为佃户。土地租赁市场兴起，并成了地主从农民那里榨取财富的一种新方式。在此前的封建时代，地主拥有土地，农民耕种土地，双方对彼此负有义务。而现在，佃农必须支付他土地的租金，否则就会失去土地。但是，另一个农民可能准备支付更多的租金以获得这块地，同样也是因为担心沦落到无地可种。佃农越来越需要在市场上竞争土地使用权，因此需要提高土地的生产力，因为他们将依靠从中获得的利润生活。随着他们开发了新的方法来进一步增加农业生产率，越来越多的佃农自己也开始雇用帮工。随着租金的上涨和农业生产率的提高，地主们从中获利。

土地租赁市场产生了深远的影响。关键的是，在更早的时候，地主想从一个农民身上榨取更多的东西是很困难的。想让农民更卖力地劳动或者劳动更长的时间，通常需要使用强迫或暴力威胁，而他们很难月复一月，年复一年地持续这么做。现在，没有暴力威胁的必要了，因为租赁市场让农民保持高效。一种从劳工身上索取财富的新经济手段正在出现：佃户之间的竞争成为提高生产率的新方式。这些佃户和农场雇佣劳动者越来越少地承担对地主的义务，但是对于那些没有自己的土地的人，租赁市场与旧的封建制度所做的事是一样的，但以一种新的方式：佃户会将他们创造出的财富的一小部分给地主。在 16 世纪英国私有化的土地上，一个新的农业资本主义阶级社会诞生了。[31]

英国农业所谓的"勤劳革命"和所有制的根本变革，是使社会转向资本主义世界经济的更广泛的变革网中的两股力量。与此同时，统治阶级也把目光投向更远的地方以积累财富。新的长途贸易路线的快速扩张提供了新的机会。最基本的想法是，使用更遥远地方的更便宜的劳动力。但考虑到把货物运回来需要额外的运输成本，劳动力必须非常便宜才行。将人降格为仅仅是经济单位，并尽可能其降低成本，这样做在逻辑上的必然结果就是不人道的奴隶制。

购买人力只是其中的一项成本：这些长途贸易的机会需要预先投入巨额的资金，因此一个复杂的信用体系被发展出来，以从贸易中交换来的黄金、白银或香料来支付。在法律上保护资本的制度被建立，同时针对大规模海外投机生意的信贷额度也在增加。从 1602 年起，荷兰政府授予荷兰东印度公司，或称联合东印度公司（荷兰语原名为 Verenigde Oostindische Compagnie，缩写是 VOC），从现在的印度尼西亚进口香料的专有许可证。荷兰东印度公司的股份，可以在阿姆斯特丹证券交易所交易：它是史上第一家跨国有限责任公司。[32] 沿着荷兰人铺下的道路，一个全球金融和更广泛的经济体系渐渐浮现了出来。

征服新发现的土地是利润驱动的，但这并非我们现在所认为的现代资本主义。它往往依赖奴隶劳动力，而不是所谓的自由劳动力。同时，统治阶级将全球经济视为一场零和游戏——殖民地的财富流向西班牙，就意味着不能流向英国。这种建立在为攫取海外财富的投资基础上的商业资本主义，导致统治精英之间激烈竞争，并尽可能多地掠夺殖民地区的资产。一些社会科学家称这种安排为一个新的“世界体系”，其中核心区域主宰着更大的外围地区，从这些外围地区获得财富；在许多方面上，世界的全球性分裂今天仍在继续。[33]

商业资本主义席卷了全球，同时农业资本主义的潜流改变着我们与土地和彼此的关系。从某种意义上讲，商业资本主义使人性变得均一：如果你有钱，你就能拥有在售的商品。与过去的帝国要求人们对外国宗教或权力效忠相比，这一观念在某种程度上是一种更容易推销的意识形态。但是这个新的世界体系给人类带来了毁灭性的损失。将 1000 万奴隶运往美洲种植出口作物这种巨大的不人道行为，令人震惊地向我们表明了某些文化中的人为获取利润，会对另一些人做什么。

在那个时候，竞争在殖民国家之间进行，全球的大片地区由受国家监管的公司垄断成了常态。英国东印度公司将亚洲作为目标，在今天的印度、孟加拉国和巴基斯坦开拓殖民地。相似地，荷兰东印度公司殖民了今天的印度尼西亚。到 1669 年，荷兰东印度公司共拥有 150 艘商船、40 艘军舰、5 万名员工以及由 1 万名士兵组成的一支私人军队。这些公司控制着世界上的所有地区：他们可以镇压叛乱，监禁和处决囚犯，基本上可以做任何他们认为可以接受的事情来攫取利润。商业资本主义是完全自由贸易：它对信贷和利润回报有严格的规定，但对如何对待人或自然环境却没有任何规则。

这种掠夺经常歪曲我们的历史观。历史学家麦克·戴维斯（Mike Davies）解释说，对土地的殖民控制摧毁了当地几代人发展起来的，帮助他们度过农作物歉收期的社会安全网。本土风险管理体系遭到破坏，加上殖民者强迫人们生产用于出口的农作物，同时收取越来越高的地租，导致欧洲精英殖民的很多地方发生经常性的大规模饥荒。至少从维多利亚时代起，西方人眼中“第三世界”的典型画面就是瘦弱无力的人们瑟缩成一团，。这种形象不是自然变迁的产物，也不是某种文化缺陷导致的。这些死亡和苦难在很大程度上是源于殖民者从土地上攫取财富，而毫不顾忌对这些土地的原主人和其上居民的影响。[34]

随着商业资本主义日益将人类纳入一个单一的全球经济体系，对有用的物种，尤其是对更多能源永无止境的探索仍在继续，人们将新的关注点放在了海洋上。例如，鲸鱼的脂肪可以做成灯油，用以照明。从1611年起，英国派船到挪威的斯匹次卑尔根岛捕鲸，以生产这种有利可图的油脂。为了不至掉队，在这个十年结束之前，西班牙人、荷兰人、丹麦人和法国人也紧随其后。由于各自都声称拥有狩猎权，国家间经常出现僵持的局面。在两个多世纪的时间里，数以万计的露脊鲸被捕杀，捕鲸船队随后前往世界其他地方的新的猎场。据估计，在被大规模捕杀之前，北极露脊鲸的原始数量在 2.5 万到 10 万之间，而现在只剩下几十只。[35] 现在，更新世对大型陆地动物的屠杀正在世界各大洋重演。

其他物种的情况更糟。国际自然保护联盟是联合国的一个观察员组织，主要监测物种的灭绝。根据该联盟的记录，在 1500 年到 1900 年之间，有 280 个物种永远地消失了，其中包括哺乳动物、鸟类、爬行动物、两栖动物和鱼类。[36] 岛上的物种尤其脆弱，比如牙买加猴子（Xenothrix mcgregori），它的运动能力看上去跟树懒一样。这种动物在欧洲人到达牙买加之前生活在该岛上，但现在我们只能通过其骨骼认识它。我们在第三章中提到的那头八米长的斯特勒海牛，人们最后一次见到它是在 1761 年；眼镜鸬鹚，也称白令鸬鹚（Phalacrocorax perspicillatus）最早也是被斯特勒描述的，它是已知存在的最大的鸬鹚种类，到 1850 年，它因为被人类捕猎而灭绝；而最著名的灭绝鸟类——渡渡鸟（Raphus cucullatus）也是被人类吃掉的。

物种灭绝的模式值得注意：第三章详细描述的更新世巨型动物的灭绝与智人首次到达新大陆有关。该过程结束于大约一万年前。一旦这些脆弱的物种在与人类“第一次接触”后消失，人类猎杀的物种逐渐多元化和转向农业就在很大程度上阻止了物种的进一步灭绝。接着，欧洲人带着新技术和新思想来到新大陆，从而激起了一场新的灭绝浪潮，这场浪潮一直持续到今天。人类引发的灭绝似乎有两波：第一波是智人首次迁徙到一个地区，另一波则是利润驱动型的“经济人”（Homo economicus）的到来。

## 地球系统的一次全球地震

欧洲帝国的欲望催生了最初的世界地图，紧随其后的是推动哥伦布大交换的全球贸易体系，由此开启了地球历史的新篇章。这种新的经济体系也开始了人类历史上的一个新阶段：这种制度越发将人类与一个由利润和掠夺支配的单一全球社会联系起来。对美洲的征服可能也压倒了通常控制地球全球气候的各种影响因素，导致地球系统发生了一种短暂的变化，这种变化在世界各地的地质沉积物中都清晰可见。

大约 5000 万甚至更多美洲原住民的迅速死亡对环境产生了进一步的重大影响。这意味着在 16 世纪，一整个大陆的农业崩溃了。从某种意义上说，这是一项自然实验，测试了当持续数千年的一种人类影响几乎一夜之间停止时，地球系统会发生什么。正如我们之前看到的，农业耕种者一般将高碳储量的森林转变为低碳储量的农田。随之而来的是碳的净释放，使大气中二氧化碳的含量增加，继而提高了地球的温度。这一连串的事件阻止了地球漫长而缓慢地滑向另一次冰期的进程，从而在全球范围内稳定了气候。对农耕停止后会发生什么情况的预测很直接：低碳储量的农业用地将恢复到与之前高碳储量植被类似水平的地貌。如果这种情况发生的区域足够大，那么大气中减少的二氧化碳含量应该足以使地球降温。这和今天大规模植树以减缓气候变化的计划背后的理论是一样的。

在与欧洲人接触之前，绝大多数美洲原住民生活在中美洲和南美洲。这里典型的植被是热带森林，它们的生长速度极快，可以储存大量的碳。今天的测量显示，南美洲的废弃农田仅用 66 年的时间就可以恢复到附近原始森林 90% 的碳含量。在许多地方，仅 20 年过去，每公顷（100 米 ×100 米的面积）就储存了 60 吨的碳。[37] 曾经有人居住的土地在荒废后，可以快速产生变化并且吸纳大量的碳。

因此，像我们所认为的那样，假如有 5000 万人死亡，而每人平均需要 1.3 公顷的农田来养活，那么就会产生 6500 万公顷的新森林。假设这些地方的森林生长得较慢，每公顷仅储存 100 吨碳，那么大气中的碳将减少 65 亿吨。更现实的估测是，每公顷储存 200 吨碳，那么大气中减少的碳含量将翻一番，达到 130 亿吨。[38] 于是大气中的二氧化碳水平就会下降，全球气温也会下降。

那么，从大气中减少碳需要多少时间呢？考虑到美洲原住民死亡率最高的时期是 1492 年之后的几十年，而在原来的农田上生长的树木，达到其最高的碳吸收率通常是在农田被废弃后的 10 到 50 年，我们可以认为，碳吸收达到峰值是在

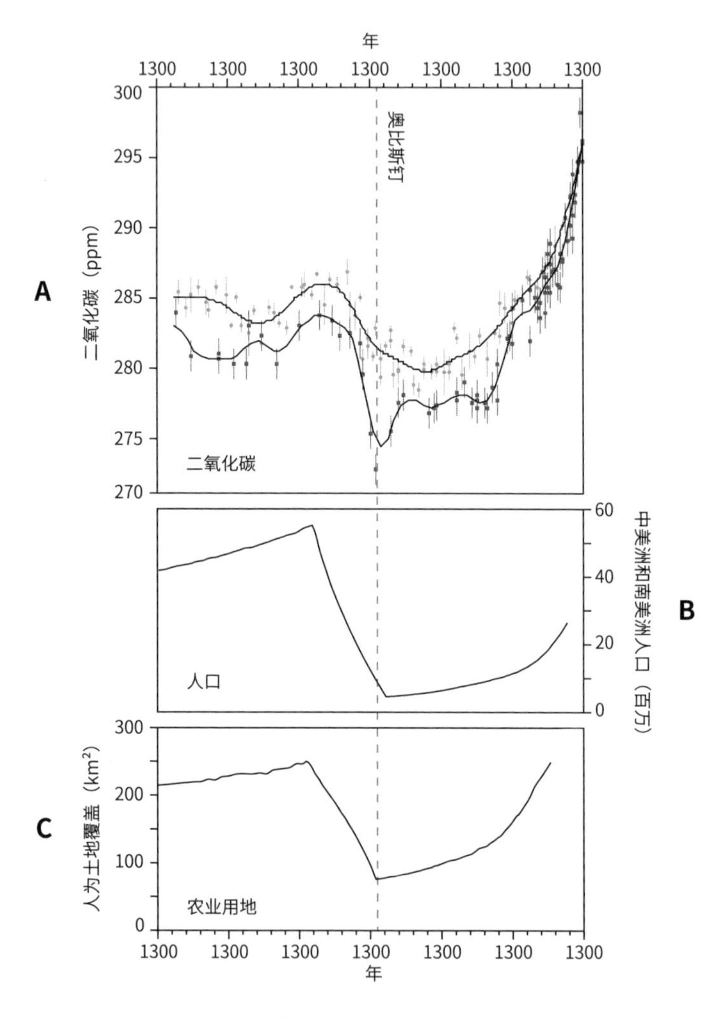


图 5.3　在 1520 年之后，大气二氧化碳的下降可以在两个南极冰芯中看到（A），这发生在中美洲和南美洲 5000 万人死亡后（B）。结果农业用地（C）与当地可再生树木的面积减少，通过计算，这种减少已经吸收了足够的二氧化碳，可以解释全球大气二氧化碳水平的大部分下降。二氧化碳的最低值可能提供了一个定义人类世的金钉子——奥比斯钉。[42]

1550 年之后。到 1650 年，这一进程将会放缓或结束，因为此时余下的荒废农田所吸收的碳量将处于相对低的水平，足以被地球上其他地方不断增加的人口所导致的农田扩张所抵消。

那么 1492 年之后大气中二氧化碳的变化趋势是怎样的？来自南极洲的高分辨率冰芯记录显示，正是在这个时候，大气中二氧化碳的含量出现了明显的异常下降。下降从 1520 年开始，起初非常缓慢，从 1570 年起下降速度增加，1610 年左右二氧化碳水平到达最低点，然后反弹。[39] 对冰芯中碳的同位素测定显示，二氧化碳的下降是陆地上的碳吸收而非海洋中的碳吸收造成的。[40] 这个时间和幅度正好对得上，因为降幅介于百万分之七和百万分之十之间，如图 5.3 所示。我们上文中的估计是，在此期间 5000 万人的死亡导致 130 亿吨额外的碳被转移到重新长出来的森林中，这相当于大气中的二氧化碳含量降低了百万分之六。[41] 根据全球过去气温的综合指标，正如预期的那样，低含量的二氧化碳导致从 1594 到 1677 年全球变冷。这些指标来自五百多个地质档案，包括树木年轮、冰芯、湖泊沉积物、洞穴石笋和钟乳石。[43] 考虑到全球许多地质沉积物都显示出这些变化，二氧化碳的暂时下降可能成为标志人类世开始的一个金钉子。这就是所谓的奥比斯钉子，“奥比斯”一词来自拉丁语的“世界”，因为人类的东、西半球在 12000 多年的分离后终于重新‘连接’在一起，形成了一个单一的全球经济世界体系。[44]

计算机模型模拟了我们已知的当时太阳能量输入的变化，以及火山爆发和气候系统等其他非人为因素，但无法解释二氧化碳的下降和气温的下降。[45] 今天对地球系统的模拟，包括对世界植被的精细呈现表明，到 21 世纪末，人类如使 6500 万公顷热带土地重新被森林覆盖，它产生的预期影响是使大气中的二氧化碳减少百万分之五。[46] 这已经相当接近在美洲人口开始急速下降后的一个世纪里，冰芯记录的百万分之七至十的下降了。虽然我们不能确定美洲人口减少对大气中二氧化碳水平的确切影响，但一系列独立的数据集表明，欧洲人来到美洲促成了近一个世纪的全球变冷。[47]

然而，我们应该记住，死亡人数与大气中二氧化碳含量下降之间的正相关性并不一定意味着美洲人口减少直接造成了二氧化碳含量的下降。下面这种情况也是可以想象的，美洲人口的减少并没有产生足够多的碳吸收量来给地球降温，但与此同时，地球系统内部各个部分相互作用生成的内在自然变化导致了一场极不寻常的全球自发性降温事件。这条事件链发生的概率不高，但它在理论上是可能的。[48] 虽然地球系统各部分相互作用的内部动力学一定发挥了某种作用——也许在最初放大了重新造林的影响，后来地球系统中海洋部分的反馈又削弱了它，但仍然需要有一个触发全球范围而不仅仅是一个区域性现象的影响的诱因。证据最确凿的因素是 1492 年后疾病的哥伦布大交换。[49]

但那些降临在其他族群身上的重大灾难，它们也影响了气候吗？1330—1400 年，由耶尔森氏菌属的鼠疫杆菌引起的黑死病瘟疫在欧洲造成数千万人死亡（我们并不知道确切数字，但欧洲人口当时在 6000 万到 1 亿之间，瘟疫杀死了 30%—60% 的人口）。[50] 古气候学家威廉·鲁德曼指出，这与大气中二氧化碳含量下降百万分之二同时发生。[51] 这相对较小的下降幅度可能是因为相对较少的死亡人数。据鲁德曼的估计，2500 万人死亡，占总人口的三分之一。但这也可能是因为碳吸收量的增加并没有那么大，因为农耕并没有完全被放弃——可能有一半以上的人活了下来，社会也没有崩溃。热带以外地区的树木长得也慢得多，因此碳储量的增幅在几十年内不会达到如此高的水平。此外，与热带的重新森林化相比，任何其他因素对全球气候的影响都将很小：热带地区的蒸发冷却意味着，新热带森林单位面积造成的全球降温效应约为同等面积的温带森林的两倍。要想通过减少人口来影响全球气候似乎需要三个条件：减少人口是以热带地区的农民为目标，这样自然就能迅速反弹，对气候产生最大的影响；清除掉区域内几乎所有的人，造成社会崩溃，农耕停止；最后，确保死亡总人数达到数千万，以影响足够的土地使其对全球产生显著的影响。只有 16 世纪发生在美洲的事情同时满足这三个条件。

美洲人口减少对全球气候的影响加剧了小冰期（Little Ice Age）的气温下降。这始于一种区域性现象，从 1350 年以后影响欧洲，可能是由被称为北大西洋涛动（North Atlantic Oscillation）的大气环流模式的变化引起的，尽管黑死病和随后的植被再生可能也有贡献。[52] 然而，直到 16 世纪晚期，它才成为一种全球性的现象，当时美洲人口的减少也产生了影响。到了 17 世纪，这种全球变冷带来了一些严重的后果，导致农作物产量下降，这可能产生了连锁的政治影响。气候稳定性的突然丧失显然影响了农业的发展，这也表明了，在此之前几千年的农耕依赖于相对稳定的环境条件。

历史学家杰弗里·帕克（Geoffrey Parker）提出了一个有说服力的观点。他认为，小冰期最冷的那段时间给全世界造成了严重的负面冲击。他指出，17 世纪是叛乱和革命多发的时期，包括欧洲中部毁灭性的三十年战争（1618—1648），现代日本历史上最大的农村起义（1637），英国内战（1642—1651），明朝的终结（1644）和非洲中部刚果王国统治者被推翻（1665），以上列举的还只是其中一部分。饥饿可能是导致世界范围内冲突数量从 16 世纪的 732 起增加到 17 世纪的 5193 起的因素之一。[53] 冲突当然有很多原因，包括欧洲殖民者的活动，但造成粮食生产中断的气候变化可能是一个重要因素。

到 17 世纪末，欧洲的战争基本上结束了。《威斯特伐利亚和约》（*The Peace of Westphalia*）已经签署。欧洲人到达美洲后的两个世纪开始了一个加速变革的时代：人类饮食结构发生了变化；新的机构，如股份公司和证券交易所，使得开发远方的土地以获取利润成为可能；科学的突破，书籍的流通，以及更多的人有能力阅读，这些变革开始从根本上重塑人们的知识体系。但我们切记不要沉迷于详细记录这些变化，而忘记了它们其实是未来更大变化发生的种子。

到了 1700 年，欧洲已经改变了世界，但尚未因此而获得多么显著的优势地位：当时欧洲、中国和印度在世界生产总值中所占的比例非常相似，都在 23% 左右。如果说有哪个地方在物质条件上更优越一些，那可能是中国。它有高产的农业——部分来自哥伦布大交换带来的农作物，一个复杂的经济体，包括它是全球贸易网络中的一个关键节点，同时还有成熟的社会管理制度，这些加在一起，给了它相对较高的人均预期寿命。在长达 200 年的对美洲财富的长距离剥削之后，西欧并没有成为一个富裕的社会，普通民众的生活几乎没有得到改善。[54] 但一旦另一种要素被加入到对美洲的吞并中，这一切都将改变。

第六章

CHAPTER 6

# 化石燃料，第二次能源革命

“可曾有耶路撒冷建造于此，

在那些黑暗的撒旦磨坊间？”

威廉·布莱克，“耶路撒冷”，1804 年

“工业化的过程必然是痛苦的。它必定会导致传统生活方式的消逝。但是，这个过程在英国伴随着异乎寻常的暴力。暴力在英国没有被缓和；不像那些经历全国革命的国家，有国民共同努力的意识去缓和暴力。英国工业化时期的意识形态只是雇主的意识形态。”

爱德华·帕尔默·汤普森，《英国工人阶级的形成》，1963 年

16 世纪，第一个全球贸易网络的获利方是西欧和中国。欧洲用从美洲掠夺的白银交换中国的奢侈品。这两个人口密集的地区在人均寿命、卡路里摄入和物质消费水平方面都很相似，但双方的社会文化变迁方向有所不同。[1] 西欧，特别是在英国，土地所有权及其背后的一些东西正在发生变化。如前文所述，圈地运动打开了农业租赁市场，提高了生产力，同时打破了人与土地之间的束缚关系，还致使越来越多的人只有靠出售劳动力才能维持生存。伴随着新的机器和新的浓缩能源——煤炭的投入使用，一个将会改变整个人类社会的劳工阶级正在兴起。如一位英国议员 1884 年所说，由于大量的非专业劳动力聚集在人口密集的城镇，已经出现了一个新的社会形态。[2] 这种全新的工业资本主义将会席卷世界，使人类活动对环境的影响达到一个新高度。

十八世纪下半叶发生在英国的工业革命，其要素是众所周知的：各种新型机器，例如蒸汽机；新的工作环境，即工厂。前者由煤炭这种新近开发的能源提供动力，而后者的运行则依赖城市中的受薪劳动力群体。但是为什么这一切能在此时此地恰好结合起来呢？它对地球环境系统的影响又是怎样的呢？

故事一定得从农业说起，因为要让足够的人生活在城镇中并且成为新的城镇工人阶级，就需要生产和分配足够的食物。16 世纪后期，英国的农业生产力开始有了惊人的提升，在随后的两个世纪里，每个劳力的产出增长了大约 90%。[3] 其中的驱动力是圈地运动、租赁市场和逐渐全国化的农产品市场。

一旦市场规律这个精灵被放出瓶子，接连不断的革新就开始了。人们经常使用的一个词是土地的“改善”（improvement），该词源于盎格鲁—诺曼法语，字面意思是“通过管理来创造利润”。科学家们参与到了这个进程里，并使其成为英国皇家学会早期关注的问题之一。他们采用了更好的作物和动物品种，将之前的休耕期用来种植饲料作物，复杂的作物轮作方式开始普及，另外固氮植物，特别是三叶草、豌豆和豆类等开始被用于恢复土壤肥力。

农业产出增加，但从事粮食生产的人口比例一直在下降。土地和劳动者的生产力提高，这意味着更多的粮食可以进入市场。举一个典型的例子，在 1600 年到 1750 年之间，英国每英亩的小麦产量从 11 蒲式耳增长到 18 蒲式耳，提高了约 50%，而且不仅每英亩的生产力提高了，也有更多的土地被用于生产，英国用于作物种植的土地面积在同一时期增长了35%。与此同时，从事农业生产的人数骤降到人口的不到一半。[4]

除此之外，全球的经济也一直在为这个新社会提供食物能量。在19世纪之前，每年从美洲出口到英国和爱尔兰的糖，所提供的热量都足以满足600000人的能量需求。而这个数量的糖需要大约100万英亩的土地来种植。作为对比，1800年，英国（这方面数据最详尽的国家）全国用于耕种的土地大约为1000万英亩。食物能量还不是唯一的进口产品。来自美洲的木材，如果在欧洲本地种植的话，还需要额外的100万英亩人工林地。在工业革命前的近三个世纪里，取暖和做饭使用煤炭的比例稳步增加，这进一步减轻了土地的压力，从而使更多土地可以用于粮食生产。倘若人们所使用的煤炭能量来自木材的话，那么还需要另外400万英亩的林地。[5]西欧人，特别是英格兰人的生活水平远远超过了其自身的供给能力，但取自远方的煤炭和财富，让英格兰的人口迅速增长了50%：在1750年和1800年之间增加了300万人。[6]

首个重要的工业产业是棉纺业，它自18世纪70年代开始呈现爆发式增长。它的原材料商品同样来自美洲，其进口量从1815年的4500公吨增加到了1830年的120000吨。1815年，如果要在英国本土生产相应于这个数量的羊毛，需要900万英亩的土地，而到1830年则需要2300万英亩（考虑到英格兰的土地面积总共只有3200万英亩，这个数字是不可能达到的)。进口的棉花被用于制造纱线和布料这种人类的生存必需品，并且这些产品被运往本地，以及西非、印度和美洲的专属殖民地市场进行销售。棉纺业的增长幅度远超当时制造业中发生的其他变化，它每年的产出都提高 10% 以上，而铁、皮革和煤炭等多种产品的年增长率仅为几个百分点。或许令人惊讶的是，这场工业革命一开始不是由化石燃料，而是由水推动的。[7]

一个关键的转折点是发明家理查·阿克莱特（Richard Arkwright）在德比郡克罗姆福德的一个乡村建立了棉纱厂。1771 年，他开设了被许多人认为是第一个真正意义上的工厂，拥有最先进的机器和熟练的劳动力，由水车提供动力。村子里的工人不久就被阿克莱特雇佣完了，于是他盖起了房子，用来吸引和雇佣整个家庭，包括年仅 7 岁的孩子。最多的时候，他的工厂里有大约 400 个人在工作，而且新机器珍妮纺纱机的使用降低了生产成本。纺织厂夜以继日地工作：12 个小时的白班，接着 12 小时的夜班。

阿克莱特的基本想法是要发明比雇佣男女工人更便宜的纺织机器。售卖每一码布的利润减少了，但是因为可以大规模生产，就能拓宽市场，他就能卖得比之前多无数倍，从而赚到钱。他的利润源源不断地增长，在最开始的几十年里每年增长大约 30%，阿克莱特用这笔钱继续投资建立新的纺织厂，将资本主义工厂主的角色扮演到了极致。到 1784 年，他已经开了十多家工厂。新的体系被复制和改进。到了 18 世纪末，英国大约有 300 多家阿克莱特式的大型纺织工厂。阿克莱特的工厂是一个关键变革，它开启了一个进程，该进程最终导致了我们在 21 世纪看到的由于生产和消费不断增长而导致的环境问题。从组织形式的角度来看，认为工业革命始于 1771 年的德比郡农村是有理有据的。

## 即取即用的能源

到 1780 年，在没有使用化石燃料这种浓缩能源的时候，工厂系统已经建立起来；它依赖的是水。以燃煤蒸汽作为动力来源有着悠久的历史，但它在进入首个重要工业产业时却也没有那么顺利。点燃燃料可以使物体移动的知识由来已久：早在 10 世纪，中国人就发明出了火药。加农炮和炮弹与后来发动机中的活塞和汽缸本质上也没什么不同。早在 1698 年，托马斯·萨弗里就已经发明并申请了低扬程组合真空泵和压力水泵的专利，该泵能产生约 1 马力（约 0.75 千瓦）的功率，被许多自来水厂和一些矿井采用。但直到 1712 年，托马斯·纽科门才制造出活塞式蒸汽机，突破了煤炭使用中的一个关键瓶颈。

在英国，煤炭的使用有着悠久的历史。最初的推动因素是 1566 年伊丽莎白一世女王颁布的一项法律，它规定只有黄金和白银矿藏自动归王室所有。煤炭一旦成为私有财产，其产量就迅速从 1560 年的约 3.5 万吨攀升至 1600 年的 20 万吨：用于取暖和烹饪的煤炭越来越多。[8] 正如我们在第一章中所看到的，早在1661年，约翰·伊夫林（John Evelyn）就形容伦敦“被一团煤灰云所覆盖，就像人间地狱一般”。地表煤层，例如伦敦人耳熟能详的纽卡斯尔煤田已经枯竭；较深的矿层无法得到开采，因为水很快就会将其填满。纽科门的发动机只有 5 马力，它通常被放在地表上，用来抽干无法开采的深矿井的水。虽然以今天的标准来看，这种发动机的效率低下，但在当时大有用处，每台发动机每分钟能抽出 2000 升水，在很多矿场里，这意味着可开采的煤层深度变成了之前的两倍。[9]

至关重要的是，纽科门发动机（Newcomen engines）的使用开启了一个自我强化的循环：煤炭提供的能源可以用来开采更多的煤炭。在英国，一个地质上的偶然状况——地层中藏有大量的煤炭——加上一个五金商人的儿子发明的活塞发动机，让人们获得了这种日益珍贵的能源的充足供应。1700 年，英国的煤炭产量达到了惊人的 270 万吨；一个世纪后，年产量就超过了 2000 万吨。纽科门发动机是煤炭使用的一个关键转折点。从重大技术突破的角度来看，有理由认为，工业革命始于 1712 年的西米德兰兹郡达德利附近的康尼格里煤厂，那里是第一台纽科门发动机的所在地。

苏格兰工程师詹姆斯·瓦特（James Watt）改进了纽科门

的设计。1765 年，瓦特的著名技术突破是利用曲轴使活塞在气缸中来回移动，从而推动轮轴进行旋转运动。同时，瓦特的高压发动机的功率重量比也很高，使其更便于携带。一下子，推动机械轮子成了可能：把这些发动机用在火车上或船上，会极大地缩短旅行时间从而连接世界。当瓦特在格拉斯哥大学维修科学仪器的时候，他的关键创新出现了，再加上投资人马修·博尔顿（Matthew Boulton）敏锐的投资眼光，蒸汽发动机迅速被推广到各个领域。在今天的 50 法郎的纸币背面，印着瓦特的一句名言，“我的全部心思都在这台机器上”。而博尔顿则怒吼道，“先生，我正在售卖的，就是全世界都渴望拥有的东西……**能源（Power）**。”这样看来，他们之间将以科学为动力的技术发展和资本主义相结合的合作方式改变了世界，是完全不足为奇的。

尽管从 18 世纪 70 年代起，工厂体系就开始出现，棉纱和布的生产出现爆炸式增长，但博尔顿和瓦特的机器并未很快就投入使用。对蒸汽机之所以被延迟使用的通常看法是，只有在棉纺业扩张后，可利用的河流数量严重不足，这种稀缺性才推动了人们转而使用煤炭驱动的蒸汽机。尽管那些认为稀缺性推动创新的经济学家可能不愿接受下面这个事实，但并无充分的证据表明，棉纺工厂哪怕是用掉了河流所提供的能量的有限一部分，或是充分利用了选址所带来的水利优势。[10] 工厂老板也并未主动拥抱蒸汽机，以图为未来的经济竞争力早做打算：事实恰恰相反。推动煤炭革命的，既不是水能源的缺乏，也不是“经济人”的远见卓识。流动的水既便宜又丰富，与早期的蒸汽机相比，水车是更高效的。那么，是什么导致了以煤炭为动力的工厂体系的崛起呢？

工厂体系将人们锁定为两个相互对立的群体：希望以最低成本最大限度地生产棉纱的工厂老板和希望能从每天的工作中得到合理报酬的工人。是这场战斗将这个行业从水车推向了蒸汽机。有时河流的流速变慢，水车无法提供足够的动力，工人们不得不停下来。由于许多订单要供应海外市场，工厂老板非常介意这个停工的时间，即使夏天每天才一两个小时。通常情况下，一个工人每周工作 69 小时：每个工作日持续工作 12 小时，不包括用餐休息时间，另外每周六还要工作 9 个小时。工厂老板又额外增加了工作时长，以弥补在水车没有转动的情况下“失去”的工时。罢工、暴乱和破坏接踵而至。到了 1810 年，磨坊工人向议会请愿，要求限制日均工作时长，到 1825 年，工厂运动在全国各地兴起，呼吁 10 小时工作日。通过一系列议会法案，1850 年《工厂法》（Factory Act）将妇女和儿童的日工作时长限制在 10 小时之内。虽然这场战斗远远未取得全面胜利，但对工厂在内的各类工作场所的监管已经开始实行，这对受薪劳工来说是好事，但却为水车敲响了丧钟。

由于工作时长受到了限制，尽管煤炭比水昂贵得多，蒸汽的诱惑力仍然是不可抗拒的，因为蒸汽机可以准时打开和关闭，在工人在岗期间全程供能。随着煤炭价格的下跌，以及限定工作时长而导致的劳动力成本的上升，增加对提高工人生产力的博尔顿和瓦特发动机的投资，变得越来越有利可图。除此之外，在兰开夏郡等地，地质和地理条件的偶然组合，也恰好符合资本家的利益。有很多人本来就居住在煤层所在的地面上，这意味着棉纺厂老板不必花钱为工人盖房子或添置其他设施，以鼓励他们搬到工厂附近。将燃煤机器和工厂体系结合起来的优势变得清楚可见：燃煤工厂逐渐遍布欧洲，如图 6.1 所示，然后向全世界蔓延。

不同于水能或风能，早期的燃煤蒸汽机提供的其实是掌控力。正如著名工程师约翰·法雷（John Farey）在 1827 年的《论蒸汽发动机》（*A Treatise on the Steam Engine*）中所写的："我们有一个辛苦而不知疲倦的仆人，他做了 3500 名男子的工作，而且如此温顺，只需要有两个人看管，并偶尔添上些燃料即可，除此之外无需任何管理工作。" 1844 年，保守党议员本杰明·迪斯雷利（Benjamin Disraeli）理解得更透彻："一台机器是一个既不会带来堕落，也无须承受压迫的奴隶。它被赋予了最大程度的能量，在最高的兴奋水平上工作，但同时却又不为任何冲动或情感所累。它不只是一个奴隶，还是一个超自然的奴隶。"[11]

对于一个因让童工在棉纺厂劳累至死而面临越来越多道

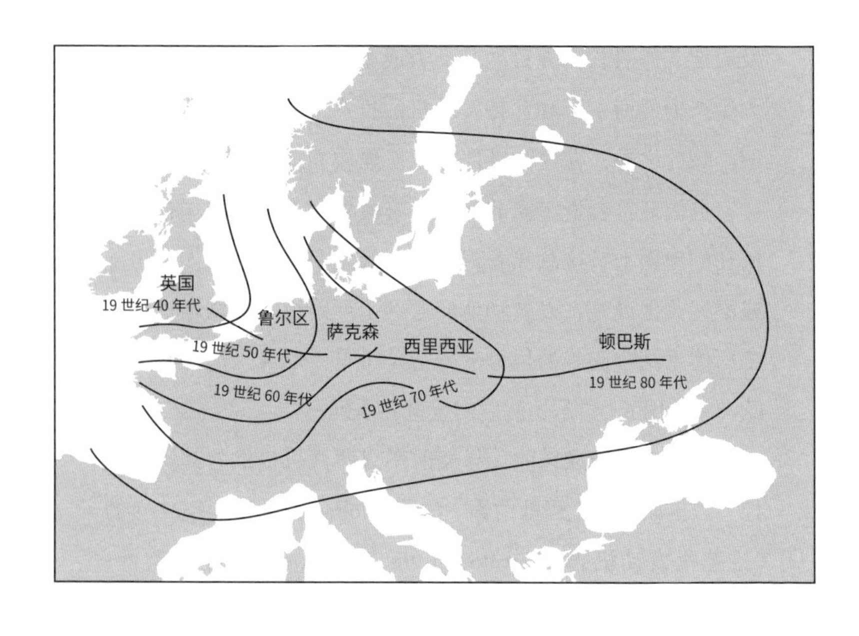


图 6.1　工业革命从英格兰北部中部地区蔓延到整个欧洲，以大型燃煤工厂集群的出现为代表。

德谴责的统治阶级来说，煤是天赐之物。事实上，尽管存在对工作日时长的限制，但更高功率的蒸汽机和更快的机器意味着在更短的时间内，工人生产了更多的棉布。工人的时间被配上了一种新的、有规律的、机械的节拍，他们再也不需要按着自然界的水流和节奏来工作了。自然将进一步屈服于这个新社会的逻辑。从 power 一词的两个意义上说，煤既是“能源”，也是纯粹的“力量”。

## 利益主导一切

在英国之外，更广泛的全球经济种类变化也遵循相似的动力学机制。奴隶的反抗活动使奴隶主从美洲种植园获得利润变得困难，就像工厂里的罢工和暴乱一样。事实上，海地的奴隶叛乱导致它在 1804 年脱离法国独立。对蓄奴行为的道德愤怒也越来越高涨，正如对剥削工厂里的童工的义愤一样。而种植园主也可以，像工厂主一样，使用其他方式来继续得到他们想要的东西。由于美洲的人口数量逐渐回升，这很明显地导致了向自由工人支付低工资变得比购买奴隶更便宜。雇佣自由人意味着前期不需要投入资金去购买他们，不需要给他们提供食宿，也无需在他们生病或是死亡时再花钱购买新的奴隶来替换，这是笔很划算的买卖。同样的逻辑也适用于工厂主：将生产活动搬迁到城镇里，也能让他们将提供住房等一系列成本转移到本地社群头上。

在所有这些压力之下，奴隶制被废除了，这和燃煤工厂逐渐成为提高生产率的工业发展形态的时间恰好大致相当。1807 年英国《废除奴隶贸易法案》（Abolition of the Slave Trade Act）是其中一个关键时刻，因为英国是当时奴隶贸易规模最大的国家。他们最终不仅废除了奴隶贸易，而且在 1833 年废除了奴隶制本身。美国于 1865 年废除了奴隶制。1789 年革命后，法国最初宣布奴隶制为非法，但拿破仑恢复了奴隶制，1848 年路易·菲利普一世国王下台后，奴隶制最终被废止。到 19 世纪中期，人们至少在法律上可以自由选择或离开雇主。这些变化意味着被殖民的土地和全球经济边缘地区的人民，在经济上开始更接近他们此前被迫为之提供服务的核心区域。

一个根本问题是：为什么其他历史悠久的文明，例如埃及、中国、玛雅或西非的诺克文明都没有开展工业化，而是英国首先实现了工业化呢？人们对此众说纷纭，我们永远不会知道确切答案。讲述一个推动人类一路向工业革命进军的历史故事是容易的，因为大家总是倾向于将实际发生的事情视为本质上不可避免的，而这将是一个错误。例如，当地球在当前的间冰期之始升温时，我们知道不同的个体文化面对新的社会和环境条件，都做出了类似的回应——驯化了其他物种——这是在各大洲上都有进行的一种自然实验。我们还知道，这些文化之间存在着相当大的差异。然而，我们没有关于十六世纪初以来大规模文明独立发展的自然实验的记录，因为这时各个文化大多与单一的全球经济联系在一起。在西欧，浓缩的化石和太阳能源的开采、美洲的资源流入，与资本主义社会组织形式恰好结合在一起，产生了一种在世界各地迅速蔓延的新的生活方式。因为各个地方是相互联系的，所以其他地区独立发展出另一种生活方式的可能性很小。在理解这种转变的原因方面，我们能做的至多不过是去问：为什么这场特殊的工业化会发生在英国？

看待这个问题的一种方式，是考虑工业资本主义所需的每一个条件，再看看哪些地区或国家符合这些条件。首先，需要一群愿意并有能力征服另一群人的人，但在这方面，英格兰并不是唯一的。然后，需要有对技术足够熟悉的人来制造更好的机器，但十八世纪初的荷兰、法国、中国和日本都是技术发展水平很高的社会。还需要大量的城市工人，他们与土地没有联系，但仍然需要食物。特别的是西欧国家能够突破土地面积的限制，他们将粮食、燃料和纤维生产外包给美洲，从而摆脱了生态限制，这些“幽灵英亩”使更多的城市工人得以持续存在，手工业工场得以在几个世纪里一直发展。这就让西欧成了唯一具有工业化的必要条件的地区。[12]

在有条件获取美洲资源的西欧国家中，只有两个国家，英国和荷兰，提高了人均农业生产率和农业总产量，率先成为农业人口低于 50% 的国家。但英格兰在城市人口方面表现突出：1500年至1800年间，英格兰的城市人口增长速度是荷兰的三倍，绝对人口规模也是荷兰的三倍多，1800年为260万，而同期荷兰的人口仅为70万。[13]更大的人口规模很重要。从纯粹统计学的角度来看，如果那些理解自然现象的科学家需要满足大量发明者的需求，以便将这种理解转化为实际应用，这一系列事件更有可能发生在城市人口规模较大的地方，而不是城市人口较少之处。但实际的因果链条要长得多：在这之后，发明者需要能遇到足够数量的工程师，以将这些发明转化为可销售的问题解决方案，最后，他们需要遇到足够数量的风险资本家，来尝试这些风险投资。城市人口越多，科学突破能够转化成新的或更便宜的工厂产品的可能性就越大。

英国可能还有其他优势。西欧能够在世界这么多地区进行殖民的一个关键原因，可能也是后来出现的工业化的重要动力：欧洲近邻之间长达几个世纪的竞争推动了与战争有关的新技术的发展，后来又催生了英国维持其全球帝国的渴望。这一时期的皇家海军军舰平均每艘使用了大约1000个滑轮配件，每四五年需要更换一次，这就产生了对技术知识和精确工程技术的需求。事实上，到1800年，超过25%的政府支出都用在了皇家海军上，以维持英国世界海军强国的地位。[14]

除此之外，还有制度和自然资源的优势，在十六世纪，英国取消了内部通行费和关税，在众多国家中率先创造出了一个统一的国内市场。包括铁、铅、铜、锡和石灰石在内的各种原材料供给齐全。但还有另一个决定性因素：地质因素。许多城市工人居住的地层之下，就是数百万吨集中的化石和太阳能源。煤炭资源丰富，并且由于运输距离短，它的价格低廉。

总的来说，英国首先工业化的原因有很多，但如果没有对美洲的掠夺，或者没有天赐的可利用的煤炭储量，实现工业化就会困难得多，甚至也许是不可能的。如果没有至少250年的农业资本主义发展带来的思想和制度，没有足够大的城市工人阶级和足够大的资产阶级，没有强有力的国家机器推行法律和保护产权，工业化也很难设想。这些因素带来的相对较高的工资水平和相对廉价的能源供应，共同促进了技术的快速发展，因为投资新技术显然是提高工人生产力和降低劳动力成本的一种方式。另外其他因素可能也起了作用：开放的科学文化解决了技术问题，随后风险资本家们将这些解决方案付诸实施并从中获利。

正如卡尔·波兰尼（Karl Polanyi）在他1944年的经典专著《大转型》（*The Great Transformation*）中所描述的那样，工业革命是民族国家和市场经济的特点的结合体，它创造了一个全新的“市场社会”。这种结合随后改变了人类行为的几乎所有方面，包括我们的思维方式。无论这些促进工业革命的因素间的结合大致是什么样的，但这样的结合一旦出现，工业革命的蔓延就无法阻止。工业革命与人类向农业的转变，甚至与16世纪现代世界和全球经济的诞生有一个关键的不同之处：在工业革命时期，人们充分意识到正在发生一场重大变革。这可能是由于发生在个体一生中的变化的速度，以及人与人之间更便利的交流，无论是物理上的交通，还是通过印刷文字的沟通都更便捷了。关于社会变化的信息流动性比过去大得多。事实上，法国特使路易-纪尧姆·奥托（Louis-Guillaume Otto）似乎是第一个使用“工业革命”一词的人，他在1799年写的一封信中宣布法国已进入工业化竞赛。[15]

那些受新工厂系统冲击最大的人也很清楚正在发生的事情。一个广为人知的事件，是手工业纺织工人破坏机器，以防止他们的工资持续下降。他们被称为“卢德分子”（Luddites），于1811年3月11日在诺丁汉的阿诺德发起了两千多人的大游行，然后砸毁了68台织机。[16]与此同时，浪漫主义运动也在谴责对田园诗般的乡村生活的破坏，并惊骇于城市生活的苦难和工人阶级的悲惨遭遇。他们强调了“自然”的重要性，将其与威廉·布莱克（William Blak）1804年在诗中著名的称之为“黑暗撒旦磨坊”的“可怕”机器和工厂对立起来。1845年，弗里德里希·恩格斯（Friedrich Engels）写道，“工业革命，一场同时改变了整个市民社会的革命”。[17]机器时代的到来及其许多影响在当时是显而易见的。

工业革命也使得科学革命进入了一个新阶段，因为新的财富流入英国，更多的钱被投资到寻求科学方法来解决那些几乎影响着社会各个方面的问题上。例如，1824 年，英国砖匠，后来成为建筑师的约瑟夫·阿斯普丁（Joseph Aspdin）获得了制造“波特兰水泥”的化学工艺专利，这种水泥如今已是对大多数建筑都必不可少的原料。这种工艺包括将黏土和石灰石的混合物加热到大约 1400 摄氏度，然后将其磨成细粉，从而与水、沙子和砾石混合以生产混凝土。而城市正是不折不扣地在这种水泥的基础之上建成的。工业革命还引发了高等教育体系的扩张，1826 年，英国建立了 600 多年来的第一所新大学——伦敦大学学院，开启了新一波现代大学的成立，这也促进了科学技术的进一步发展。

后来，人类可用的重要能源又多了一个：原油，来自海洋中浮游植物的化石。这使得制造业在 1870 年左右又向前迈了一大步。化石燃料产生的电力具有了更大的灵活性，并越来越多地应用于给工厂供电，使商品能够以前所未有的量级实现大规模生产。这一时期的主要科技进步包括电话和电灯，前者提高了信息流动的速度，后者增加了黄昏后还可以进行的工作种类。其结果是，大量由化石燃料所产生的能源开始用于制造、供暖、照明和运输。

工业革命对人口产生了明显的影响。到 1801 年，英格兰和威尔士的人口已达到 830 万；到了 1850 年，这一数字增加了一倍多，达到 1680 万。到 1901 年，它几乎又翻了一倍，达到3050万。随着工业革命蔓延到欧洲大陆、美国和日本，那些地方的人口也得到了增长，伦敦儿童的预期寿命大幅增加，1730年至1830年之间，5岁以下儿童的死亡率从几乎不可想象的75%降至32%。[18]据估算，1804年全球人口首次达到10亿：也就是说，在此之前，算上人类历史的全部时间才达到10亿，但到了仅仅123年后的1927年，全球人口便增加了一倍，达到20亿。

人口增加的一个原因是，历经了数千年之后，由农业革命——动物得到驯化和人类生活在更密集的定居点——而引发的传染病终于开始得到控制。其中的关键是处理越来越多的人类垃圾。在伦敦，是我们今天称之为"大恶臭"的历史现象，在1858年7月和8月改变了局面。那是个异常炎热的夏天，定期爆发的大规模霍乱夺去了成千上万人的生命，在当时，主流观点认为瘟疫是恶劣气味，即所谓的"瘴气"造成的，因此臭气引发了人们的强烈不满。土木工程师约瑟夫·巴扎尔·吉特提出了一个花费高昂的解决方案：修建1100英里长的街道下水道来连接82英里长的地下砖砌主下水道，以拦截未经处理的污水。这条地下砖砌主下水道之前一直都只是将未经处理的污水倾倒在伦敦下游的河水里，汇入泰晤士河。

新的下水道系统于1865年启用，用来解决这种气味。它还歪打正着地在饮水系统中消除了霍乱——因为它停止了污水对饮用水源的污染——并减少了伤寒和斑疹伤寒两种流行病的传播。其他城市纷纷效仿伦敦，并且自从“疾病细菌说”——认为是微生物导致了多种疾病的理论——从 19 世纪 50 年代被广泛接受，公共健康就得到巨大的改善，从而使城市人口进一步扩张。

要对 19 世纪新增的 10 亿人口做出一个更全面而准确的解释，就像解释工业革命的出现一样困难。排污系统等公共卫生工程加上更好的营养，很有可能大幅降低了人们对疾病的易感性。从根本上说，是新的高耗能资本主义生活方式导致人口增加，因为人们能够从陆地和海洋中提取更多的食物能源，并且科技的发展也提高了人类的健康水平。另外它也改变了人们的生活方式，让我们逐渐成为一个城市物种。新能源的可利用性再次成了创造一个新社会的关键要素。当这种新的工业资本主义生活方式和旧的商业农业社会相遇时，后者通常会被取代。惊人的变化正在发生，但这给环境带来了什么影响呢?

## 开启一系列环境变化

工业革命制造了许多环境问题，其中一些问题我们今天仍在努力去解决。通常情况下，一场污染危机会引发那些受影响者的强烈不满，于是他们便会施加压力以遏制污染的负面效应。最初，他们对煤炭使用的反应是反对家庭供暖所造成的前所未有的空气污染，受这种污染影响最大的是城市中心。这导致了1821年英国颁布了《消烟法》（the British Smoke Nuisance Abatement Act），但收效甚微。新的工厂系统每年都会释放出新的有毒化学物质，加剧对空气的污染。这催生了第一批大规模的，类似现代法律的环境法规：其中第一个是在1863年通过的《英国碱业法》（the British Alkali Acts），用于管制在勒布朗过程中释放出来的气态盐酸导致的空气污染，这种盐酸用于生产纯碱（碳酸钠），而碱溶液在砖、玻璃和棉花的生产中均有使用。

《碱业法》规定了排放限制和中央政府的工厂检查制度。为遏制这种污染，英国还任命了一名碱检查员和四名副检查员，这是科学家首次被雇用为公务员。他们主要的工作是弄清污染的来源，他们还有权命令一家工厂减少或停止这种污染。业界、科学家和政府的密切合作保证了工厂在副作用较小的前提下继续运转。

对《碱业法》的第一个应对策略是使气体凝结起来，从而捕获它们。这为产业带来了另一轮利润：曾经被浪费掉的盐酸被转化为次氯酸盐，并作为漂白剂出售给纺织工业。业界感到很满意，但检查员和公众却没那么开心，因为下面这种情况一次次出现：尽管单个工厂产生的污染变少了，但总污染随工厂总数的增加而增加。[19] 检查团的职责范围逐渐扩大，在又过了将近一个世纪的 1958 年新《碱业法》颁布后达到顶峰，将所有排放烟雾和灰尘的重工业都置于其监督之下。

随着工业革命的推进，其他工业污染源开始出现。例如，在 1812 年至 1820 年间，英国用煤炭生产煤气，以为城镇里新的煤气街灯提供能源，该技术是由著名的蒸汽机制造商博尔顿和瓦特公司开发的。煤气制造业产生了剧毒污水，这些污水被倾倒在下水道和河流中。产业家开始制造煤气后，居民们很快就开始抱怨。19 世纪 20 年代，这些煤气公司多次被伦敦金融城起诉，原因是这些公司污染泰晤士河，导致鱼类种群减少。最后，议会制定了新的法律，规范了有毒化学品向环境中的释放。[20]

在英国各地的工业城市，当地专家、改革者和直接受污染影响者都积极监察环境退化和污染问题，并发起了要求和推行改革的运动。最早的环保类非政府组织之一是 1898 年由艺术家威廉·布莱克爵士在里士满创立的减少煤烟协会。虽然一项早期的法律就要求过所有的熔炉和壁炉处理自己产生的烟雾，但要到 1926 年，《消烟法》才将其他排放，如烟尘、灰和悬浮颗粒物也纳入管制范围。而直到 1952 年发生了在几个月内造成 8000 人死亡的伦敦大烟雾事件（London Great Smog）后，1956 年的《清洁空气法案》（the Clean Air Act）才在一些城镇引入了“烟雾管制区”，在这些区域里，只能使用无烟燃料。

这就是工业革命与环境损害的典型模式。一种新技术被发明出来后，常常在不经意间产生一种新的污染物。在当地，人们的健康受到影响，财产受到损害，或当地环境和野生动物受到损害。政治压力越来越大，最终通过了新的环境法，污染得到了控制。这类事件序列的缺陷在于识别问题、制造足够的压力和实施解决方案都需要时间。英国用了一百多年才最终控制了燃烧煤炭造成的空气污染，而与汽车造成的空气污染的斗争仍在进行中。

在颁布和执行立法以限制空气污染的消极后果的斗争中，如果成功，可能会带来巨大的积极影响。根据卫生计量和评价研究所的数据，尽管许多国家都出台了相关法律，但在2015 年，空气污染还是造成了 550 万人死亡，占每年死亡总数的 10%。[21] 它是全球第四大死亡风险因素，也是第一大环境风险因素。与空气污染相关的死亡人数超过了汽车事故（每年 140 万人），或所有集体和人际暴力加上战争的死亡人数的总和（每年 60 万人）。[22]

大约一半的空气污染死亡是由室内空气污染造成的，其中最大的成因是用柴火做饭。然而，另外一半来自越来越多的汽车和工业造成的室外空气污染，一些城市如墨西哥城、北京和孟买受到的影响越来越大。据英国皇家医师学院估计，即使在英国这个最早颁布减少空气污染法律的国家，每年仍有 4 万多人因室外空气污染而过早死亡，主要原因是道路交通所排放的微粒和氧化亚氮。[23]保护人类健康免受工业污染的斗争，就像在打一个不断变换方位的活靶。

许多工业污染物不仅对人们的健康和环境有害，而且也被捕获在世界各地的地质沉积物中。在地质档案中，工业革命分布最广泛的标志之一是球形碳质颗粒，它是化石燃料高温燃烧后产生的。这些颗粒是由煤粒或油滴的不完全燃烧形成的，它们进入大气层，然后沉积在湖泊或海洋中，因而进入地质沉积物。如图 6.2 所示，这些颗粒的数量是显示世界不同地区何时开始加速使用化石燃料的良好指标，因为目前还没有已知的球形碳质颗粒的自然来源，它们的典型大小和形状也很清楚，因此很容易识别。这些污染物从 19 世纪中期就可以在欧洲被探测到，后来在亚洲也可以看到化石燃料的使用，到了 20 世纪下半叶，污染物和它们的生物成分也开始出现在湖泊沉积物中[24]：在 19 世纪中期可以看到明显的人类活动的痕迹，特别是 1950 年以后，这种影响更大了。[25]

记录工业革命带来的一系列发展的最好的一种沉积物来自纽约最后的盐沼地之一。[26]从这片 1.6 米长的沼泽底部开始，我们首先看到沉积物中捕捉到的花粉的特征发生了变化，这表明欧洲人在 17 世纪时清理了附近的土地。从 1730 年开始，可以从沉积物中看到铅污染，它最初来自制革厂。第一次世界大战期间，铅的使用量和产量大幅增加，但紧接着在 20 世纪 30 年代的大萧条中又下降了。此后，铅沉积量长期稳步地

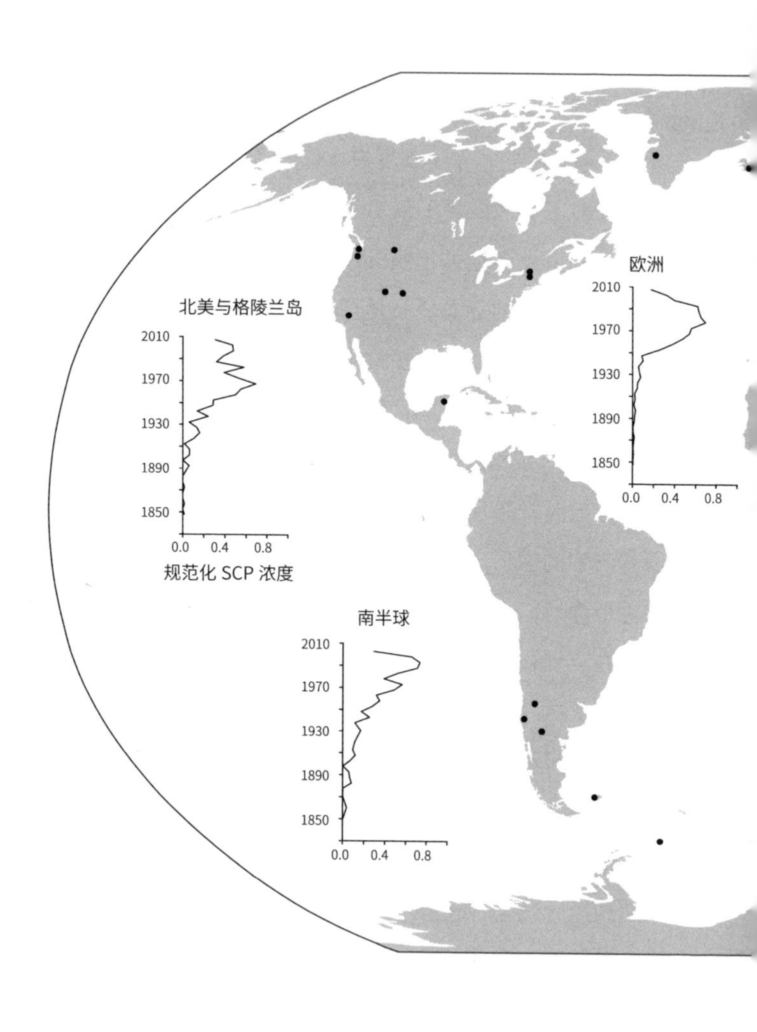


图 6.2　对矿物燃料高温燃烧形成的球形碳颗粒（SCP）的沉积核位置进行了计算。插图显示，随着世界各地越来越多地使用化石燃料，这些粒子在每个大陆的存在时间越来越长。[27]

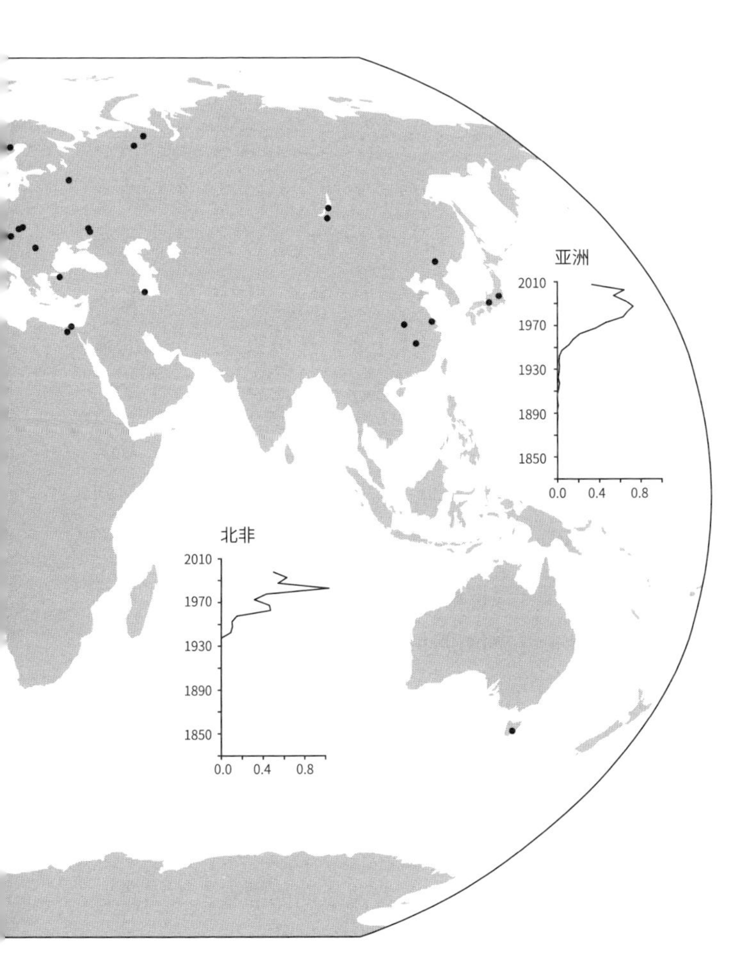
亚洲
2010
1970
1930
1890
1850
0.0
0.4
0.8
北非
2010
1970
1930
1890
1850
0.0
0.4
0.8

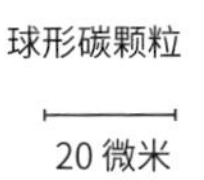
球形碳颗粒
20 微米

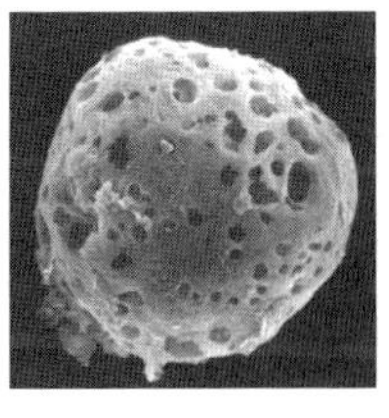

增长，在 1974 年达到峰值，随后因同年美国《清洁空气法案》（the US Clean Air Act）的生效，沉积物中的铅含量急剧下降。

通过分析不同铅同位素比值的变化，人们得以发现更多细节：我们可以确定的是，1827 年该地区进行了第一次区域性工业煤炭生产，1923 年含铅汽油被引入，并在 20 世纪 90 年代之前的一段时间被逐步淘汰。我们还可以看到更多的地区性事件，例如为垃圾处理引入焚烧炉，这导致了高水平的镉和其他金属的沉积，在后来禁止焚烧炉后它们的数量就减少了。沉积物还记载了全球性的事件：1954 年，首次检测到由于核武器试验而产生的放射性沉降物，其中放射性沉降物的峰值与 1963 年部分禁止进行核试验的决定时间相符。来自其他工业城市的沉积物将讲述它们自己的污染和变化故事，其间会穿插着一些常见的全球性信号，比如核试验的沉降物。

## 创造超间冰期

在第四章中，我们看到，随着间冰期的继续，人类将自然植被转化成农田，这增加了大气中的二氧化碳含量，抵消了全新世中二氧化碳的预期下降。这为全球平均温度和其他气候条件增加了不寻常的稳定性。农业推迟了下一个冰期的到来，为复杂文明的形成提供了更多的时间。接着在第 5 章中，我们看到整个美洲的农业中止暂时起了一个相反的作用，给全球带来了长达一个世纪的较凉爽的气候条件，也给许多文化造成了大量的不利影响。与煤炭和其他化石燃料的日益广泛使用所导致的二氧化碳含量增加相比，这些变化并不是很大。随着时间的推移，工业革命逐渐创造了生物学意义上的现代人类有史以来的 20 万年中从未经历过的环境条件。化石燃料的使用创造了一个超级间冰期。

通过与此前的变化相比较，我们可以看出工业革命对全球碳循环影响的速度和规模都是惊人的。早期农民的活动使大气中的二氧化碳从大约 7000 年前的 260 ppm 上升到工业革命开始时的 280 ppm，平均每年上升 0.003 ppm。美洲的人口减少导致二氧化碳含量的奥比斯值在不到 100 年的时间里以每年 0.07 ppm 的速度下降，这比农耕者在数千年的时间里所造成的变化还要大一个数量级。在工业革命期间，二氧化碳浓度以大概每年 0.6ppm 的速度增长，从最初的 280 ppm 左右上升到 2016 年的 404 ppm，这个增长的数量级是前所未有的。在更宏观的地质背景下，从末次盛冰期到全新世的开始之间，大气中二氧化碳的变化大约是 80ppm，这发生在大约 7000 年的时间里，每年的增速是 0.01ppm。也就是说，人类活动正在以比地球从冰期向间冰期过渡更快的速度改变全球碳循环。

自 1958 年以来，人们可以直接对大气中的二氧化碳进行测量，而无需依赖冰芯，这也提高了测量的准确性。经测量，夏威夷远离污染源的毛纳洛亚山顶附近，海拔 3 397 米处，自

1958年以来二氧化碳的浓度平均每年增加1.5 ppm，这几乎是工业革命早期的7倍。2015年，二氧化碳的增长率是20世纪下半叶长期增长率的两倍，这是有史以来最高的一次，一共增加了3.02 ppm。自工业革命以来，人类行为改变全球碳循环的速度始终要比冰期结束后自然变化的速度快。自20世纪50年代以来，这一速度增长了十倍甚至更多。自工业革命以来，由于化石燃料和更多土地被转化成农田，大气中的二氧化碳增加了2.2万亿吨，现在大气中的二氧化碳含量达到了至少80万年来，也有可能是几百万年来的最高水平。[28] 这些增长大多是在过去五十年中发生的。

有明确的证据表明，这些人为因素造成的温室气体正在改变我们的气候。19世纪20年代人们开始利用地质沉积物进行历史气候模型重建，可以看出从那时起，海洋和陆地就已经开始变暖。[29] 这些变化包括全球平均气温比工业革命之前高了1摄氏度，特别是在20世纪70年代初之后上升速度格外快。全球范围内出现异常高温的周期越来越短。[30] 在欧洲，此前典型的百年一遇的极端事件已经成为十年就会发生一次的事件。因为我们所经历的气候是由自然因素和人为因素两方面共同决定的，其中人为因素的占比越来越大，我们正慢慢地改变某些极端气候事件的概率。我们的行为正在加大气候变化的风险，使极端高温更频繁地出现。这些事件会导致死亡率上升，老年人受到的影响尤其大。仅在2003年，欧洲热浪就造成约 7 万人死亡。[31]

降雨的季节性和强度也发生了重大变化，天气模式发生了改变，北冰洋的海冰和几乎所有大陆冰川都出现了明显的融化。据估计，格陵兰每年正在流失超过 2000 亿吨的冰，是上世纪 90 年代初的六倍；南极洲每年大约流失 1500 亿吨冰，是上世纪 90 年代初的五倍。在过去的 100 年里，热膨胀和陆地上由于冰川消融后水量的增加，使得全球平均海平面上升了 20 多厘米，而且随着时间的推移，上升速度还在加快。[32]

继续燃烧化石燃料将不可避免地导致海平面进一步上升、出现极端天气和气候持续变暖。展望 2100 年，气候系统的复杂性将使得确切的变暖幅度难以预测，尤其是我们人类在本世纪剩余时间里将排放多少关键的温室气体这个最大的影响因素未知的情况下。政府间气候变化专门委员会构建了四种排放场景，称作四种代表性浓度路线（Representative Concentration Pathways，简称 RCPs），以研究未来气候变化的可能范围。[33] 这几条路线详细描述了地球系统在几种场景下的能量不平衡，以每平方米的瓦特数为单位对 2100 年进行预测——RCP 数值越大，变暖幅度就越大。所谓的辐射作用量（radiative forcing），就是地球吸收的来自太阳的能量（日晒）与辐射回太空的能量之间的差值；正数意味着地球变暖，因为它接收的能量比它失去的要多。例如，在一切照常发展的情况下，与工业化前的水平相比，2100 年的 RCP 将为 8.5，这意味着在 2100 年的时候每平方米的辐射作用量要多 8.5 瓦特。

这四种代表性浓度路线包括了不同的关于能源供应变化、世界贸易和世界人口增长的重要假设。除了 RCP8.5，还有 RCP2.6 的情景显示排放和辐射作用量在某一点达到峰值，然后在出台严格限制温室气体在大气中的排放的规定之后下降。另外两种情景显示，2100 年后，全球变暖将稳定在两个中间水平，即 RCP4.5 和 RCP6。

RCP2.6，即对气候变化采取强有力的行动的情景，和不采取任何行动的 RCP8.5 情景之间的差异几乎大到难以想象：在严控排放的情况下，2100 年的气温将比工业化前的水平高 1.6 摄氏度，而在不采取任何行动的情况下，将会高出 4.3 摄氏度，甚至可能达到 5.4 摄氏度之多。只有 RCP2.6 的情景可能会将全球变暖保持在许多决策者认为危险的水平以下：比工业化前高出 2 摄氏度。从地质的角度来看这些变化，地球的全球平均气温上下限之间的差值大约是 4–5 摄氏度：即当冰川达到最大范围时——当英国和北美大多数地区被厚达两英里的冰块覆盖时——的气温和人类文明能够发展繁荣的温暖的间冰期之间气温的差值。

随着气温的上升，海洋表面附近的水会变暖并膨胀，加上陆地上的冰融化后也将汇入海洋。因此，预计海平面将上升，对沿海城市、低洼三角洲和小岛造成威胁。虽然由于难以模拟冰盖对气候变暖的反应，我们对海平面上升幅度的评估并不能做到准确，但 RCP2.6 意味着本世纪海平面将上升 0.25 至 0.8 米，低于 RCP8.5 下预测的 0.5 至 1.3 米。此外，预计冰雪覆盖率和海冰范围将继续减少，并且一些模型表明，到 21 世纪下半叶，北极可能在夏末时无冰。这将危及依赖寒冷栖息地的物种，比如北极熊。热浪、极端降雨事件和山洪暴发的风险预计将加大，对健康、生态系统、人类栖息地和安全都构成威胁。[34]

预计在 2100 年发生的海平面上升并没有全面反映气候变暖的长期影响，因为在大陆尺度上的冰盖开始崩塌之前，还存在着一段很长的惯性期。纵观过去，大约三百万年前的空气二氧化碳含量与如今的 400ppm 相似，但现在的海平面比当时高出 10—30 米。我们还可以看看以前的间冰期，大约 12 万年前的气温与今天相似，但二氧化碳含量更低，只有 280 ppm。现在的海平面比当时高出 6—9 米。对 2500 年的模型推演表明，在 RCP2.6 的设想情景下，我们将避免届时海平面发生灾难性的上升，但如果沿着排放量高的 RCP8.5 故事线发展，南极洲的拉尔森 C 冰架将在 21 世纪五十年代崩塌和融化。到了公元 2500 年之前，平均海平面将比现在高出 15 米左右。[35] 这将摧毁现在的海岸线，包括数百个城市和数十亿人的家园。

正如古时候的狩猎–采集者学习杀死更多的巨型动物最后被证明其实是一个进步的陷阱一样，化石燃料也是一个进步的陷阱。也就是说，化石燃料的使用在一段时期里对社会有利，但如果继续使用更多的话，由此产生的气候变化将破坏社会进步；如果我们不做出改变的话，最终很可能会逆转社会进步。在某个程度上来说，如今我们寻找和燃烧更多化石燃料的能力不断提高，但这从根本上颠覆了使用化石燃料带来的好处。

海平面上升通常被认为是气候变化对海洋系统的主要影响。但通过对海洋化学成分的直接测量，人们发现气候变化还导致了海洋酸化，因为大气中的二氧化碳会在海洋表面的水中溶解。这是由两个主要因素控制的：大气中的二氧化碳含量和海洋温度。海洋已经吸收了约三分之一人类活动产生的二氧化碳，导致海洋酸碱度一直下降。虽然海水 pH 值超过 7，是轻度碱性的，而且工业革命只让它减少了大约 0.1 个 pH 值单位，这看起来似乎并不是多大的变化。然而，pH 值是溶液中氢离子数量的对数比例，意思是每个单位代表了 10 倍的增长。到目前为止，这一变化表明海水中的氢离子增加了 30%。

一些海洋生物，如珊瑚、有孔虫、颗石藻和贝类，它们由碳酸钙组成的壳，在酸性水域更难成形。氢离子的增加使得海水中形成了更多的碳酸氢盐（而不是碳酸盐），但在这种海水中成壳的机能无法得到发挥。它们的壳在酸性更高的水中也更容易溶解。实验室和现场实验显示，在二氧化碳浓度偏高的条件下，酸性较高的海水会导致一些海洋物种的壳变得畸形，并且降低它们的生长速度，尽管其影响因物种而异。

酸化还改变了海洋中营养物质和许多其他元素及化合物的循环，并且很可能改变物种之间的相对竞争优势，进而对海洋生态系统和食物网产生影响。鉴于鱼类为31亿人的饮食提供了20%的蛋白质，海洋生态系统的变化是与化石燃料排放有关的另一个需要密切关注的问题。随着大气中二氧化碳含量的不断增加，溶解在海洋中的二氧化碳量也会随之增加。

工业革命将一种强大的能源——化石形式的浓缩太阳能——与科学革命带来的知识和资本主义的社会组织模式相结合，从而产生了改变世界的影响。这不是发生在18世纪后期的一个孤立事件：自这场持续到如今的工业革命开启以来，新的技术知识和新的投资已经造成了一系列变化。技术在变化，人们关于社会应该如何运行以及社会进步应该符合谁的利益的想法也在变化。第一次世界大战后，对工业资本主义生活方式的一个挑战，就是发展出了一种竞争性的组织社会的方式——国家共产主义，它在西方也获得了一些支持。社会学家舒尔茨认为，到1945年，美国官员普遍极为忧虑，以至于他们开始相信，建立新的世界秩序是防止发生革命，继而社会动荡的唯一保证。[36]意识形态的冲突将重塑全球经济，并且加速对地球产生影响。

第七章

CHAPTER 7

# 全球化 2.0，大加速

“权力越大，滥用权力的危险就越大。”

埃德蒙·伯克，选举演讲，1771 年

“极度高产的经济要求我们把消费变成我们的生活方式，要求我们把购买和使用商品变成仪式，要求我们在消费中寻求精神满足和自我满足……我们需要以越来越高的速度来消费、燃烧、用坏、替换和丢弃物品。”

维克托·勒博，《零售期刊》，1955 年工业革命不仅带来了新的生产技术，也带来了更高效的杀人方法。第一次世界大战是历史上最为致命的战争之一，它导致 1700 多万人死亡，2000 多万人负伤，这本应是一场“终结所有战争的战争”。然而仅在它结束 21 年后，欧洲却又处在了第二次世界大战的中心，这第二场战争牵涉进了数十个国家，并蔓延至全球。它夺去了约 5000 万到 8000 万人的生命，比“一战”的两倍还多。70 多年过去了，迄今为止人类成功地避免了第三次世界大战的发生。然而人们对这两场毁灭性战争的反应截然不同，这些反应对社会、环境以及地球系统也产生了不同的影响。

第一次世界大战后，为了维护世界和平，国际联盟于 1920 年成立。尽管国际联盟最初的确取得了一些成功，在 1934 年时成员国的数量达到了 58 个，但由于它未能妥善解决战争债务，以及处理好各国之间如何互动这一问题——特别是，它没能决定各国该如何通过货币汇率建立联系——它最终仍被广泛认为以失败告终。战争结束后，英国欠了美国一大笔钱却无力偿还，因为英国在战争期间已将这笔钱用于支援盟国。而由于这些盟国在战争中受到了严重损害，他们同样无法还付这笔债款：于是，就出现了一条债务链。在凡尔赛和平会议上，法国、英国和美国商议决定由德国来偿还这些债务，彼时这些战争赔款就相当于 2017 年的 4000 多亿美元。

如此规模的赔款必然不可行，它最终使德国出现了严重的经济问题：最后德国无力支付赔款。这意味着，预期中从德国流向法国的资本流动长链未能实现，法国也无法偿还英国，而英国因此也无法偿还给美国。此外，美国还出现了一股投机热潮，因此世界各地银行资产负债表上的许多“资产”实际上都是无法收回的贷款。1929 年，美国经历了历史上最大的股市崩盘，伦敦股市也受到连带影响。1931 年，英国货币退出了以黄金为固定汇率的“金本位制”，英镑因此贬值，人们担心美国也会步其后尘。而信贷流动的枯竭最终也以一场重大的银行业危机而告终。尽管关于这些现象的因果关系和相互作用，人们仍在争论不休，但国际金融体系确确实实地遭到了削弱，20 世纪 30 年代，全球经济大萧条降临了。

与此同时，整个欧洲的民族主义正在抬头，其中不乏有人想要收回在此前的大战中失去的领土。在德国，大萧条导致两年内公共支出削减了 30%，银行纷纷倒闭，同时 1932 年的失业率也达到了 30%。1932 年 7 月的德国大选宣传活动是由忌惮共产主义的富有企业主们出资的，其结果是 19% 的选民倒向了纳粹党，因此纳粹党在德国国会获得了最多数席位，但并未过半。之后又举行了多次选举、实业家们投入了更多的钱，街头暴力活动也逐渐增加，直至 1933 年阿道夫 · 希特勒夺取政权，并在次年全面实行独裁统治。1939 年 9 月 1 日德国入侵波兰通常被认为是第二次世界大战的正式开端。虽然历史学家关于战争的各个起因之间权重高低这一问题仍存有争议，但由于第一次世界大战的余波以及战后的国际关系——尤其是经济关系——问题都未得到解决，因此在“二战”爆发的起因中，这两个因素必然起到了重要作用。

第二次世界大战后，来自中国、苏联、英国以及美国的代表们召开会议，制定了一项维持和平的计划，其中就包括为解决经济、社会以及人道主义问题而进行的国际合作。在华盛顿特区举行的敦巴顿橡树会议为 1945 年《联合国宪章》和联合国安理会奠定了基础。

在以美国为首的同盟国集团内部，合作则更进了一步。合作中有三大主要支柱。第一是汇率。人们认为，在两次世界大战期间，汇率的失调加剧了政治局势的紧张。为应对这一局面，1944 年战争仍在进行时，全部 44 个盟国就在新罕布什尔州的布雷顿森林召开了会议。为了控制汇率，各国同意将汇率与美元挂钩，而美元则与黄金挂钩。各国还同意控制本国货币的供应，并把本币汇率限制在目标汇率的 1% 以内。

布雷顿森林体系促成了国际货币基金组织的成立，其职责是在国家收支出现问题时向其提供货币贷款以维持汇率。虽然苏联拒绝承认布雷顿森林协议，但一个新的全球金融体系还是诞生了。美国处在了这个新经济秩序的中心，并成了世界上最强大的国家，其文化价值观（包括大众消费主义）开始主导全球许多社会，并对自然环境造成巨大冲击。

第二个合作领域则是国际贸易。《关税及贸易总协定》于 1948 年生效，它的目的是减少或消除一切贸易壁垒，无论是关税、配额还是其他障碍。该协定影响深远：从 1948 年开始，直到 2005 年关贸总协定被世界贸易组织取代之前，世界贸易总额每年都增长了 6% 以上。关贸总协定进一步推动了世界各国文化的紧密联系，使它们形成一个互相联系的单一全球网络，从而实现了创造更大的全球市场这一重要影响。新关贸总协定的规则与反殖民斗争和民族独立运动相结合，制造了许多更加独立的国家，而这些国家都需要美元——事实上美元就等同于世界货币，因为它与黄金挂钩——这促使几乎每个想要存活的国家都去生产用于出口的产品。煤炭、石油、金属、矿产、木材和农业生产呈现爆炸式的增长。

第三个主要支柱则是国际经济体系需要政府的持续干预这一观点。在 20 世纪 30 年代全球经济崩溃和大萧条之后，对国家经济的管理已成为政府的一项重要活动。其中的许多重要理念都来自英国经济学家约翰·梅纳德·凯恩斯（John

Maynard Keynes）及其在 1936 年出版的著作《就业、利息和货币通论》（*The General Theory of Employment, Interest and Money*）。凯恩斯主张经济衰退出现时引入投资的政策——例如，他建议政府在基础设施方面进行大量投资。这种基础设施，如港口和公路网，可增强国家内部以及国家间的联系，进一步将生产领域与消费市场连接起来。

然而，要想将世界纳入一个单一的新世界秩序，人们还面临着一个关键问题，即世界上存在着两个强大的阵营。虽然在第二次世界大战中，他们站在了同一方来对抗纳粹德国的法西斯主义，但他们对人类社会应该如何组织却有着截然不同的理念。在西方，社会理想是人们在阶级社会内享有个人自由，工厂和其他生产资料归少数人私有，其余人则为工资而劳动，商品分配由市场价格机制调控。在苏联和中国，理想状态则是一个无阶级社会，工厂和其他生产资料归全体公民所有并管理，政府根据准则来计划生产和分配商品：即根据每个人的能力和需求来制定分配计划。这两种相互竞争的意识形态产生了两种深远影响，从而导致环境问题日趋严重。

对西方来说，危机就在于普通劳动人民可能会更想选择共产主义。于是普通公民的福利得到了前所未有的关注。就业、稳定性和经济增长已成为国家和国际政策的重要主题，政府干预被广泛使用，以换取日益活跃的经济活动所预期的成果。公立教育、医疗保健设施和住房得到了极大改善。失业人员有收入保障，老年人有养老金，就业人员则拥有更高的工资。国内工会的力量以及外国国家共产主义的存在，导致各阶级间达成了一项对普通公民更有利的新协议。这形成了一个自我强化的反馈环：快速增长的全球商品产量可由获得更高工资的西方公民购买，这样供需双方就会共同促进消费水平的提高，其中快速增长的中产阶级扮演了尤为重要的角色。不断增加的生产和消费在当时是可行的，但同时人们对环境的负面影响之增速也已远超人口增长的速度。

这种意识形态上的竞争，导致苏联以及其他属于东方阵营的国家和以美国为首的西方国家竞相在经济领域内实现尽可能高水平的工业化。这是一场技术竞赛，目的是展示各自社会组织体系的优越性，而由于每个阵营都想要获得竞争优势，于是科学方面的总投资量达到了有史以来的最大值。这样做的后果则是制造了更多的核弹头，在 1986 年总数甚至达到了 69368 枚，这意味着科学探索的深入正在对人类文明本身构成威胁。[1] 另一个关于发展的困境也已出现，因为杀人方法得到了进一步的发展，人类已从比拼谁的长矛更锋利，变成了比拼谁的枪支更先进，进而变成了争相发展一项致命的技术——你一旦真的将它付诸实施，就必然导致你自己的灭顶之灾。发展始终存在，但并非所有的发展都是进步。

尽管有些畅销科学书籍对环境面临的威胁发出了警告，包括 1948 年出版的威廉·沃格特（William Vogt）的《生存之路》

（*Road to Survival*）和费尔菲尔德·奥斯本（Fairfield Osborn）的《被掠夺的星球》(*Our Plundered Planet*)，但这些书都遭到了左派（认为它们不关注更迫在眉睫的、人们的贫困问题）、右派（指控它们提倡国家管制）、商界领袖（认为它们攻击资本主义）和宗教领袖（因为它们呼吁生育控制）的攻击，因此几乎没有产生什么影响。这导致在这场争夺霸权的地缘政治斗争初期，几乎没有人关注过环境问题。

人口迅速增长、工业化竞赛、不断进行再投资以生产更多商品的动力以及全球能源和资源使用的大规模扩张，意味着人类对地球系统的影响已上升到前所未有的程度。环境历史学家经常把 1945 年后的这个时期称为“大加速”，以呼应卡尔·波兰尼在《大转型》中的观点。他认为，实行市场经济的民族国家产生了一个全新的市场社会，这个社会与此前一切社会都截然不同。顺着这个逻辑，那么“大加速”就是市场社会日益增长的环境影响的最新体现。[2]

## 加速地球系统的变化

战后，有更多新药被开发出来，人们的生活条件得到改善，农业领域还出现了所谓的“绿色革命”。这些现象共同降低了由常见疾病造成的婴儿死亡率，同时也让更多的粮食被生产出来。全球人口因此空前增长。1950 年全球人口为 25 亿，到 2017 年已增至 75 亿，在 65 年的时间里增加了整整 50 亿人口。就质量而言，目前所有人类的身体重量加在一起约为 3.75 亿吨，而 1900 年时仅有 7800 万吨。自 1950 年以来，人类平均每个月都会为地球增加 200 万只家养反刍动物，但我们的数量仍然比任何其他大型哺乳动物都多。我们的总质量足有世界上所有的野生陆地哺乳动物的质量总和的 16 倍之多。[3]

人口增长的最高速度出现在 20 世纪 60 年代，当时全球人口每年增长 2%。到 2016 年，人口增长率下降到 1.1%，这意味着我们在那一年里新增了 8300 万人。人口的增速正在下降，无论是按百分比计算的增长率，还是按每年全球人口增加的绝对数量，都在下降。因此，直到最近，人口增长速度才首次回落到了低于指数增速（也就是说，在此之前人口翻倍所需的时间一直在减少）。然而，在这个"大加速"的时期，我们的人口并没有相应地"大幅加速增长"：21 世纪内人口不会再翻一番，达到 150 亿。根据联合国的预测，到 2050 年世界人口将增长到 98 亿。而在这个时间点之后会发生什么就不那么确定了：它可能最终稳定下来，继续缓慢上升，甚至可能略有下降，但人们对 21 世纪末人口数目的估测中间值为 112 亿。[4]

不管地球人口的长期变化会是怎样的，但很可能在未来的 30 年里，地球上将再多出 20 亿人。这种人口的大量绝对增长之所以会发生，是因为随着国家的发展，它们经历了从高出生率—高死亡率到低出生率—低死亡率的过渡，而死亡率下降得比较早，出生率下降所用的时间则要长很多。婴儿和产妇的死亡率是第一个下降的，这要归功于卫生和医疗条件的改善，特别是免疫计划的出现。社会向低出生率的转变通常需要更长的时间，而正是两者之间的时间差造成了人口的大幅增长。这就是为什么总体而言，人口增长最快的是那些尚未经历人口学过渡的最贫困国家。降低生育率最有效的方法是投资妇女教育，使她们至少达到中等教育水平。受过教育的女性就会掌控自己的生育计划。[5]

在大加速期间，为了给越来越多的人口提供燃料，能源使用量再次上升。现在，平均每个美国人为了给他们自己、他们的汽车、家庭和日常生活提供能量，其总功率超过 10000 瓦特[6]。这相当于点亮大约 160 个老式灯泡，是工业化前农耕者的功耗——2000 瓦特的 5 倍，如我们在第 4 章中看到的。今天，人类的总能耗相当于点亮 2800 亿个灯泡，也就是 17 万亿瓦，尽管其中大部分是被收入较高的人所使用。这相当于世界上所有热带雨林中的树木通过光合作用获取的能量的一半。增加的能源使用主要来自化石燃料，如图 7.1 所示。为了将其置于地质学的背景下，我们必须回顾大约 4.7 亿年前陆地表面所覆盖的植物的进化，借以窥见另一个地球生命突然获得如此巨大的新能量来源的时代。

1945 年以后，地球系统中有关人类部分的其他份额也迅速增长。粮食产量的增加导致了更多的淡水和化肥的使用，

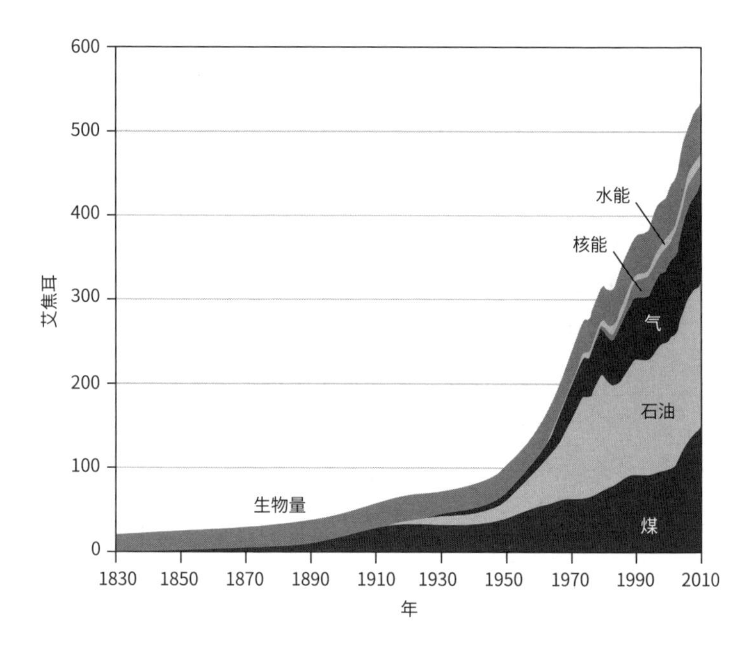


图 7.1　1830—2010 年全球能源消耗上升，单位：焦耳。前缀 exa-（艾）表示在所示数字上加 18 个零。目前的能源消耗大约是 550 艾焦耳，相当于 550 兆焦耳，或者换句话说是 550 万亿焦耳。一焦耳大约是将一个 100 克物体垂直提升到离地球表面一米的高度所需要的能量。[7]

而大规模生产的商品，如汽车，数量也迅速增加，到 2015 年时约为 13 亿辆，如图 7.2 所示。这些变化改变了地球系统的其他部分，包括图 7.3 所示的大气层、图 7.4 所示的海洋、图 7.5 所示的陆地表面和更广阔的生物圈。总的来说，它们表明我们的地球家园正在发生越来越大的变化；人类在地球上留下的印记越来越显著。

将能源、工业化与养活越来越多人口的能力结合在一起，有一种方式就是固定大气中的氮来生产农作物的肥料。20 世纪初，哈伯法（the Haber-Bosch process）的发明使将氮转化为氨成为可能。它的发明者，德国化学家弗里茨・哈伯（Fritz Haber）和卡尔・博施（Carl Bosch），开发出了这个高温高压下用金属催化剂使大气中的氮气和氢气反应的做法。起初，他们想制造威力强大的炸药。事实上，如果没有哈伯和博施的这个发明，20 世纪远远不会这么血腥。这个发明也有另一个用途：制造氮肥。

在全球范围内，现在每年有 1.15 亿吨大气中的氮被固定下来，用作肥料，主要以无水氨、硝酸铵和尿素的形式存在。这些肥料，再加上高产的作物品种和杀虫剂，在过去一个世纪里将农业土地的生产力提高了四倍，使数十亿人得以生存下来。如果没有化肥，要生产出和现在一样多的粮食，可能需要三倍的农田面积。考虑到大部分尚未种植作物的土地都不适宜种植，很难想象没有这些作物，75 亿人将如何养活。

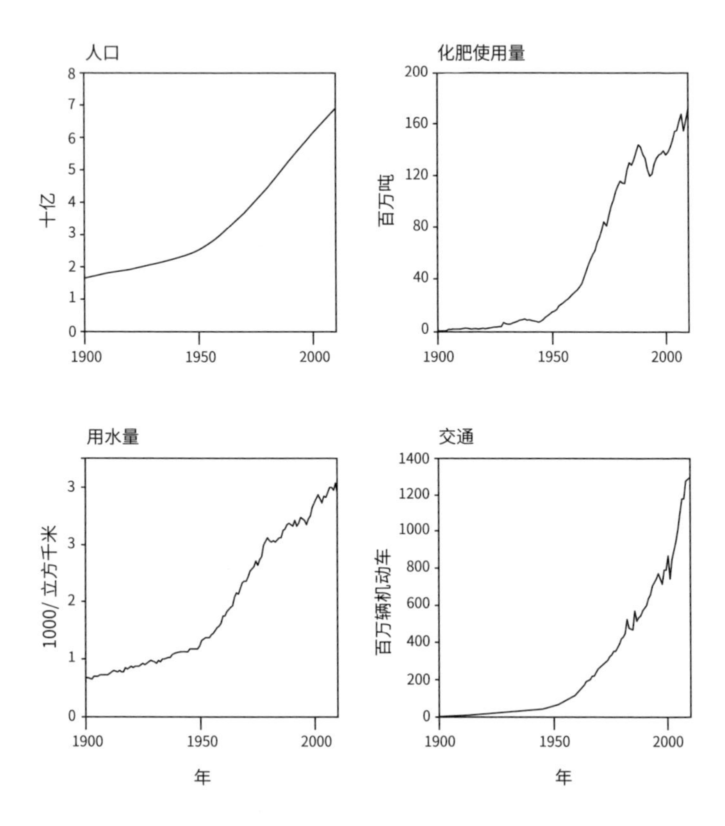


图 7.2　1900 年至 2010 年间地球系统人类组成部分的变化。[8]

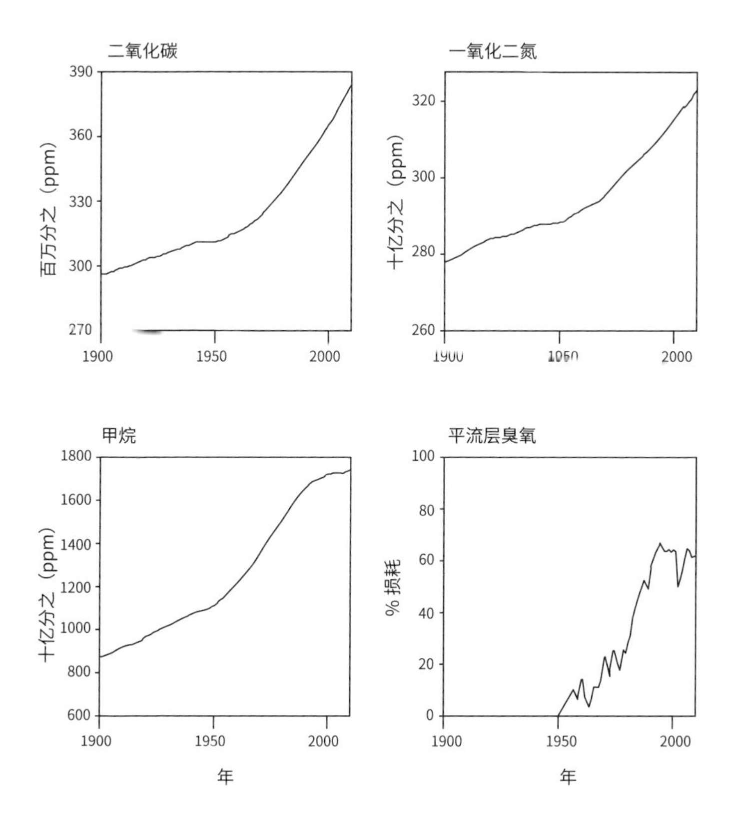


图 7.3　1900 年至 2010 年间地球系统大气成分的变化。[9]

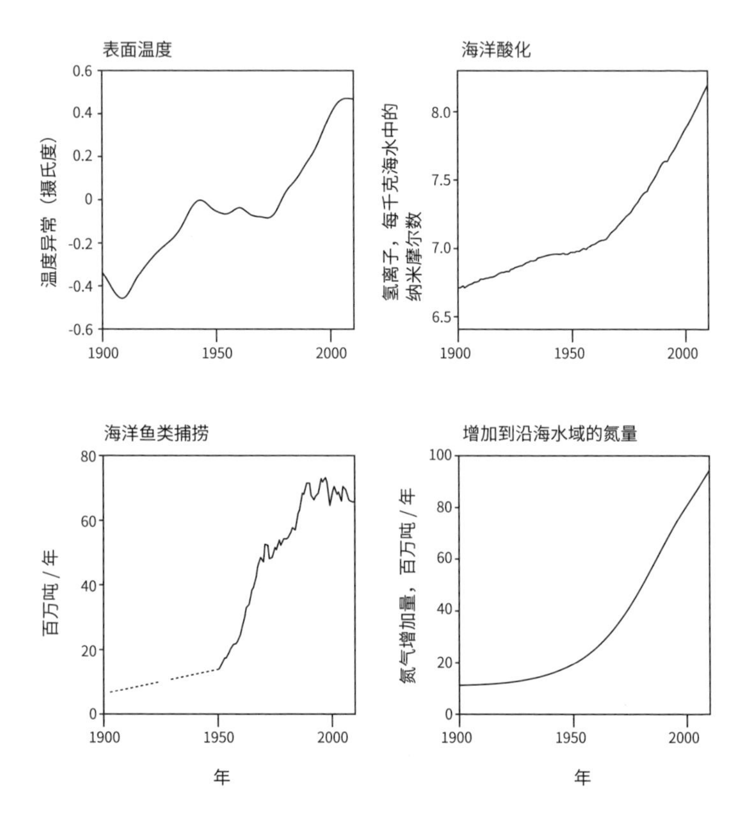


图 7.4　1900 年至 2010 年间地球系统海洋成分的变化。1 纳米摩尔是十亿分之一摩尔，其中 1 摩尔是一种物质的量，这里指的是氢离子的分子数与 12 克碳 -12 同位素中的分子数相同。[10]

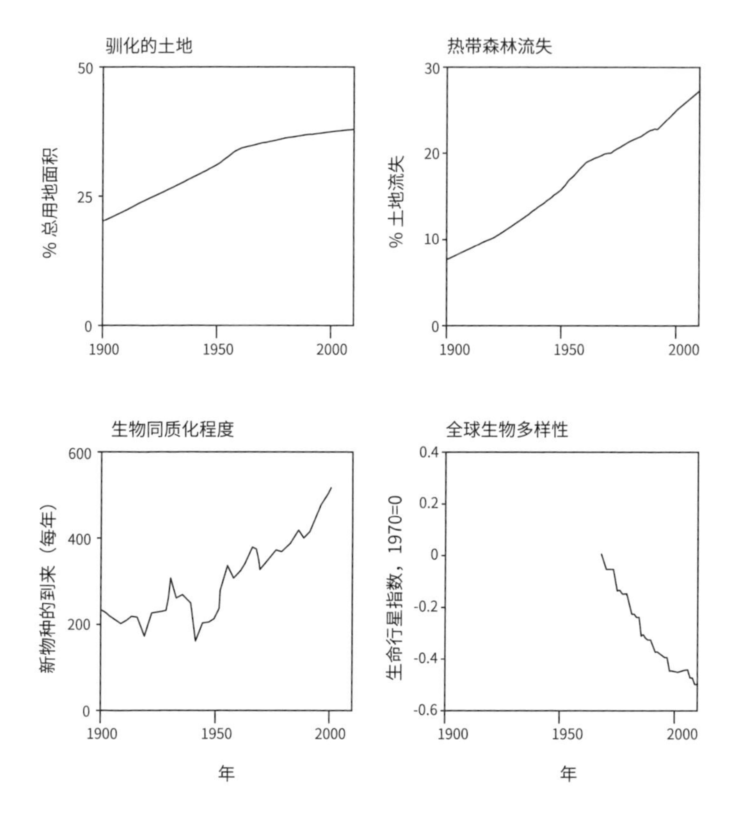


图 7.5　1900 年至 2010 年期间地球系统陆地表面和生物圈组成部分的变化。生物同质化程度（左下）记录了每年到达一个新地区的非本地物种数量。生命行星指数（右下）根据鱼类、两栖动物、爬行动物、鸟类和哺乳动物种群的变化记录了全球生物多样性的总体变化。[11]

尽管化肥有很多好处，但它们的使用造成了营养物质的过剩，特别是氮（如图 7.4 所示）和磷进入淡水和沿海海域，通过一种被称为富营养化的过程破坏了水生生态系统。这一过程是自然发生的，当营养物质随着湖泊逐渐老化而积累，并变得更多产，这通常需要数千年的时间。人为富营养化是指过多的人为制造的营养物质导致藻类种群的高增长率。当这些藻类死亡时，其腐烂会耗尽水中的氧气。这样的富营养化也可能导致有毒的藻华。氧含量过低和毒性都会导致动植物死亡率的上升。在海岸，富营养化可以造成所谓的死水区（dead zones），那里几乎没有生命存活。这些接近无生命地带的区域现在遍布全球数百个地点，覆盖了超过 24.5 万平方公里的海洋。[12]

哈伯-博施过程除了带来了众多积极和消极影响，它本身也是高度能源密集的。全球约 3% 至 5% 的天然气生产，以及约 1% 至 2% 的能源供应，都消耗在了固定大气氮供人类使用上。这种化石燃料的燃烧不仅影响全球碳循环，也在推动全球氮循环的变化。我们造成的氮循环变化可以说比我们对碳循环的干预更大：目前人类活动固定的大气氮量与其他所有自然过程加起来的总和大致相同。换言之，我们将氮循环的强度增加了一倍。

这是地球系统的一个关键变化，因为氮和碳一样，是生命的另一个基本组成部分，是 DNA 和蛋白质的构成材料。所谓的现代氮循环是在大氧化事件发生的同时发展起来的，这一事件永久性地改变了地球的大气层，使其包含自由氧。一旦氧气成为许多新生命形式的燃料，就会有强大的选择压力迫使人们以生物学方式固定大气中的氮。总的来说，地球氮循环此前一直稳定不变，直到哈伯法的发明。也就是说，我们人类对全球氮循环的影响如此之大，以至于可与之相提并论的距今最近一次地质事件发生在近 25 亿年之前。这清楚地表明，人类对地球系统所做的一切，在地球历史的背景下是极不寻常的。[13]

磷的循环也被人类活动打乱了，和氮一样，磷对所有生命都是必不可少的。磷是三磷酸腺苷（ATP）的重要组成部分，三磷酸腺苷在细胞内传递能量、复制 DNA、运输细胞内的物质和收缩肌肉方面发挥着核心作用。这种分子是如此重要，以至于我们每个人每天通过三磷酸腺苷循环的物质量相当于我们的全部体重。[14]

添加到肥料中的磷的自然存在形式来自磷矿。它们必须被开采——且没有像哈伯法这样的新技术参与其中。摩洛哥是全球最大的磷酸盐生产国和出口国。在北美，佛罗里达州中部、爱达荷州东南部和北卡罗来纳州海岸的磷酸盐储量最大。小岛国瑙鲁及其西太平洋的近邻巴纳巴岛过去曾有大量高质量的磷矿，但现在都已开采殆尽。在埃及、以色列、西撒哈拉、加勒比海的纳瓦沙岛、突尼斯、多哥和约旦也可以发现磷矿和大型磷矿工业。与氮不同，磷酸盐本质上是一种有限的、不可再生的资源。

肥料中磷和氮的使用对环境的主要影响是导致沿海和湖泊富营养化。按照目前的消耗速度来看，磷储量仅供我们再用 300 年，然后磷就会耗尽。一些科学家甚至更加悲观，他们认为“磷峰值”，即对磷的需求超过供给，将在 30 年内出现，而按照目前的速度，磷储备将在未来 50 到 100 年内耗尽。[15] 减少这种重要营养物质的供应可能会在未来严重减少农作物的产量——考虑到 2050 年地球上将会比现在多出 20 亿人，这一现象非常令人担忧。

1945 年后，地球系统发生了进一步的变化，甚至超越了生命关键元素的全球循环。土地被开发以用于人类用途的速度越来越快。目前，四分之一到三分之一的植物生物量生产，即所谓的净初级生产力都被人类利用，要么直接作为食物消费，要么用作燃料、纤维或饲料。[16] 这导致了树木的净损失：在农业革命之前，地球上大约有 6 万亿棵树；现在大约有 3 万亿棵。[17] 土地利用方面的变化正在制造出新型的生物栖息地。事实上，地理学家厄尔·埃利斯（Erle Ellis）建议，我们应该把地球上几乎所有的土地都看成“人为群落”（anthromes，即 anthropogenic biomes，“人为生成的生物圈”的缩写[18]），而不是把自然称为生物群落——由典型的植被类型划分，比如温带林地，或者热带稀树草原。这些人为群落包括人口密集的聚落，如城市地区和村庄，以及农田、人造经济林和半自然的牧场。

这些新的生态系统大多经历了生物多样性的严重丧失，但它们也创造了新的生物群落，甚至为新物种的出现创造了机会。后者的一个显著例子是“伦敦地下蚊子”。常见的室内蚊子（尖音库蚊）已经适应了伦敦地铁系统，建立了一个地下种群。在地面上它叮鸟。在没有鸟类的地下，它会叮小鼠、大鼠和人。当生活在地表的物种在寒冷的冬天冬眠时；城市地铁线路里较高的温度使得这些蚊子一年四季都在叮咬。如今，伦敦地下蚊子的正式名称是骚扰库蚊，它已经与地面上的同类蚊子产生了生殖隔离。不知何故，它已经蔓延到了纽约地铁。一个新的栖息地帮助创造了一个新的物种。[19]

生物世界的众多变化表明，人类行为现在可能构成了地球上最重要的进化压力。越来越多的生物正在被转移到其他的大陆上。[20] 然后其中的一部分，通常是在“人为群落”的影响下，就像我们在第五章中看到的那样，制造了一个由相互连接的大陆和海洋盆地组成的新泛大陆。生物转移的速度目前还完全没有放缓的迹象，如图 7.5 左下角的面板所示。就植物而言，有 4% 的植物物种已在全球范围内迁移了，这一数字相当于所有欧洲本土植物物种的总数量。[21] 正如我们之前看到的，这些新物种的到来给其他动植物带来了连锁反应，于是进化发挥了其缓慢的魔力。

我们不仅向生态系统中加入新的物种，而且还会将它们移除。物种的灭绝是非随机的，在陆地和海洋中，体型较大的动物灭绝率不成比例地高。正如我们在第三章中看到的，狩猎-采集者使世界上大约一半的大型哺乳动物走向灭绝，相当于所有哺乳动物物种的 4%。当时的工业化农业彻底改变了陆地上哺乳动物的平衡：如今野生哺乳动物仅占陆地动物总质量的 3%；另外 97% 是由地球系统的人类相关因素组成的——大约 30% 是人类，67% 是用于给人类提供营养的驯养动物。[22]

损失不仅限于哺乳动物。联合国观察机构正式编写了一份已灭绝和脆弱物种的“红色名单”。该机构称，自 1500 年以来，已记录在案的灭绝物种有 784 种，其中包括 79 种哺乳动物、129 种鸟类、21 种爬行动物、34 种两栖动物、81 种鱼类、359 种无脊椎动物和 86 种植物。其中三分之二的物种灭绝发生在 1900 年以后。这些数字比实际情况要低，因为大多数灭绝物种可能不被科学界所知，很多物种在没有人记录的情况下就消失了。用动物学家马克·卡沃丁（Mark Carwardine）的话说，科学家们“正在努力在物种灭绝之前记录下它们的存在，这就像一个人急匆匆地穿过一座燃烧的图书馆，拼命地想要记下一些现在再也不会有人读到的书的书名”。[23] 同样，要确定一个物种已经灭绝也是极其困难的。例如，两栖动物有超过 7300 种，1500 年—1980 年之间人类只记下了 34 个物种的灭绝；然而，自 1980 年以来已有 100 多个物种消失，人们推测它们已经灭绝，但还没有正式列为灭绝物种。另外有

32% 的物种被列为全球范围内受到威胁的物种。[24]

当然，灭绝是这条路线的尽头，它要求一个物种在全球范围内的数量减少到零。种群规模的变化趋势同样令人震惊：对两栖动物来说，43% 的物种种群在减少，28% 的物种种群稳定；其余 29% 的种群的变化趋势未知。图 7.5 所示的“地球生命力指数”显示，自 1970 年该指数开始被制定以来，地球生物的平均种群规模减少了一半以上。该指数记录了 3600 种鱼类、两栖类、爬行类、鸟类和哺乳动物的 14000 个受监测种群的变化。

这种种群的缩小和物种的减少使许多科学家注意到，人类活动正在导致大规模灭绝事件，这是自 5.41 亿年前寒武纪大爆发后复杂多细胞生物出现以来的第六次。如果我们用化石记录来估计“正常时期”的物种损失率，也就是所谓的本底损失率，这似乎是合理的。对于研究最充分的脊椎动物群体，如果按着本底损失率发展的话，自 1900 年到现在这段时间里，可预期的物种灭绝数量将是 9 种。然而，红色名单记录了 468 种脊椎动物的消失，比正常灭绝率的预期高出 50 倍左右。[25] 如果将所有其他未记录在案的损失都纳入计算，今天物种灭绝的速度可能是本底损失率的 100 倍，甚至可能是 1000 倍。如果我们考虑所有物种，而不仅仅是脊椎动物的话，据估计地球每年会失去 11000 到 58000 个物种。[26] 这个灭绝速度与过去五次大规模灭绝事件的速度一样快，[27] 甚至更快。从这个意义上说，我们正在经历一场大灭绝事件。

在我们第二章中描述的五次物种大灭绝中，可能与我们的故事最相关的一次是 6600 万年前的最近一次大灭绝——这是发生在现今墨西哥海岸的一次大型陨石撞击的结果。这次撞击结束了恐龙 1.7 亿年的统治，为哺乳动物创造了多样化和扩张的生态空间。这次大灭绝与今天的情况最为相似，因为它对动物和植物的灭绝具有高度选择性。大型动物和海洋地表水脆弱的生态系统显示出特别高的灭绝率。这与人类行为的影响非常相似：最大的动物已经灭绝，沿海死亡区激增，海洋正在酸化，珊瑚礁正在死亡，几乎没有多少珊瑚礁能在 21 世纪的气候变暖中幸存下来。[28] 我们今天造成的影响与 6600 万年前非常相似，以至于可以说地球又遭遇了一颗名为人类的陨石。

然而，6600 万年前和今天的一个关键区别在于灭绝的规模：当时地球上 75% 或更多的物种灭绝，而目前人类驱动的灭绝远没有达到这个比例。在所有物种中，至多只有百分之几的物种因为我们的行为而灭绝。就绝对数量而言，我们并没有经历显生宙的第六次大规模灭绝。

如果我们比较今天和过去地质时期物种灭绝的速度，那么我们正在经历一场大规模灭绝事件；但比较一下消失的比例，则并不能这么说。不同之处就在于，地质历史上高比例的物种大灭绝显然持续了极长的时间。相比之下，人类的影响还不够久。举例说明：如果我们假设当今全球所有受到威胁的物种都在 2100 年之前灭绝，而且在此之后物种继续以同样的速度灭绝，那么将需要 240 年至 540 年的时间，才能达到 75% 物种灭绝的大规模灭绝阈值（根据我们研究最充分的哺乳动物、鸟类和两栖动物的数据得出）。这在地质学尺度上只是很短的一段时间，但在相对于人类的尺度上说，该证据显示我们仍然有充足的机会挽回损失，避免人类行为所导致的大规模灭绝到来。[29] 然而，我们应该保持谨慎，因为这种计算没有包括灾难性大灭绝事件是如何发生的这类信息。我们的一个潜在假设是，一个物种的消失对另一个物种灭绝的可能性没有影响。这显然不是事实，因为每个物种都生活在群落中。

无脊椎动物也有一些不祥的迹象。关于无脊椎动物的研究很少，但它们是所有物种中占比最大的群体：自 1970 年以来，三分之二的受监测种群平均减少了 45%。[30] 关于昆虫数量下降的一些最令人吃惊的数据来自德国的克雷菲尔德昆虫学会（the Krefeld Entomological Society），几十年来，他们一直在用同样的方法兢兢业业地收集昆虫。例如，在德国西北部的奥布罗切・布鲁赫自然保护区（the Orbroicher Bruch nature reserve）所收集到的昆虫数量在 24 年内下降了 78%。1989 年，他们在某个地点捕获了 17291 只果蝇，而 2014 年，他们在同一地点只捕获了 2737 只。[31] 我们在第二章中指出，大规模灭绝的具体发生方式尚不确定，但如果高程度的灭绝导致生态系统解体，这会开启多米诺骨牌式的接连损失，这表明，我们可能比我们使用简单推演方法所推测的更接近大规模灭绝事件。

我们对进化的影响还不限于消灭了其他生命形式。与生物界互动的各种人工产品的开发也在改变进化的结果。例如，杀虫剂的使用导致了目标害虫的死亡，但有些害虫存活下来，继续繁殖并产生了耐药性——因此进化在继续，但受到了人类行为的影响。另外，抗生素和新型基因工程生物的发展，也让我们看到了更多这方面的影响。也许行星尺度上最大的变化是由温室气体排放导致的气温升高的选择性压力，因为环境变化的速度将对哪些生物能够存活下来起到强大的过滤作用。一些进化生物学家认为，进化之所以发生得更快了，是因为当今的环境变化速度太快，这意味着我们人类现在是地球上最大的推动进化的力量。[32]

正如我们在第二章中看到的，地质时间的划分通常是基于生命的变化：环境的变化、物种的灭绝以及新生物进化出来以填补新出现的生态位。地质学界的共识是，地质时间的特定划分通常以新物种的出现为标志，通常在物种灭绝超过基准线本底的时期之后。在地球历史上可能是独一无二的是，人类的行为正在导致进化上的快速变化，包括新物种的出现，而灭绝的全部影响尚未显现出来。人类的行为构成了一种支配性的、高度不寻常的自然力量，它正在改变地球系统和其中的生命。

## 打破了星球界限？

科学家们最近提出了一种新的方法来理解人类扰动全球环境的规模和其多面性：定义一系列的“星球界限”（planetary boundaries）。可持续发展研究人员约翰·罗克斯特（Johan Rockström）伦和地球系统科学家威尔·史蒂芬领导了一个研究团队，他们创建了一个系统框架来评估可能对人类社会产生重要影响的临界环境阈值。该小组审议了可能突然和不可逆转地改变地球系统的参数，以及它们可能对社会造成的严重影响。他们提出了 9 个“星球界限”，即图 7.6 的外环。这些界限内的整个区域被视为“人类的安全操作空间”。[33]

其基本构想是将人类对地球系统的影响水平，控制在还能维持全新世气候和生态条件的水平上，因为这是我们已知唯一能让农业文化和大规模文明繁荣发展的环境。它将预防原则应用于我们对地球系统的理解。这些科学家认为我们已经跨越了这 9 个界限中的 4 个：氮和磷循环的破坏，人类引起的气候变化的程度，森林砍伐的程度（土地系统的变化），以及他们所谓的“生物圈的完整性”，本质上是生物多样性丧失的程度。在剩下的 5 个领域中，我们还没有触及其中 3 个领域的拟议界限——淡水使用、海洋酸化和同温层臭氧耗竭。而最后两个领域是对人类健康和生态有影响的大气气溶胶，和他们所谓的“化学污染和新物质的释放”，包括人类生产的

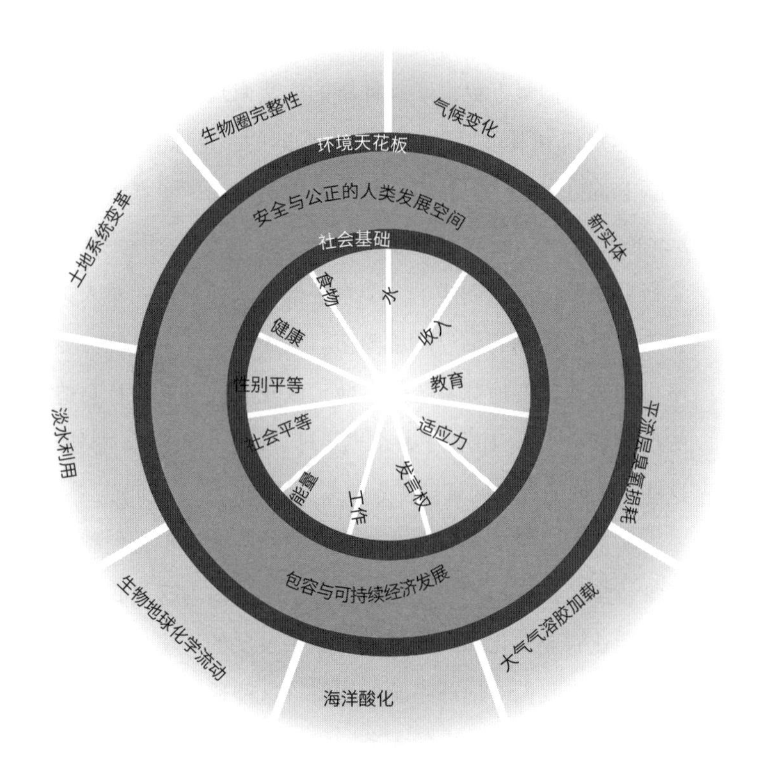


图 7.6 一个安全和公正的人类活动空间，通过结合一个物理行星边界外环和一个联合国社会基金会内环来制定。[33]

化学和生物制剂，这些制剂可能会影响人类繁殖或损害人类基因——就这两个领域而言，科学家们还没有能够确定一个适用于全球范围的界限。

气候的界限是大气中二氧化碳含量达到 350ppm，这远低于 2016 年的 404 ppm。这表明我们继续使用越来越多的化石燃料，就是在进行一个非常危险的实验。然而，也有科学家认为，更高的浓度，或许是 400ppm，甚至 450ppm，对大多数社会来说可能也是相对安全的。安全与否取决于我们是谁，我们住在哪里：由于海平面上升，位于巴布亚新几内亚的卡特里特群岛（Carteret Islands）正在逐渐被人类抛弃。[35] 正如我们第六章详细描述过的那样，350 ppm 的上限被制订出来，是旨在避免冰盖崩溃后灾难性的长期海平面上升，但这也提出了如何消除大气中多余的二氧化碳，以及如何阻止所有进一步排放的问题。

生物圈的完整性方面，界限是每一万个物种每一百年里最多灭绝 10 种，而自 1900 年以来，关于那些人类研究得较为透彻的群体，红名单上的数据显示，在过去 100 年里，每一万个物种中有 24 至 100 个灭绝，灭绝的比例取决于生物体的类型。而生物地球化学循环方面，每年可以流入海洋的磷和氮的上限分别为 1100 万吨和 6200 万吨，如果低于这个值，就可以避免大面积的低氧区和死亡区出现。目前的污染速度是安全水平的两倍多：每年有 2200 万吨磷和 1.5 亿吨氮流入海洋，这全部来自化学肥料的过度使用。在森林砍伐方面，界限是森林覆盖率不低于原始森林的 75%；如今，这一比例仅为 62%。我们已经越过了三分之一的行星界限，这进一步证明地球系统已经脱离全新世的状态，进入了一个新的人类世。[36]

人类的安全操作空间，是以与物质环境相关的方面定义的。有人建议，需要补充更多的标准，例如将健康、营养和社会福利水平也纳入考量，制定出一些任何人都不应低于的标准。经济学家、发展研究者凯特·拉沃斯将星球界限（她称之为环境或生态上限）与我们“社会基础”的关键方面（包括水、食品、健康、收入、教育、就业和社会平等）的可接受下限这两个指标结合在了一起。这两个环之间的空间是“甜甜圈”，它被称为“安全而公正的人类活动空间”，如图 7.6 所示。拉沃斯认为，人类要想停留在这个空间里，就需要具有包容性、注重再分配和可持续的经济发展，她的理论被称作“甜甜圈经济学”，但也完全可以被称作人类世经济学。[37]

星球界限框架一直受到批评，主要原因是很难为每一个环境参数定义一个单一的全球安全水平。被测量的是谁的安全？单一的全球限制是否合理，比如在淡水和土地的使用方面？这些都是公认的问题，也正在得到解决。尽管星球界限的概念有其局限性，但它在增进政府、商业界和非政府组织的参与方面是有用的，特别是在与社会维度相联系时。它传达了一种理解，即我们的星球家园是一个单一的综合系统，人类活动在其中发挥着关键作用，以及今天迅速的环境变化带来了迫在眉睫的危险，特别是考虑到现在我们已经离开了全新世相对稳定的星球环境。

## 记录大加速

当今世界的一大特征是无处不在的环境变化，这几乎在每一种地质沉积物中都体现得很明显，无论是冰川冰、石笋，还是湖底或海底的沉积物。从球形碳质颗粒到塑料微粒，再到某些碳氮同位素水平的变化所反映出的碳氮循环的变化，在人类的演变图谱中都是显而易见的。在许多沉积物中，能明显地看出不同生命形式的出现与消失，花粉的变化意味着附近植物群落的变化，硅藻的变化意味着浮游植物群落、湖泊和海洋植物的变化。这些复杂多样的人类活动的标志在最近的报告中得到了详细的说明。[39]

我们还创造了大量新的化学物质和矿物质，这些物质和矿物质将被保存在沉积物和未来的岩石中。人类已经制造出了 208 种可被识别的新矿物，每一种都得到了国际矿物学协会的认证，显示出全球分布的晶体新奇性。这些新矿物包括家用计算机内的矿物和采矿废料沉积后形成的矿物。一些矿物学家认为，这些新矿物与以前的矿物差别太大了，因此，与这个时代的化学创新最接近的比较对象，还是 25 亿年前的大氧化事件。新矿物的生产开始于18世纪，其中大部分是在过去的50年里生产出来的。[40]

人类活动散播最广的特征是人为产生的新化学气体。通过弥漫在大气中，它们被输送到世界各地，然后被困在雪和冰中的空气中，因此可以在检测到大气二氧化碳变化的冰芯中检测到它们。这些独特的人为生成的气体都遵循类似的模式：最开始冰芯中没有这些气体，然后它们出现，浓度渐渐达到峰值，一旦人类了解到使用这些气体的负面影响，它们的生产量就会在被禁止或严格管制后下降。其中包括卤化气体，例如制冷剂氯氟烃（CFCs），由于这种物质是造成臭氧层空洞的主要原因，1989年联合国《蒙特利尔议定书》已禁止了其使用。它的一种替代品，氢氟碳化合物（HFCs），也在2016年被《蒙特利尔议定书》的一项修订案列入了淘汰名单。最后一个例子是六氟化硫（$SF_6$），一种威力超强的温室气体——它的一个分子在100年的时间内产生的影响是二氧化碳分子的23900倍。直到2008年，这种气体一直是耐克Air Max运动鞋缓冲气垫的组成部分，但现在除了在发电站的断路器中仍有使用外，它被禁止使用。这些新型气体在破坏环境的同时，也为冰芯和其他一些地质档案提供了极好的人类影响的证据。

在地质沉积物中，人类影响最普遍的标志可能是核试验的沉降物。这可以为人类世提供一个非常清晰的“黄金尖峰”，因为其影响是全球性的。所有信号中最清晰的，也是科学上最容易理解的，是碳的放射性同位素碳–14。在 1963 年《部分禁止核试验条约》宣布部分禁止地面核试验之后，碳–14 的放射性同位素达到了其最高值。世界大部分地区放射性碳的指标都在 1964 年达到峰值，是 1950 年水平的 190%。碳–14 的峰值在冰芯、树木年轮、珊瑚、盐沼沉积物、洞穴石笋和钟乳石中都留下了记录。碳–14 的半衰期相当短，为 5730 年，所以放射性尘埃的峰值相当短暂；2016 年，其沉积物的丰度就降至了上世纪 50 年代的 110%。人类活动的这一标志将持续存在约 5 万年，但在未来 100 万年或更长时间之后就不会留下痕迹了。

对放射性同位素钚–239 和钚–240 的测量也为从 1950 年代早期开始的冷战核试验和 1986 年切尔诺贝利事故提供了指纹记录。钚–239 的半衰期为 24000 年，因此它比碳–14 的未来寿命更长，并在海洋沉积物中保存了良好的清晰信号，因此未来也很容易清楚地探测到。然而，真正适于长期保存的信号还要数碘–129，它的半衰期为 1570 万年。它将为人类世及其后的时间提供一个恒久的标记，哪怕人类世会持续数百万年。它已在海洋沉积物和土壤中被发现，即使在地质尺度上遥远的未来，当这些沉积物和土壤变成岩石之后，它们也很可能仍然可以显示出，在这个大加速的时期里，发生了地质学上不寻常的事件。[41] 总的来说，地质档案中有大量的人类签名记录了这一巨大的加速过程。

## 人类的影响会持续吗？

地质年代反映的是地球系统的长期变化。人类所带来的显著变化会持续下去吗？问这个问题的一种方法是：如果人类突然消失，会发生什么？美国记者艾伦·维斯曼（Alan Weisman）在2007年出版的《没有我们的世界》（The World Without Us）一书中进行了这个思想实验。正如维斯曼所指出的，我们还不知道有什么方法可以在不给地球系统造成巨大干扰的情况下将人类移除。无论是全球性流行病还是核战争，都会导致数十亿人的尸体腐烂并污染环境。但如果我们真的只是突然消失了，城市、房屋、公路、铁路和其他基础设施将会渐渐荒废消失。维斯曼的结论是，居民区将在500年内变成森林，放射性废料、雕像和塑料将成为地球上人类存在最持久的证据之一。世界上大多数河流上的水坝都将倒塌，自然过程将会重新占据主导地位。未来采集的土壤样本将显示出高浓度的重金属、塑料微粒和外来物质。有些人类制造的物品可以保存数万年，就像有些石器时代的艺术品从5万年前一直保存到今天一样。人类文明的一小部分产物会变成化石，有些甚至会存在数百万年。在海洋中，塑料会沉淀到海洋沉积物中，有些最终会成为岩石的组成部分。但是，总体上讲，大部分人工制品将在不到一千年的时间里消失。

至于生物地球化学循环方面，地球需要更长的时间才能恢复。例如，通过研究过去的气候事件，我们可以估计全球碳循环需要多长时间才能从化石燃料排放造成的破坏中恢复过来。一个这样的事件是古新世–始新世极热事件，它定义了5600万年前的古新世和始新世之间的边界。这是一个有用的比较，因为科学家们认为，当时甲烷的大量释放在短短几千年的时间里使全球气温上升了5摄氏度，与今天的全球快速变暖有着明显的相似之处。

终结了古新世的罪魁祸首似乎是天然气水合物，也被称为笼形包合物。它们是水和甲烷的混合物，在低温高压下是固体。它们由水分子笼组成，其中含有甲烷或其他气体的单个分子，这些甲烷或其他气体来自深海沉积物和永久冻土下土壤中的腐烂有机物。笼形包合物的储层可能是不稳定的：温度升高或压力降低会导致它们融化，释放出被困在里面的甲烷。人们认为最初是笼形包合物中气体的小规模释放加热了古新世地球，包括海底，然后造成这些储层的进一步分解，最终释放出1.5万亿吨的天然气水合物，这个量级的甲烷足以驱动地球气候的巨大变化。[42]

结果是环境变得更热、更潮湿了。地球上几乎没有了冰。海洋见证了一场被称为有孔虫类的小型硬壳生物的大灭绝。北半球甚至英格兰都有红树林和热带雨林，南半球则远至新西兰。河马和棕榈树生活过的痕迹在加拿大北极地区被发现。至关重要的是，就我们的目的而言，这场大气中温室气体的大量排放也让我们了解到，地球系统中过剩或额外的碳将能以多快的速度被除去。目前的证据表明，这部分额外的碳需要 15 万到 20 万年的时间才从大气中被移除，回到与笼形包合物释放之前类似的水平。当前和未来气候的模型表明，要想将今天人为产生的二氧化碳完全从大气中去除，也需要差不多这么长时间。如果人类对碳循环的影响今天立刻停止，我们留下的影响可能会延续到未来近 20 万年。

我们可以对我们对生态大循环中其他重要元素的影响作出类似的评估。如果所有人类都消失了，我们通过哈伯–博施过程实现的氮固定进程就会停止。流入海洋的氮会减少，而由于海洋中氮的循环相对较快，氮循环将在几千年后恢复到人类活动干扰之前的水平。[43] 将磷循环恢复到人类出现之前的状态将需要更长的时间，因为尽管磷的输入量很低，因此干扰也不那么大，但海洋中磷的循环所需时间大约比氮长一个数量级。如果人类消失，磷循环将在大约 2 万年后恢复到人类活动之前的水平。[44]

在我们对生物世界的影响这方面，类似怀斯曼关于人类消失之影响的思想实验的事件，实际上已经发生过了。1986 年切尔诺贝利核反应堆事故后，3700 平方公里的土地上的 11.6 万人被永久疏散。[45] 禁区包括普里皮亚特镇，这里曾经是 5 万人的家园。在辐射的直接影响消退之后，野生动物开始在乌克兰东北部的这个地区定居。辐射增加了基因突变率，可能还降低了繁殖率，但这些影响被人类迁移所腾出的额外生态空间所抵消。[46]森林恢复了，野猪、海狸、鹿、熊和狼也回来了。

切尔诺贝利也成了一个国际化的地区。禁伐区里生长着来自世界各温带地区的树木，比如北美枫树和北美槐树一起在这里生长。会爬树的亚洲貉已经在这里安家落户，美国貂也在这里繁衍生息，还有亚洲普氏野马在这里四处漫步。这里是野生动物的天堂，但它与过去大不相同：这里没有猛犸象或犀牛，却有来自其他大陆的动植物。在切尔诺贝利事件之外，人类的消失对生命的影响将同样是世界性的和永久性的。已灭绝的物种不会复生，许多已归化的物种将继续保持归化。即使人类消失了，无论消失多久，地球也不会回到从前的样子。我们将留下永久的进化遗产。

也许我们可以通过干预来缩短甚至逆转我们的影响，而不只依赖自然过程。例如，我们能否回到大气中二氧化碳浓度为 350ppm 的星球界限，甚至回到工业化前的 280ppm 水平？我们从大气中去除二氧化碳的一种方法是重新种植大片的森林。如前所述，自农业出现以来，地球净减少了 3 万亿棵树，其中一部分可以被补种回来；但我们必须小心不要打乱了粮食生产。如果所有其他排放立即停止，到 2100 年，要将全球约 50% 的农田变成森林，才能将二氧化碳浓度降低到 350ppm。[47]不幸的是，这多半是不可能的，因为本世纪晚些时候，地球上将有110亿人需要养活，因此必须扩大粮食生产。但当我们砍伐一部分我们种植的树木，焚烧它们用来发电后，如果我们可以捕捉释放出的二氧化碳并将其注入海洋，安全地储存在那里，这可以从大气中永久除去部分二氧化碳（而如果树自然死亡，就会腐烂，其中的碳以二氧化碳形式回到大气中）。在陆地上重新种植树木，燃烧它们，并捕捉燃烧释放的碳，这会使得越来越多的二氧化碳从大气中被去除。如果我们再在同一块土地上种植一组新的树木，并不断重复这一过程，理论上，我们可以将地球二氧化碳水平降低到工业化前的水平。

此外，我们可以增强地球的自然风化反应，一种方法是在农业土壤中添加硅酸盐矿物——即岩石粉末。这将去除大气中的二氧化碳，并将其以碳酸盐矿物和溶液中的生物碳酸盐的形式固定下来。[48] 还有其他技术可以直接从空气中去除二氧化碳，使用化学反应，然后再把其产物埋到地下。然而，考虑到二氧化碳只占大气的0.04%，这比听起来要困难得多，因此也极其昂贵。

总的来说，从物理上讲，我们有可能将空气中的二氧化碳降回到350ppm。从逻辑上讲，将大气中的二氧化碳浓度降低到工业化前的水平也是有可能的，这意味着人类造成的危害可能会得到缓和，也许在不到几百年的时间里就可以。[49] 尽管在今天的政治格局下不太可能，但从理论上讲，我们可以减少大气中的二氧化碳，然后维持一个恒定的间冰期气候。这条扭转气候影响的道路本质上表明的是，我们的确是一种自然力量：大气的化学成分、海洋的酸度和地球的能量平衡掌握在我们手中。

为了消除氮、磷污染的影响，我们可以利用大量的人和动物粪便作为肥料给农田施肥，更仔细地施用人工肥料，并处理和回收径流水。这将减少流入海洋的污染物，减少我们对这些元素循环的影响。然而，与全球碳循环的破坏不同的是，我们总是需要把一些氮从大气中固定下来，需要把一些磷矿开采出来，以养活本世纪及以后的人类。其结果是，即使有积极的干预措施，氮循环也将被永久打乱，磷循环也一样。尽管影响不大，但这些影响是永久性的，因为即使在最乐观的环境情景下，地球上仍会有大量智人生活。

我们积极干预以扭转生命的变化也是极其困难的。现实中，已经归化的物种的跨大陆和跨海洋迁移是不可逆转的。试想一下，当下在世界上许多地区，新入侵物种的流动都仍然很难处理，更不用说过去 500 年物种的大规模迁徙了。以蚯蚓为例：哥伦布大交换的遗产之一就是，目前北美的绝大多数蚯蚓都是源自欧洲的物种，因为它们在竞争中战胜了它们的美国表亲。这是因为它们有一种技巧，爬到落叶层中，然后把上面的落叶拉下来吃掉并消化，这是美国蚯蚓做不到的。很难想象如何从美洲清除所有的欧洲蚯蚓。

此外，与让二氧化碳含量回到350 ppm的安全水平不同，根除“来到错误的地方”的蚯蚓对人类几乎没有直接的益处，因此，尽管在理论上有可能雇佣一大群人系统地翻开并过滤北美的所有土壤，这种事情也不可能发生。北美蚯蚓群落不会回到哥伦布时代以前的状态。现在，让我们考虑一下遣返所有其他归化的野生物种，然后是我们的主食和牲畜，然后是细菌，甚至是致命的疾病，这些都是我们从它们的本土传播到世界各地的。如果我们成功的话，秘鲁将是全世界唯一种植土豆的国家，而小麦只在土耳其、叙利亚和伊拉克生长。这不可能发生：我们对世界生物系统的影响是不可逆转的。

这种对生命的不可逆转的改变，加上我们对星球界限的破坏和无数长期的全球环境影响，真的构成了一个新的地质年代吗？从正式的科学意义上说，我们真的将地球改变得如此之大，足以让我们认为人类活动已成为一种自然力量吗？人类世应该纳入正式的地质年代表吗？如果应该的话，究竟由谁来做出这个重大的决定呢？这个决定无疑会对我们如何理解自身以及我们与地球的关系产生广泛的影响。

第八章

CHAPTER 8

# 生活在地质剧变的时代

“地质学在本质上是一门历史科学，因此地质学家的工作方法与历史学家相似。这让地质学家本人的个性在其分析过去的方式中显得至关重要。”

雷努特·威廉·范·贝梅伦，《地质学杂志》第 69 期，1961 年

“这两个阵营在地质学期刊上展开了激烈的争论，他们粉碎了对方的论点，重新阐释了自己的证据，并尽可能地在学术界惯例允许的范围内互相谩骂。”

蒂姆·伦顿和安德鲁·沃森关于 2.3 亿年前冰河时期的讨论，

《创造地球的革命》，2011 年

有丰富的科学证据证明人类对地球的影响越来越大。很难找到一个科学家不同意人类世的核心主张，即人类活动已经从根本上改变了作为一个整体系统的地球。我们改变了地球系统。在物理和化学层面上，我们干扰了全球碳循环，造成地表变暖和海洋酸化；在生物学上，我们造成了物种灭绝，同时使许多物种迁移到新的地方。这些复杂繁多的变化（见图 8.1 的总结），一些被保存在地质档案中，包括冰川冰和累积在海床上的沉积物。除此之外，随着时间的推移，我们的一些影响将写进未来的岩石中：化石记录将显示我们如何大范围迁移了物种，它们包括众多的人类、牛、猪和鸡的骨头，除此之外还有残留的塑料，全新的人造矿物质和薄薄的一层放射性元素。无论发生什么，即使我们设法把自己从地球上抹去，我们的遗产也将继续存在。

从地质学的短期来看，我们太阳系的行星节律器在过去的 260 万年里使地球在寒冷的冰期与温暖的间冰期之间摆动，

图 8.1　总结人类主要技术创新以及对地球系统的影响，并与已经发表的人类世可能的开始日期进行比较，这些日期是通过金钉子，即全球层型剖面和点（GSSP）或一个选定日期，即全球标准地层年龄（GSSA）来确定的。请注意对数时间尺度，其中每一次跳跃都前进了一个数量级，这使我们能够看到人类社会变化的加速速度以及由此产生的环境变化。

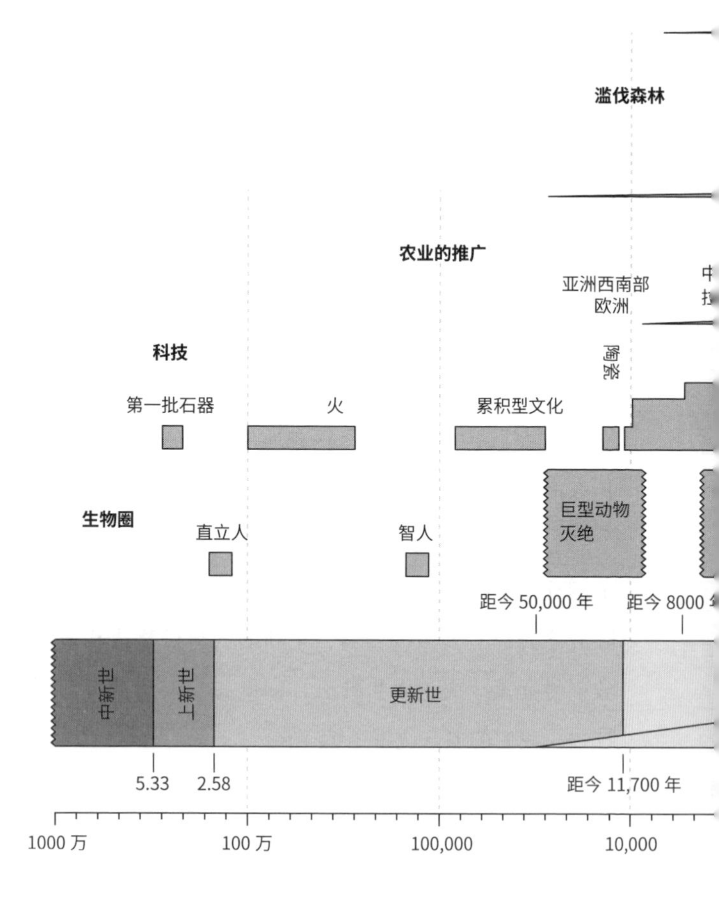

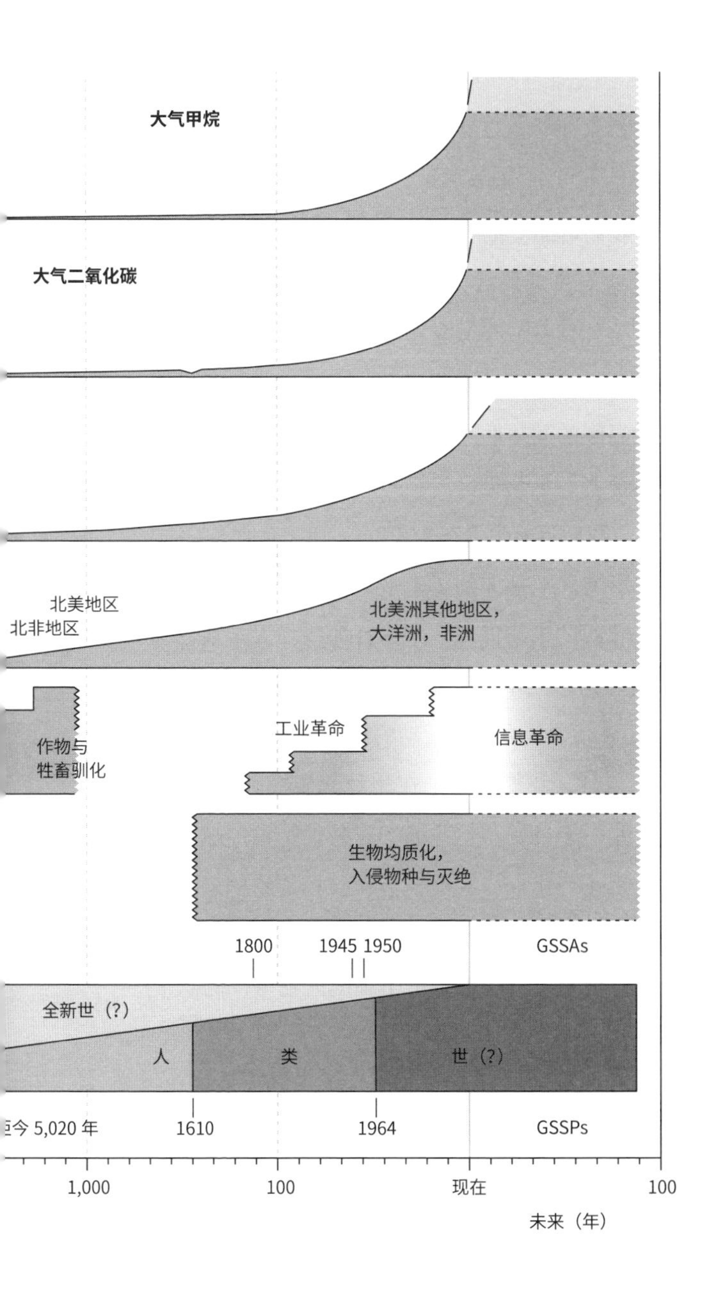
大气甲烷
大气二氧化碳
北美地区
北非地区
北美洲其他地区，
大洋洲，非洲
作物与
牲畜驯化
工业革命
信息革命
生物均质化，
入侵物种与灭绝
1800
1945
1950
GSSAs
全新世（?）
人
类
世（?）
距今 5,020 年
1610
1964
GSSPs
1,000
100
现在
100
未来（年）

但它现在已经乱了节奏。我们的影响压过了天体力量，正在把下一个冰期推迟大约 10 万年。[1] 如果我们继续排放大量的温室气体，我们可能会把下一个冰期推迟 50 万年以上。温室气体排放迅速而显著的减少将使人类在未来免受许多苦难，但我们至少将停留在一个异常漫长的超级间冰期里。我们在第二章中看到，新近开始应用的全新世的定义描述了上一个冰期结束后温暖的间冰期。我们对地球冰期—间冰期旋回的干预有力地证明，全新世已经结束。按照这个以气候为中心的衡量标准，我们目前生活在人类世。

我们的影响甚至延伸到了未来：需要数百万年的时间才能恢复一个壮丽的生物世界，来弥补那些因人类活动而灭绝的生物。我们在第三章中详细介绍过，甚至早在一万年前，4% 的陆地哺乳动物就在人类活动的影响下灭绝了。而我们在第七章中又说到，我们已经走在物种大规模灭绝的道路上。虽然这还只是一个开始，但这场针对其他物种的战争还在继续，气候的迅速变化也与人类捕猎和破坏动物栖息地等行为一道，进入了人类的常规武器中。很可能，今天已经拉开帷幕的灭绝事件会超过过去很多更小规模灭绝事件的水平——例如 3400 万年前的始新世和渐新世的交替，在经历那次灭绝之后，欧洲和亚洲的哺乳动物群体发生了巨大的进化改变。除非人类极不走运，并且物种灭绝会引发更多的自发性灭绝，否则第六次物种灭绝并不是不可避免的。[2] 相比之下更确定的是，无论是陆地上还是海洋里已经灭绝的巨型动物在短期内都不会再回来。我们正在经历一场全球灭绝事件，这场事件在未来的地质记录中几乎肯定可以探测到。

利用提取古代 DNA 方面的前沿技术，结合克隆技术和代用品的使用，人们开展了越来越多的关于“去灭绝”现象的严肃探究。[3] 然而，即使这些方法有效，长毛猛犸象等类似的动物也需要巨大的活动区域。即使是今天仅存的几个大型物种，我们也无法阻止它们一点点走向灭绝，这意味着我们即使在技术上取得了成功，也不太可能让灭绝的物种重新回到地球上。尝试这种生物学上的复活技术也会带来一些棘手的伦理问题：灭绝的大型动物的重新引入会对今天的生物多样性造成什么影响？只有进化才能把巨型动物带回地球。一个物种丰富多样的世界离我们还有数百万年。

然而，正如威廉·史密斯的地质图所示，地质上的断代通常是基于新生命形式的出现，而不是旧生命形式的消失。正是那些幸存下来并且之后繁荣生长的物种，标志着地球的进化进程进入了一个新的阶段。世界上现存物种在全球范围内的融合，即地球生物区系的同质化，开启了生命编年史的新篇章。此前两亿年里，因大陆的分离和海洋日益彻底被孤立而不断分化的进化路径，被欧洲大发现时代和大约 500 年前的第一次全球贸易循环结束。随着全球航运、航空、汽车和火车旅行的兴起，物种之间发生了前所未有的接触。没有迹象表明大陆和海洋重新连接的趋势正在减弱。这些相互作用的历史进化的进程是人类无法控制的：这是地球历史上独一无二的进化实验。现在生活在新盘古大陆上的新生物区系是我们永远无法逆转的历史遗产。

这个新的生物世界中有一部分是如此平凡而熟悉，以至于我们把它视为理所当然。美国北部一眼望不到边的小麦田；东非的玉米地；我们城市公园里来自世界各处的树木。新物种的引进超越了明确的人类栖息地范围：深入中非雨林，你很可能会遭遇“带电蚂蚁”，感受小火蚁——一种起源于亚马孙地区的微小蚂蚁的叮咬带来的痛苦冲击。驯化的物种现在被编织进了自然的结构中，然后进化施以其魔力。一些物种进入新的区域，但影响甚微；一些驯化的物种将在竞争中胜过那些“原住民”物种，将后者推向灭绝；一些会与本地物种杂交，从而形成新的杂交物种。随着时间的推移，新的物种将会出现，然而如果没有人类的行为，这些物种就不会出现。从数百万年这个长远的尺度看来——进化将从人为群落的简化中间重建复杂性，但却只能从全球化和生物简化过的物种组合这一原材料来着手。

几百万年后我们会看到什么？在6600万年前的一次陨石撞击之后，哺乳动物的生态重要性被提高了，这是不可能预测的，而人类的崛起这一“陨石撞击”导致人类世的产生也同样不可预测。但我们可以暂时确定一些普遍的模式。至少从恐龙时代开始，这片土地就一直是大型食草动物的家园，这些食草动物以植物为食，而它们反过来又被不那么大型的食肉动物吃掉。在这个超级简化的地球图景中，我们首先看到恐龙，接着是哺乳动物，然后是人类统治着陆地，但生态结构一直保存了下来。今天，我们是最主要的吃肉的动物，而牛、山羊和绵羊是最主要的食草动物。我们可能希望这种基本的生态结构能够继续下去，同时，在没有人类的情况下，地理上的独立进化将会再一次在不同的大陆上产生新的大型食草动物和小型食肉动物。这些新物种将来自同一群驯化物种。这将是一个新世界。

就未来数百万年地球上所有物种的总数而言，进化生物学家克里斯·托马斯（Chris Thomas）认为，人类的行为最终将增加全球物种的多样性，因为我们的行为创造的物种将远远多于我们毁灭的物种。[4] 这是一个惊人的结论，但我们星球的历史证明了这一点。在之前的五次物种大灭绝之后，生命均会复苏，在每次大灭绝之后的数百万年里，物种的多样性达到了更高的水平。这是因为多样性似乎会进一步催生出更高的多样性。

我们通过物种灭绝来创造了新的生态空间，并在将物种迁移到新地区的过程中，为新物种的形成增加了机会。当然，在获得牛津狗舌草，和失去唯一的大型食肉有袋动物——袋狼（也被称为塔斯马尼亚狼）之间，没有对等关系。看到物种被灭绝，宏伟的生态系统因为农耕或其他发展目的被夷为平地，即使知道再过几百万年一切都会好起来，这也不会让人感到安慰。尽管如此，未来新物种的进化将会发生，而这些物种的 DNA 中都将早已写进地球生物区系的全球化编码。这是我们的遗产：地球漫长生命历史的新的一页。用“以生命为中心”的标准来定义地质年代的话，我们目前生活在人类世。人类的行为正在创造生命编年史的新篇章。

在这本书的开头，我们问了两个问题，要想说我们现在生活在人类世，我们就需要对这两个问题都给出肯定的回答。首先，地球目前是处于一个新的状态，还是正在由于人类而不可逆地走向一个新的状态，其变化规模与过去由板块构造、大规模火山爆发和陨石撞击造成的地质变化的规模相似？接着，在地质档案、在那些记录历史上关键转变的自然数据档案中，是否有关于这种新状态的可测量的实物证据？

将地球表面重新编织进一个单一的全球生态系统，这清楚地说明，智人已将地球置于一个新的进化轨道上，同时创造出了一个超级间冰期。这表明，人类正在将地球系统从一个状态转变为另一个截然不同的状态。这些变化将持续数百万年，是一段地质学上有意义的时间。正如我们在第三章至第七章中所看到的，人类活动的许多影响都记录在海洋和湖泊的沉积物、冰川冰、树木年轮以及其他的地质记录中。当然，这一人类地层的厚度是各不相同的。1610 年二氧化碳的暂时性下降被记录在地下超过 285 米深的冰芯中，而记录了工业革命时代纽约信息的沼泽沉积物只有 1.6 米深。人类世地层，随着时间的推移变得越来越厚，而且是可以识别和测量的。[5]

经过数百万年的时间，受人类影响的地层最终会在通常的沉积岩形成过程中被压缩形成岩石。我们的城市、垃圾填埋场、海洋中的塑料污染以及更多的东西将成为未来岩石中一个薄却清晰可见的标记。从目前的变化来看，这一层将至少有一毫米厚。一旦短期的环境变化结束，在未来岩石的这层之上，我们的进化遗产将持久长存下去，并被不断发展更新的进化改变所放大。我们可以有把握地得出这样的结论：我们生活在人类世。

## 持久的舌战

尽管有大量的证据表明，人类活动已经创造了一个新的地质年代，但正式确定人类世的定义并将其纳入地质年代表是极具争议的。其中的一些原因是，有些科学家喜欢为定义争论不休。以天文学中冥王星被开除出大行星行列为例。越来越明显的一点是，冥王星不够大，不能被认为是一颗合格的行星。2005 年，阋神星（Eris）的发现迫使这一问题成为焦点。阋神星是一颗比冥王星大得多的行星，但很少有人认为它真的算得上一颗大行星。对大行星的新定义被提出、讨论和修正。2006 年就新的定义达成一致意见：人们正式决定，冥王星现在不是大行星了。尽管如此，那些不喜欢这个决定，并有能力继续抵制它的人——一群科学家，于 2017 年在美国宇航局冥王星计划负责人的带领下，正式提出了一种新的大行星定义方案，这一方案将会把冥王星恢复到其原先的地位。[6]也许我们不久将不得不重新学习，我们的太阳系有九颗大行星。

人类世的正式定名不仅仅是纸面上的文雅争执：它已经成为当代科学中最激烈的争论之一。就这一问题，当然可以期待会有一些讨论。这个决定事关重大：人类世被官方正式认定成一个全新的地质年代，这意味着科学界做出了一个明确声明，即人类的行为已经永远地改变了地球。这将是一个具有历史意义和高度象征意义的决定。这将标志着地球以及依赖它的人类社会已经离开了当前我们称之为全新世的间冰期这一安全地带。一万年相对稳定的环境使许多文明，包括我们今天都生活在其中的、全球相连的文化网络的崛起成为可能，而这种稳定的状态现在已经结束了。

从哲学上讲，承认人类世，就终结了人类活动对一个叫做“自然”的东西施加影响因而人类与自然是分离的这一观念，而这种思维方式至少主导了西方两个世纪之久。科学家们正式宣布我们生活在一个新的人类时代，这可能会对我们如何看待自己在宇宙中的位置产生革命性的影响。我们不是浩瀚星系中一颗行星上的一种无足轻重的动物，而是宇宙中所有已知生命的监护人。考虑到正式承认人类世的重要性，科学与政治（或许并不令人意外）已经形成了一个爆炸性的组合。

有一些研究者认为，尽管人类世这个说法有其优点，但它不应该被包括在地质年代表中。最主要的原因通常是为了保护地质科学免受定义人类世带来的政治后果影响，而不是基于证据本身。有人担心这个词过于流行和政治化。地质学期刊上的重要文章常有这样的标题："人类世属于地层学议题，还是属于流行文化?"，以及"'人类世'时代：是科学决定还是政治声明?"[7] 接着，反对一个正式定义的其他论点也被提了出来。一些地质学家称，受到人类影响的地层还很薄，还不大够得上将其置于正式的地层分类的标准。另一些人则认为，所有的地层结构都必须是实用的才有意义，并且只有对地质学家来说有实用意义的地层才应该被正式承认。[8] 从地质学的角度来看，由于人类世只包含离我们最近的一段时期，而且几乎所有地质学家研究的对象都是更遥远的过去，因此一个新的人类时代对他们几乎没有什么实际的用处，于是它仍旧不应被定义。[9]

但是人类世没有任何实际用处吗？的确，没有人会再回到威廉·史密斯的方法，只是简单地将人类世造成的沉积物置于更长期的地质记录中，并将其与世界其他地方的沉积物进行比较，以试图猜测它的产生时期。自 19 世纪以来，科技的进步使我们几乎已经不再需要使用这种相对年代测定方法了。如今，我们可以使用众多直接年代测定技术中的一种来确定某一地层属于人类世还是另一个地质年代。在特定的时期里，什么是实用的取决于技术发展水平。随着技术的进步，我们对地球历史的评估应该变得更加准确。地质年代表不是某一特定历史时刻的遗物，因此历史实用性不应该成为 21 世纪定义地质时间的标准。在今天，重要的是地质年代表的完整性和自洽性，而不是它对于测量古代岩石时期的实际用途。

还有一个更宽泛的问题，即不同的科学传统如何相互关联。如果对某一术语做出被一致认可的定义，对人类知识的任何分支都有用，而且也存在支持这一定义的证据，那么该术语就应该被定义。有些地质学家只因为他们中的许多人可能不会使用人类世就不想对其做定义，这本身就极不符合科学精神。这就像原子物理学家说，因为他们日常工作生活中不使用千克作为计量单位，所以他们不会通过原子振动帮助建立一个千克的更准确的定义（幸运的是，物理学家们实际上的确为国际度量衡委员会这样做了[10]）。人类世这个概念的功用不仅限于地质学：它已经成为构成当代许多关于人类活动对环境影响的争论的中心。至于一些地质学家是否认为这个术语实用这一点，不应该将其作为决定是否应将人类世列入地质年代表的考虑因素。

另一种历史观点有时也被用来反对正式定义人类世：全新世最初是在 19 世纪，作为“人类文明崛起的时期”被定义的，所以人类世是不必要的，因为现有的地质年代表中已经包含了人类时代。然而，如我们所见，这在历史上是正确的，但并不是一个令人信服的观点。对此，恰当的回答是，应该用此后 150 年里的新证据来重新判定是否有足够的证据来正式定义一个人类地质年代。只有到那时，我们才能知道哪个术语才是多余的——全新世，还是人类世。没有必要依赖 19 世纪人对地球系统中人类组成部分的理解来定义地质年代。总的来说，很难想象有确凿证据支持的观点可以论证，在更新地质年代表时不应将人类世纳入其中。

真正激烈的分歧存在于那些认为人类世应该被纳入地质年代表的研究者内部。这是因为，接受人类活动将地球从一个地质年代推进到另一个地质年代，也意味着将人类历史一分为二：分成人类成为一股持久的自然力量的之前和之后。其中的一些摩擦是涉及学科之间的竞争与争名夺利：所有人都想让自己的想法、数据或科学分支，与科学家们认定人类行为何时开始构成一种自然力量这一具有里程碑意义的历史性决定联系在一起。考古学、气候学、生态学和地质学等不同领域的科学家都可以感觉到，他们的数据对理解和定义人类世至关重要。[11] 此外，人们会争论人类世何时开始，这完全是意料之中的，因为选择标志着人类世的开始的日期和事件将会改变我们讲述关于自己的故事的方式。

这些彼此不同的人类世起源故事可能具有强大的力量。例如，将人类地质年代的开端与早期人类狩猎或早期农耕的影响挂钩，可以在政治上将环境变化正常化。这对于那些希望避免讨论我们应该如何应对环境变化的人来说，将会是非常方便的，并且他们可以通过说“我们又能做什么呢？改变就是人类境况中永恒的一部分”来将其纳入到人类的故事中。我们在围绕“善人类世”（the ‘good Anthropocene’）这一概念的讨论中看到了这一点。善人类世假定了一个在快速的环境变化下蓬勃发展的人类社会，这都是因为人类具有适应能力。地理学家厄尔·艾利斯在正面意义上使用这个术语，他也是人类世始于数千年前这一观点的主要支持者。[12]

而在断代学光谱的另一端，一些学者过度执着于辨认出导致人类世形成的一次晚近的“断裂”，因此他们只关注最近期的人为气候变化。哲学家克莱夫·汉密尔顿（Clive Hamilton）是这一观点的主要倡导者，他简洁地说：“地球系统科学之外的其他学科扭曲了人类世的概念”。[13] 这种观点倾向于将人类世简化为气候变化，它削弱了人类活动如何改变全球生命形态，并且其影响将持续数百万年一事的重要性。

这些关于人类世何时开始的激烈争论进一步强化了这样

一种观点，即避免给人类世下定义是明智的，这样地质学界就可以免于发表政治声明。[14]具有反讽意味的是，如果证据确凿，那么不去定义人类世这件事本身就是一种极具政治色彩且在伦理上同样可疑的立场。如果人类世被正式定义，这是一个重要的声明。如果人类世没有被正式定义，这同样也是一个重要的声明。科学家们无法回避围绕着人类世的政治。

要想给人类世下一个正式的定义，就必须谨慎、自觉地将对科学证据的衡量（对证据的衡量不应带有政治意识形态），与社会如何使用这些证据分离开来——后者总是会包含对新信息作出政治反应。这种分离在其他科学领域经常发生：医学研究人员会发表令人深感不安的证据，证明现代生活方式正在导致可预防的死亡；气候科学家会发表关于化石燃料排放影响令人极度忧虑的证据。这两个科学社群在各自的领域都就核心数据集和理论达成了广泛共识，无论这些信息是如何被他人使用或误用的。[15]希望在未来几年里，关于人类世的定义问题也能达成类似的共识。

## 混乱的定义年代机制

要在地质年代表上增加一个地质年代，需要地质学家们在包含四个阶段的过程中达成一致意见。首先，国际地层学委员会下适当的分委员会任命一个专门委员会的主席，这个委员会被称为工作组。第二，主席选择加入小组的人员，以便对提出一个更改地质年代表的正式提案提供必要的专业意见。第三，工作组的提议由三组委员会表决：工作组本身、任命工作组的小组委员会和国际地层学委员会。最后一个阶段是由促进地质学国际合作的国际地质科学联盟正式批准，国际地层学委员会是该联盟的成员之一。

可能会令地层学界之外的人感到惊讶的是，只需要很少的地质学家对一项提案进行投票，而这项提案基本上是由一个自我任命的委员会撰写的。工作组通常由 15 到 30 人组成。决定是否成立工作组以及随后对产生的提案进行表决的小组委员会由大约二十几名成员组成。然后是国际地层学委员会的投票成员：主席、副主席和秘书加上代表显生宙每一纪的代表各一名，以及与前 40 亿年有关的代表两名，总共 18 名。之后，国际地质科学联盟执行委员会的九名成员将考虑是否批准他们的决定。由于只有少数人在一个以上的委员会中任职，因此将由总计约 80 人的投票者来决定未来人类世的定义。

从正式定义全新世的过程中可以看出这些小团体的局限性。我们在第二章中看到，当地球处在今天温暖的间冰期时，我们身处全新世，而被选中的金钉子代表的是氘（或重氢）的一个变化，即北格陵兰冰芯项目（NGRIP）下方 1492.45 米深处钻探的冰芯，距今 11650 年。这一指标标志着温度的变化，即一个短暂的寒冷期——因为在由冰期到间冰期这一长期变暖过程中，许多地质沉积物在这一时期显示出明显而一致的变化。氘的水平在地质沉积物内部的暂时下降或变化提供了一个有用的标志，可以与世界上同时发生的其他地质沉积物中的地球系统的变化相关联。就像6600万年前用来标志恐龙灭绝和哺乳动物崛起的铱一样，氘本身的变化对地球系统并不重要——它只是一个标志。在全新世这个案例中，地球系统的变化是由冰期向间冰期状态的过渡。

全新世的定义是由第四纪地层分委会全新世工作组的16名成员提出的。不出所料，16名成员都投了赞成票。再往上一层，第四纪地层学小组21名成员中有18名投了赞成票，3名成员没有交回他们的票。然后，国际地层委员会的16名投票成员投了赞成票，1人弃权，1人没有答复。最后一关，由9个成员组成的国际地质科学联盟在2008年5月批准通过了这个定义。

对全新世的定义没有争议。它仔细地辨认出了最后一次冰期与现在的间冰期的界线，在技术上令人印象深刻，而且它是一个用沉积物而不是岩石来定义地质时间单位这一做法中令人称赞的例子。事实上，在那个方面，它可以成为一个如何定义人类世的模型。但是作者们忘记了全新世这个词的起源，因此没有提到这是一个人类地质年代，如人们最初在19世纪将这个词发明出来时所认为的那样。[16]

回顾一下，除了那些撰写提案的人，只有不到40人参与了将目前的间冰期确立为一个地质年代的决定。更令人惊讶的是，这群地质学家竟然同意了一项衡量标准显然与任何其他地质年代都不一致的提案。地质学界特别将这一个稀松平常的间冰期挑出来，为它赋予了重大的意义，而在过去的 260 万年里，间冰期的数量超过 50 个。

在全新世提案被提出并投票表决的同时，第四纪小组委员会也在推动将我们生活的纪正式确立为第四纪。在这里，值得充实一些细节，因为这可以帮助我们理解当试图正式定义人类世时要面对的一些额外困难。第四纪就新近纪（“新生命”的纪）地层是否延伸到今天，或者新近纪是否与更近的纪（即第四纪）有重叠的争论已经结束。这在很大程度上使赞成新近纪的海洋地质学家与赞成第四纪的陆地地质学家对立起来。围绕第四纪的争执极为激烈：《科学》杂志称之为“年代之战”（a “time war”）。[17]

人们喜欢第四纪这个名字恰巧与其不喜欢新近纪的理由相同。研究第四纪的地质学家主办各种以这个名字为题的科学期刊和会议。正如国际第四纪科学联合会前主席约翰·克拉格所说（显然没有讽刺意味）：“第四纪是地质历史上最重要的时期。”[18] 然而，鉴于 19 世纪的四层岩石层模型已经被取代，这自然就引出了一个问题——第四纪是否是一个错误的年代命名。1997 年，国际地层学委员会任命的新近纪小组委员会获得了一些必要委员会的同意，并为新近纪确立了一个新的金钉子。这并没有引起太多争论，因为新近纪及其边界的概念是对地质学规范的相对直截了当的应用。然而，这种共识带来的一个连锁反应是，由于第四纪并不是一个官方定义的术语，新近纪便一直沿用到了今天。第四纪的研究人员花了很长时间才弄清楚之前发生了什么。当他们明白后，他们非常愤怒。

2004 年，当一本新的地质年代表出版时，第四纪却不见了。人们抗议不断。由于地质学界一致认为，只有在十年的“冷却期”结束后（这是一个表明争论可以变得多么激烈的指标），地质年代表才能再次被修改，因此几乎无法立刻采取任何行动。结果是发生了一场精心策划的运动。2007 年，国际第四纪科学联盟（由第四纪地质学家组成的重要科学学会）全票通过了——“第四纪跨越了地球最后 260 万年的历史”的决议。与此同时，地层学领域的最高权威——国际地质科学联盟感到很紧张，并敦促各方达成共识，拿出解决方案。有人辞去了重要职位，国际地质科学联盟执行委员会指责国际地层学委员会在程序上违规，并撤回了提供给他们的拨款。[19]

2008 年，一旦到了规则容许挑战的时候，最后的胜负决战就开始了。新近纪小组委员会重申了他们的立场，但被第四纪小组委员会否决。第四纪小组委员会建议正式将第四纪收入年代表，同时改动其界限，使其从 260 万年前开始，而不是像以前那样从180万年前开始。为第四纪辩护的主要科学理由是，在冰期和间冰期之间重复发生的行星周期摇摆非常重要，足以构成一个纪。新近纪小组委员会不赞成这一说法，因为他们认为，地球在过去曾多次经历冰期，而它们都没有用于定义地质年代。生命的变化对于确定岩层和年代很关键，而新近纪动植物群在260万年前没有发生足够大的变化。双方存在根本分歧。

两份提案都被提交上去，人们投票表决。第四纪地质学家的数量要多得多，加上他们令人印象深刻的发起运动的能力，最终他们赢得了胜利。2008年，国际地质科学联盟批准第四纪为官方名称，该词沿用至今。尽管地质学界已经将第一纪、第二纪和第三纪从历史上淘汰，但第四纪再一次成了地质年代表的正式组成部分。至关重要的是，依照现在的定义，新近纪在260万年前结束，但当时生物界没有产生任何重大的纪一级类型的变化。研究某一科学分支者的数量之多，以及他们希望自己的专业变重要的愿望，压倒了科学的严谨性。自利动机战胜了证据和逻辑。这个科学委员会展示了即使没有定义人类世这一问题上的额外压力，地质年代的定义也可以多么情绪化和富有争议。[20]

我们所处的地质年代，其正式定义，至少在过去20年里一直是一个专业与政治上各方争执不下的棘手问题。如果我们根据生命的变化，坚持地质年代表内部一致的时间划分，结论可能是我们生活在新近纪的更新世。但由于一系列的历史偶然事件和一小撮地质学家的投票模式，我们被官方认定为生活在第四纪的全新世。

正如前文对定义地质时代的官僚程序的这次简要介绍所显示的那样，即使公众对人类世没有兴趣，地质学家们也将在是否将其认可为一个地质年代的问题上展开一场残酷的战争，因为它能让人们进一步理解其他许多被人们珍视但又难以捍卫的决定。全新世这一命名能否在坚持定义人类世的呼声下继续存在？反过来，捍卫全新世会导致反对正式定义人类世吗？更宽泛地说：为了符合第四纪和全新世的框架结构，是否应该认为人类世的气候证据比生物学证据更重要，虽然后者才是更为持久和强大的影响？我们所看到的是，对我们所生活的地质时代的定义与数据和证据有关，但同时也与游说和投票有关。人类世工作小组就是在这种充满争议和冲突的背景下诞生的。

## 人类世工作小组

2009 年，在成功地定义了第四纪和全新世之后，第四纪地层小组委员会成立了人类世工作小组（The Anthropocene Working Group），以决定是否需要一个对人类世的正式定义；如果需要，这个定义应该是什么。该小组由莱斯特大学深时地质学家简·扎拉塞维奇（Jan Zalasiewicz）担任主席，英国地质调查局的科林·沃特斯（Colin Waters）担任秘书。组成人员还包括若干地质学家、地球系统科学家、考古学家、地理学家、历史学家、一名律师及一名记者。[21] 令人惊讶的是，该小组的运作很不正式：没有关于邀请谁加入该小组的书面程序，也没有公开的会议记录。2014 年，人类世工作小组因其主要由男性、白人及富裕国家的人组成而受到严厉批评，因为在它成立五年之后，它仅包括一名女性和四名来自欧洲或北美以外地区的成员。不知是因为被批评说他们正在定义“Manthropocene”（一个在推特上被广泛分享的话题标签）的语言所刺痛，还是巧合，这个小组中女性人数已经增加到了 5 人。[22] 在笔者撰写此书时，人类世工作小组有 36 名成员。

如我们在第一章看到的，最初的讨论将人类世的定义指向始于 18 世纪末的工业革命。[23] 人类世工作小组的工作从协调工作和发布重要的论文合集开始，以便为人类世的含义寻找地质学术语依据。他们注意到，许多地质沉积物显示，地球系统已经脱离了全新世的环境条件。

到 2014 年，很明显，对于人类世何时开始，甚至在更基础的层面上，关于如何定义人类世，人们都还没有明显的共识。[24] 从广义上讲，关于定义人类世的方法有三种观点。一些人认为，缺少包裹在岩石中的化石可能意味着需要重回地质学家定义寒武纪生命爆发前的年代的方式，即先查看证据，然后选择一个经过委员会认可的时间点作为人类世的开始，即全球标准地层年龄。有些人认为人类世与过去任何一个地质年代都不同，因此需要用一些新的方法来定义它。另一些人则认为，通常使用的，定义一个年代的“金钉子”方法是正确的。

2015 年，人类世工作小组采用了一种新的方法来整理和传播人类世的证据。他们开始发表集体声明，而不是主持和编辑科学界的大量论文。第一篇声明在科学杂志《第四纪国际》（*Quaternary International*）上，它指出，在他们看来，人类世始于 1945 年 7 月 16 日。正如委员会主席简·扎拉塞维奇所解释的那样，“核武器的首次展示应该标志着上一纪——全新世的终结以及新的人类世的开始。”[25] 这次代号为“三一”（Trinity）的核爆炸发生在美国新墨西哥州的霍尔纳达德尔穆埃托沙漠，是人类世的起点。人类世工作小组的结论是，人类世是真实存在的，它始于 1945 年。全世界的媒体都报道了这一结论。

《第四纪国际》的报告并没有被人们完全接受。从技术上讲，人类世工作小组选择了使用全球标准地层年龄，而不是通常的金钉子。工作小组内部也有保留意见：几个月后对成员进行的非正式调查显示，只有两名成员认为 1945 年 7 月 16 日是人类世开始日期的最佳选择。[26] 本书的两位作者独立地在一流的科学杂志《自然》上发表了一篇同样引人注目的关于如何定义人类世的综合分析。我们指出，现代地质标准（包含一个金钉子），应该被用来标志人类世的开始。[27] 以全新世工作小组的主席为首的其他地质学家也对 1945 年这个定义表示反对。[28] 几乎没有一个密切关注这些争论的人，包括提出这一观点的《第四纪国际》的大多数作者，认为人类世始于 1945 年 7 月 16 日。工作小组没有说明为什么少数人的意见会以这种方式公开发表。

一年后，人类世工作小组修订了联合声明。2016 年 1 月，在总结了地质沉积物中人类活动的明显特征证据后，他们在著名的《科学》期刊上写道："还有一个问题仍在争论中，即正式确定人类世是否有帮助，还是将它视为一个非正式但有坚实基础的地质术语会更好，像前寒武纪和第三纪一样。"[29] 报告接下来说，他们还没有决定用全球标准地层年龄还是金钉子来标记人类世的开始。[30] 对人类世的定义也没有达成一致意见。

7 个月后的 2016 年 8 月，事情又发生了变化。工作小组又进行了一次非正式表决。这次的统计结果显示，现在只有两名成员认为应该用委员会选定的一个全球标准地层年龄日期来定义人类世。就在一年前，这个小组的科学家在他们刊登在《第四纪国际》的声明中才告诉了世界相反的事情。甚至仅仅在 7 个月前，他们还在《科学》杂志上撰文称，他们还没有决定是使用全球标准地层年龄还是金钉子。没有公开发表的新证据能解释这种观点的变化。

当谈到人类世开始的日期时，2016 年 8 月关于可能开始日期的投票甚至没有包含 1945 年这个选项！ 2016 年 8 月，绝大多数人类世工作小组成员认为应该用金钉子来定义人类世，并提出了九个不同的金钉子。其中一些与大加速有关，日期在 1950 年到 1964 年之间。人类世工作小组在新闻发布会上说，在 2016 年 8 月会议上，他们已经投票并一致同意正式定义人类世，并将在未来几年里生成一份提案。[31] 正如《卫报》所报道的："人类世：科学家宣布，受人类影响的年代已经拉开帷幕。"

这对于国际科学委员会来说，是个极不寻常的声明：通常一个人做科学的方法是分析证据，然后在此基础上做出推断。之后，这个人的成果会被同行评审。一旦你的同行对其满意，该论文就会被发表。但是在这次的情况中，结果首先被宣布，然后证据进一步被编纂成一个专业定义，供同行评审，并在之后公布。这不是科学的通常流程。

为什么人类世工作小组的工作是以这种方式展开？似乎在 2014 年的某个时候，人类世工作小组的主要成员就决定迅速公布，并在关于人类世的争论中留下他们的印记。然而，这一切发生在工作小组内部或更广泛的学术界达成共识之前。结果是产生了一系列来自工作小组的，快速变化的观点，这些观点通常是通过媒体非正式地报道出来，但并没有解释这些观点是如何以及为什么发生了变化。另一个进一步的后果是，现在人类世工作小组有了立场来为之辩护，而不是中立地综合现有证据。最近发表在美国地质学会自己主编期刊的文章反对正式定义人类世，文章指责人类世工作小组做出了错误的陈述。[32] 人类世工作小组随后予以还击。[33] 正如我们在关于第四纪的年代之战中所看到的，地质学家可以为了官方术语进行长期而艰苦的斗争。定义人类世，看起来是另一场残酷的战斗。

我们现在到了哪一步？经过八年的工作，人类世工作小组在整理显示人为变化的地质档案数据方面取得了巨大的进步。该小组确保了人类世争论在全球范围内广为人知，并且刺激了新的研究和大量的讨论。但对于我们应该如何定义人类世，目前还没有明确的策略。各个国际科学委员会的准则也缺乏一致性和透明度，从而产生了很大的混乱。这意味着，科学界对人类世还远没有一个正式而专业的定义。正式程序的下一步是评估整理过的证据，并就如何定义人类世提出一份权威且公正的报告。这份报告还有好几年才能完成。而与此同时，我们将在下一章为定义人类世提供一种透明的方法，包括人类世确切的开始时间。

第九章

CHAPTER 9

# 定义人类世

我们越是懂得如何让更多不同的眼睛去看同一事物，我们关于此事物的“概念”、我们的“客观性”就越加全面。

弗里德里希·尼采，《论道德的谱系》，1887 年

我们不能精确地定义任何东西。如果我们试图这样做，就会陷入哲学家们的那种思维瘫痪……一个人对另一个人说：“你不知道你在说什么！”第二个说：“你说的‘知道’是什么意思？你说的‘在说’是什么意思？你说的‘你’这个字是什么意思？”

理查德·费曼，《费曼物理学讲义》第一卷，1961 年

定义是人与人之间的契约，它是一种社会惯例。当两个人见面时，假如一个卖糖，另一个想买糖，要一千克的糖意味着双方脑海里需要对一千克的糖有一个相同的定义，并且他们要有一个一致的方式来判断它是否正确。仲裁的方式就是经过正式定义的一千克的砝码。这些社会惯例有时需要非常精确：想象一下，如果两名医生在讨论开一种药，但却没有就使用哪种度量的衡器达成一致意见，或者人们在服用这种药时并不知道其中含有多少活性物质，会出现怎样的情况？现代生活之所以能顺利展开，其关键是社会惯例的集体接纳，我们称之为定义。这些定义使我们能够有效地交流精确的信息并迅速解决分歧。这些社会惯例是如何产生的呢？

我们熟悉的质量单位——千克的历史可以说明其中的一些核心要素。我们手上长着十根手指，这直观地指向一个十进制体系。十进制曾出现在埃及象形文字中，并且由于商人和早期科学家为了计算需要更好的度量和登记方法，该系统在 16 世纪得到了广泛的应用。荷兰数学家西蒙·斯蒂文（Simon Stevin）在 1585 年出版的畅销书《论十进》（*The Art of Tenths*）中提出了使用十进制的预言，但由于没有一个权威来将十进制定为唯一的计数体系，他的这些想法并没有成为社会规范。

法国大革命带来了一个具有权威性的机构：法兰西共和国。1789 年，法国君主政体被推翻，一种新的十进制系统应运而生，与新共和国的“自由”与“平等”相匹配。政治上的需要是寻求一种与旧政权及其偏见决裂的计量体系。像革命者所说，假如人们“生来就享有自由和平等的权利”，那么新的长度、重量和体积单位也应该像这些权利一样是恒定而普遍的。当时，法国实际的愿望是给各种多到令人眼花缭乱的非标准计量方法建立一定的秩序。一个基于自然和“自然单位”的度量系统满足了政治和实际的需要。法国科学院承担了必要的技术性工作。1795 年 4 月 7 日，法国法律正式定义了包括米、克和升在内的公制。

这个体系中有一些基本单位，例如米；它统一用希腊前缀表示倍数：deca（10）、hecta（100）、kilo（1000）；用拉丁前缀表示分数：deci（0.1）、centi（0.01）和 milli（0.001）。大革命的法国将米定义为沿着穿过巴黎的子午线测量出的从北极到赤道距离的千万分之一。由此得出另一个度量单位：质量最初是用一升纯水在冰点时的重量来计量的，称为 grave。

然而，激进分子认为这个词太接近贵族的头衔 graf，于是他们选择了克（gramme），它只表示一立方厘米的水在 4℃时（即其最大密度时）的重量。然而，这个重量只相当于四分之一茶匙的糖，在商业上用处不大，所以克的一千倍，也就是一千克，成了标准单位。在政治野心的驱动下，植根于科学，并对商业有用，千克就这样诞生了。[1]

1875 年 5 月 20 日，在法国的领导下，包括美利坚合众国在内的 17 个国家的代表在巴黎签署了《米制公约》，以建立一个普遍、一致的计量体系。今天，58 个会员国成立了国际度量衡委员会。该委员会提出建议，并在广泛的物理计量范围内改进或修改定义。法国仍然发挥着核心作用，它的官方基础单位 SI 被全世界的科学界所熟知，它是国际单位制（法语 Système Internationale d'Unités）的缩写。

但实际的计量怎么样呢？对于米制基本单位来说，由于地球不是一个完全的球体，精确测量的困难就变得显而易见；自转让地球的两极成了扁平的。更糟的是，地球自转中微小的不规则现象意味着一米并不是一个真正恒定不变的长度；它的长度将取决于它是什么时候被测量的。作为替代，人们在巴黎制作并保存了一个标准米的实物，作为所有其他测量的参照标准。但这也不能真正地令人满意，因为它既不精确（直接基于自然），也不实用（只有巴黎一个地方有唯一的实体标准）。今天，一米的官方定义是光在真空中 1/299792458

秒的时间里所通过的距离。这个定义很好，因为它是一个非常精确的书面说明。任何人都能用精准的仪器准确地测量和知道一米的长度。这个定义确实是可以复制的。

而千克仍然是由一块精心制作的金属块定义的：在巴黎有一个由 90% 的铂、10% 的铱打造的“国际千克”，称为“Le Grand K”。这是其他质量计量的参照物，但这也并不十分令人满意，所以国际度量衡委员会目前在进行用更准确的书面定义取代 Le Grand K 的程序。他们建议使用普朗克常数——光子携带的能量——来重新定义千克。该方法要求三个独立的小组通过至少两种不同的方法，用普朗克常数分别得出一个新的千克定义，并发表其答案。如果这些独立小组的结果一致，一个新的千克定义将随之而来。根据最近的研究结果，新的定义可能会在未来的几年出现。[2]

重新定义千克的过程所遵照的是更一般性的科学过程：独立的科学家发表他们的研究结果，使其他人有可能复制他们的结果。当这些结果被大多数专家成功重复验证并接受时，这些新知识就会在我们的头脑中被归档为“我们所知道的东西”。几年后，它就会出现在科学教科书上。

然后，随着新的证据浮出水面，科学家们重新评估那些“我们所知道的东西”，我们的理解也在慢慢推进，虽然有时会出现曲折和迂回，但总的来说，随着时间的推移，我们的理解在进步。对于一个统一的计量系统，法国大革命提出的，所有单位都应该是恒定的，并且要以自然为基础的观点也具有进步性。物理学家们在设法解决一千克的确切意义，与此同时，我们能将同样的思路应用到人类世的定义上吗？

## 由三个部分组成的框架

定义人类世的框架的第一部分是最简单的：审视人类活动已经开始将地球从一种状态改变到另一种状态的证据。本书的第一部分探讨了这个问题，我们没有看到科学界对这种转变有什么重要的反对意见。人们一致认为，二氧化碳排放正在推迟下一次冰期的到来，我们已经脱离了全新世间冰期的状态。地球上生命的变化标记出了我们造成的长期影响。人类行为现在对进化产生了重大的影响，在地球生命上留下了混杂和同质化的永久的进化遗产。就像在地质学上的过去一样，这些变化也将在未来的化石记录中被发现。地球正被人类活动带入一个新的状态。

我们的框架的第二部分是评估这个新状态是否在地质沉积物中被标记了出来。这是因为，如我们在第二章中所看到的，地质时间被地球自然数据存储设备——地质沉积物（通常是沉积岩）的变化所标示。同样，这部分证据在本书的前半部分也有提及：无论是记录了农耕扩张以来大气中二氧化碳变化的冰芯，沼泽中记录了工业革命的化学污染的沉积物，还是记录了核微粒的树木年轮，证据都是丰富的。受人类影响的地层，包括那些由于海平面上升而将被废弃的沿海城市，垃圾填埋场，海洋塑料污染以及更多的东西，最终都将被压缩进通常的沉积岩形成过程中。从目前的变化来看，它们将在未来的岩石中形成一个薄而清晰的标记，至少有一毫米厚。在这一层之上，我们的进化遗产将会持续，即使由人类活动驱动的环境变化结束也是一样。这正与过去发生过的相同：新生命形式的进化，标志着在地质年代表上正式形成的生命编年史的新篇章。基于我们现在所能测量的东西，人类世地层是存在的，而且将继续发展下去，留下一个不可磨灭的标记，直到地球历史上的新事件开始形成一个可辨识的后人类世地层。

我们框架的第三部分是确定地球从前人类世过渡到人类世状态的转变发生在什么时候。这个决定当然并非完全自然的。“突然，一切都变了”的历史时刻并不存在。农耕产生了重大的影响，但它要取代狩猎-采集成为世界上的一种生存方式还需要时间；直到 1493 年，全球贸易才算得上成型；工业革命从开启到传播到世界各地经历了两个多世纪的时间。因此，要就一个改变世界环境影响的关键历史时刻达成一致意见将是极其困难的。与哥伦布大交换、工业革命或 1950 年后的大加速相比，我们该如何对作为地球历史以及人类历史上的关键转折点的农耕传播的影响进行有意义的评估？

我们需要一些规则。好消息是，正如科学领域中的一贯情况一样，我们可以在已有的基础上发展这些规则。如我们在第二章中所指出的，地质年代是由包裹在化石中的地球状态的明显变化以及岩石或其他地质沉积物中变化的物理和化学特征划分的。然后一种沉积物被选择作为地层的下边界，再在该沉积物中选择一种标记作为锚点，为当时其他相关联的全球范围内的变化提供参照。所选择的锚点标记便是所谓的金钉子，专业上被称为全球层型剖面和点位。金钉子并不是地层本身，它只是一个方便的地层开始的标记。在人类世的情况中，该标记指的是："我们现在正在进入人类地质年代，所以从这一点开始，地质沉积物中预计会有越来越多的不寻常的由人为驱动的变化。"金钉子标志着新事物的开始。它预示着人类世的开始；确定该标志之后出现的是新的日益受人类影响的地层。

通常，一个分布广泛的新物种的化石的出现，或者岩石中一些可检测到的物理或化学变化会被选为金钉子。理想的情况是，整个地球系统的环境变化是如此快速，并且生命体对这些变化的反应也是如此快速，以至于它们立刻在沉积物中留下了化学遗迹和新的化石物种。这样就能确保全球范围内的变化具有完美的相关性。当然，这是虚构的。全球气候不会立刻发生变化，物种也需要时间来进化。但是，将大量的时间压缩到一块岩石很短的一部分上，这就意味着，看起来仿佛一种新物种已经出现并进化，同时又在差不多同一时间到达许多地方一样。仔细观察，不同岩石中的标记物往往是跨越了不同时代的，这意味着同一种化石或化学特征的年代会随着地域发生变化。试图定义一个地质年代单位的结束和另一个地质年代单位的开始一直是一个令人头痛的问题。在人类世，这个问题变得更加严重：目前还没有对人类世地质沉积物有意义的压缩，来掩盖沉积物中的变化在不同地方发生的时间略有不同这一事实。

全球地质档案数据的非共时性被视为是一个需要攻克的严重问题，以便获得一个可行的人类世地质定义。相反，我们可以把这一明显的劣势转化为我们的优势，并利用它来减少令人困惑的人类世开始标记的角逐者。筛选关于与同时发生的其他全球变化相关的真正的全球同步标记的证据，可以从根本上缩小标记人类世开始的金钉子的潜在候选者的范围。

## 人类世是从何时开始的?

正如我们所看到的，人类在全球范围内造成的最早的影响是巨型动物的灭绝。这些事件发生在大约40000年的时间跨度内，因此不能形成一个同步的全球标记或金钉子。在欧洲“地理大发现”期间对巨型海洋动物的大规模屠杀之前，这些动物灭绝只发生在全球的陆地上。此外，地质学的惯例是用新物种的出现或化学变化来标记边界，而不是用物种的存在或消失来标记边界。因此，我们可以排除人类世侵入更新世的可能性。人类世的开始不能早于图 9.1 的第一幅图所显示的全新世的开始。

我们已经将人类社会的发展定义为两次能源转变和两次人类社会的组织转变，每一次转变都增加了改变环境和地球系统的新能力。第一次重大的能量转变是通过驯养动植物利用来自太阳的辐射，这种转变是历时性的，要取代狩猎-采集作为人类生存的主要模式，需要数千年的时间。然而，农业革命确实影响了温室气体的浓度。温室气体在全球范围扩散，并可以在几周内均匀地混合在大气中。这些气体可以在地质沉积物中提供全球同步的标志。

自全新世开始，5000 年来甲烷浓度下降的趋势就被逆转了，因为中国的水稻产量扩大，而欧亚大陆的家畜数量也在迅猛增加。甲烷浓度的最低点出现在距今 5020 年前，如图 9.1 中的第二幅图所示。甲烷的全球变化可以在世界各地的沉积物中发现，所以甲烷作为一个单一的全球标志是合格的。但由于农耕的直接影响是历时性的，地球系统并没有发生突然的变化，所以其他的沉积物也没有明显的变化。这意味着人类世并非始于农耕，也不是从它传播到世界其他地方时开始的。

下一次的转变是组织性的：全球化 1.0——现代世界的开

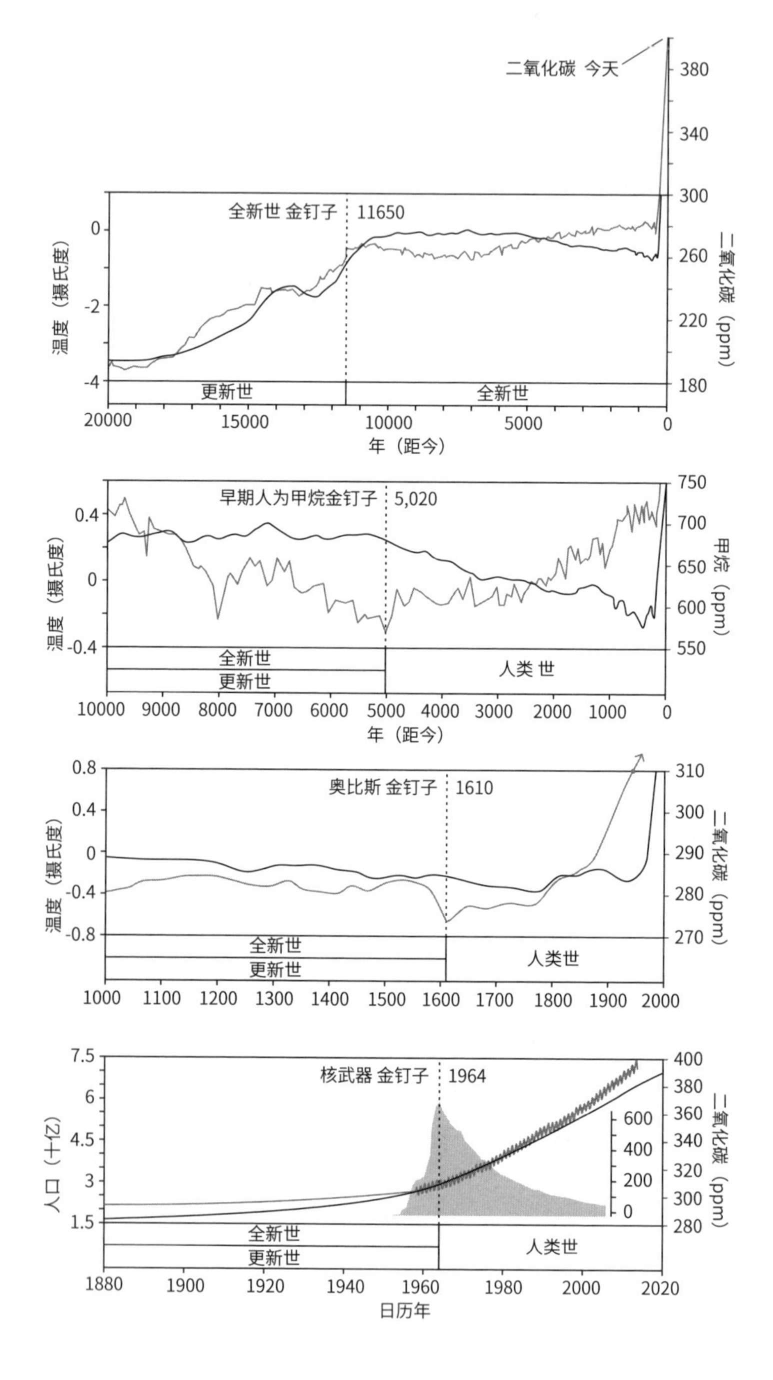

二氧化碳 今天
全新世 金钉子 11650
温度（摄氏度）
二氧化碳（ppm）
更新世
全新世
年（距今）
早期人为甲烷金钉子 5,020
甲烷（ppm）
全新世
更新世
人类 世
奥比斯 金钉子 1610
人类世
核武器 金钉子 1964
人口（十亿）
日历年

端。欧洲人到达美洲和他们的全球航行第一次将人类与全球贸易和全球经济联系在一起。哥伦布大交换将一些物种传播到世界各地，这与地质学上其他年代的正式分界有明显的相似之处。然而，新物种并没有在地质沉积物中出现，而是首先出现在新大陆或新洋盆中。例如，玉米是在哥伦布回来后才到达欧洲的，它的花粉于 1600 年首次出现在欧洲。之后，在欧洲 70 多个海洋和湖泊沉积物的岩心中可以看到存在玉米花粉。[3] 这些变化可以标志人类世的到来，但是，就像所有的生物变化一样，它们是历时性的，所以它们可能并不是一个好的金钉子。

哥伦布大交换也使疾病全球化了。正如我们在第五章中看到的，1492 年哥伦布到达美洲后，美洲大陆大约有 5000 万人死亡，农业崩溃。因为一棵树几乎 50% 的干重是碳，而且每个人需要超过一公顷的农田为他们提供食物。所以当大面积的土地重新长成森林，大气中数十亿吨的碳被去除，转移到了新的树木中。这被看作大气中二氧化碳含量的一次下降，始于 1520 年，1570 年之后下降得更厉害，1610 年在南极冰川

（左页图）图 9.1　总结了地球系统的变化和标志着人类世开始的金钉子。由上到下，年代逐渐扩大到今天，从全新世的金钉子（GSSP）开始，与今天的二氧化碳浓度作比较。温度值都是相对于 1961 年到 1990 年的平均值，所以比它更冷的时期是负值，更热的时期是正值。下图中的放射性碳（Δ $^{14}$C）的值是相对于绝对国际标准的变化，1950 年设置为零。[5]

冰中捕捉到了最低点，如图 9.1 中的第三幅图所示。1610 极小值奥比斯钉（Orbis Spike 1610 minima），即对二氧化碳中碳同位素的相关测量，显示出陆地对碳的剧烈吸收止于 1610 年，这或许能为我们提供一个金钉子。[4]

二氧化碳的减少导致了全球变冷和小冰期最冷的部分。对 500 多个不同地质档案的分析表明，在过去 2000 年里，除了最近一个世纪的变暖，1594 年至 1677 年是唯一一段全球气候同步变化的时期。[6] 这种暂时的降温，接着在工业革命后出现的长期变暖，可以提供一个类似于氘拐点的金钉子，氘拐点被用来定义全新世的开始，正如我们在第八章中描述的那样。全球气温下降的地质档案可以提供定义人类世的金钉子所需要的全球相关性。[7]

随着时间的推移，我们继续推进到第二次能源大转变，即向化石燃料的转变和工业革命的开始，此时我们看到大气中二氧化碳的含量大幅上升，远远超过其在整个全新世的水平。然而，二氧化碳指数级的上升记录在地质沉积物中，显示为相对连续的平稳变化，而不是一个好的金钉子所需要的剧烈或突然的变化，一个好的金钉子可以与当时发生的其他变化相关联。同样地，由此带来的气候变化相对平稳，全球表面气温从 19 世纪初开始上升，但再一次地，它没有提供良好的地质档案的相关性。在全新世中，长期的冷热转变中间发生了短暂而突然的变化；与全新世的这个定义相比，我们在工业革命时期没有发现任何与之相似的变化。和第一次能源革命一样，与工业革命有关并且在地质沉积物中发现的其他变化也历时两个多世纪。尽管第二次能源转变对社会、经济和环境产生了深远的影响，但它并没有提供在全球范围内遍布的一系列地质标志，而这些标志是描述人类世的开始所必需的。

我们社会发展时间表的最后一个阶段，是人类社会的第二次重组，即全球化 2.0，它由在全球范围组织起来的文化网络发动，以经济核心地区的商品生产和消费作为主要集体目标。第二次世界大战后经济活动的大加速，导致几乎所有的地质沉积物都具有各种各样的人为标志。

正如我们在第七章中所看到的，这个时期一个好的同步标志是全球核试验的放射性坠尘，它在 20 世纪下半叶急剧上升和下降，作为对 1963 年的《部分禁止核试验条约》的响应。这种标志可以在湖泊和海洋沉积物、冰川冰、树木年轮、洞穴的钟乳石等其他地质档案中发现，而且它通常非常清晰。但是究竟应该选择哪种放射性元素呢？正如我们已经讨论过的，每一种都有其优点：碳-14（在年轮中可以检测到，因此它给出了人类世的一个精确开始）；钚-239（在海洋沉积物中有清晰的标志，因此便于今后的检测）；和碘-129（其半衰期为 1570 万年，因此将延续整个人类世）。[8] 碳-14 是一个很好的选择，因为它被用于放射性碳年代测定，所以科学家们都对它很了解。依据今天的技术，碳-14 可以测至大约 5 万年前，这很容易满足未来几代科学家的需要。

最后，一个可能的金钉子应该放在标志的哪个位置？可能放在 20 世纪 50 年代可探测的核尘降物最初增加的时候，也可能放在 60 年代达到峰值的时候。如图 9.1 所示，放射性坠尘的峰值似乎是一个更合理的选择，因为它是一个更稳定的定义。当然，最早的可探测日期取决于技术——随着探测能力的提高，人类世的开始时间将被进一步向后推至接近 1945 年。但在未来，由于这个标志在沉积物中将被逐渐压缩，首次探测的日期将越来越接近沉降物的峰值。放射性坠尘的峰值不会受到这些测量问题的影响。然而，关于选择第一个可探测到的还是达到峰值的核放射性坠尘作为起始点的技术争论仍在继续。[9]

总而言之，用来自每年在地质沉积物中检测到的核放射性坠尘的同位素作为一个特定的金钉子，它提供了一个稳定、持久的标志，并且与全球其他地质沉积物中的核放射性坠尘相关联。我们支持使用树年轮中碳-14 的放射性坠尘峰值，关于这一点，目前有一个王宫城堡（位于波兰东部克拉科夫的涅波沃米采）松树的全面研究，该研究已经被发表。这些树木提供了一个可能的强力的金钉子，证明人类世始于 1964 年。另外，南大洋坎贝尔岛上的一棵被称为世界上最孤独的树——西加云杉，可能会提供金钉子。它在 1901 年被种下，在1965年显现了碳-14的峰值，因为放射性坠尘需要更长的时间才能到达南半球的最南端。[10]也许可能有更好的选择，但在撰写本文时，这些是仅有的被发表的具体建议。[11]

我们还需要找到地质沉积物的相关变化，以匹配爆炸性钉子，来显示地球系统的主要变化。候选材料包括塑料和其他新材料，人类制造的化合物，例如持久性有机污染物，或由转基因作物花粉标示的新生命类型。所有这些都已在世界各地的沉积物中被发现。同样，有迹象表明，碳、氮和其他元素通常的循环模式受到了严重的破坏。然而，将这些变化联系起来并不简单：对来自核放射性坠尘的化学标志最好的解释是，它相当于一次人类制造的重大“火山喷发”。核试验既不是大加速的驱动因素，也不是地球系统内其他连锁变化的原因。这是二十世纪下半叶人类活动加速的诸多影响之一，每种影响首次发生的时间和首次出现在地质沉积物中的时间都不一样。

添加标记物来显示核放射性坠尘的全球相关性有些随意，要么选择更紧密地匹配1950年代第一次检测到的核放射性坠尘（一些塑料微粒），要么选择1964—1965年核放射性坠尘的峰值（拐点的速度增加，大气中二氧化碳的浓度增加，一些偏远的北美湖泊也发生了变化）。[12]虽然人类世地质学家们关于这一大约12年的差异争论不休，但就全局而言，有一点是明确的，那就是可以把人类世的开始与大加速联系起来。

或许令人惊讶的是，无论是农业的开始，还是使用主要化石燃料，这两次能源革命都没有为人类世提供一个地质上前后一致的开端。从发展的双重两阶段来看，人类世作为一种地质定义的出现只与人类社会组织的两种转变其中之一有关。要么是全球化 1.0，即现代世界的开始和一种新的资本主义生活方式的出现；要么是全球化 2.0，即对这一体系进行重组，从而扩大对人们日益增加的生产能力的投资，这是大加速背后的驱动力。

我们筛选了可用作金钉子的全球同步标记物的证据，结果是它们给我们提供了两个时间段供选择。第一，现代世界的开始和 1610 年大气中二氧化碳的下降与小冰期最冷的时候相关。第二个时间是 1945 年后的大加速，要么选择初始阶段（1950 年代初），要么是核试验产生的大气放射性碳的峰值（1964 年—1965 年）。也许还有其他的可能性，但一个明晰的框架的美妙之处在于，新的证据可以很容易地添加进来，结论也可以根据需要进行修改。然而，要完成框架的第三部分，我们需要一个合理的方法来从这一小部分可选项中选择出一个金钉子。

## 如何在好的选项中做出决定?

为了在定义人类世的合理方案中作出选择，需要一些一致同意并公开发表的标准，以便任何人都可以自己对证据进行评估。就像国际度量衡委员会一样，如果不同的科学家团体在使用这些标准的问题上得出的答案趋同，那么这将是客观选择人类世起源的有力证据。但是标准会是什么呢？

最近批准通过的全新世是一个近乎完美的模板，因为它将地球系统的长期变化分隔开来，从寒冷的冰川期状态到温暖的间冰期状态，并且是基于非岩石的地质沉积物。在全新世的例子中，一个金钉子和来自世界各地的其他五个地质沉积物被选中来正式定义全新世。[13] 沉积物的化学和生物变化显示出当时两者中发生的变化密切相关，这是对长期温暖的全球气温中突然出现的气温短期急剧下降的反应。因此，选择六个相关的地质沉积物完全可以作为我们框架的最后部分。[14] 使用全新世模板的另一个有用的方面是，全新世的提案在最近关于人类世何时开始的争论出现之前就被接受和批准了，从而使它免受任何想要选择某种规则以获得所需答案的诱惑的影响。

针对那些被考虑过的人类世的开始日期，我们提出以下标准以及一个简单的直觉规则，以便从竞争日期中做出选择：

1. 确定六种遍布全球的地质沉积物，它们可以显示出全球范围内相关的物理、化学或生物的变化，这些变化反映了地球系统的变化。这几种沉积物必须包括北半球和南半球的沉积物：热带、温带和极地纬度的沉积物；以及来自陆地和海洋环境的沉积物。

2. 确保这六种地层沉积物都是完整的沉积物，跨越了上面提出的边界，没有缺失的部分。

3. 确保这六种地层沉积物的每一种都被保存下来，并可以为研究人员所用。这使科学家能够在未来重复或改进分析。

4. 从六种中选择一种与改变了当时的地球系统的人类活动最直接相关的沉积物作为标记，并将其作为标记人类世开始的金钉子。

5. 最后，从六种相关沉积物的所有不同组合中，选择日期最早的金钉子组。这使我们能够在所有这些合格的标记组中间进行选择，并且更全面地捕捉人类的影响。

根据这组标准，我们确定的最早的全球同步标记物和相关变化是奥比斯钉，它标志着哥伦布交换的第一组全球影响。从已发表在科学文献中的沉积物中选择下面六种，可以满足上述标准。这六种沉积物是：

1.1610 年二氧化碳的下降，它是用南极洲西部冰盖内二氧化碳中两种稳定同位素的比值来测量的。

2. 秘鲁冰芯中捕捉的埃纳普蒂纳火山喷发的尘埃。

3. 楚科奇海一种称为硅藻的单细胞藻类的脂质，它与北极海冰的范围有关。

4. 从阿拉伯海取样的浮游有孔虫的数量变化，它是一种单细胞原生动物，可以形成碳酸钙外壳。它的数量变化与海洋温度有关。

5. 中国石笋洞穴中氧的重同位素氧-18 含量的变化，它与亚洲的季风强度有关。

6. 玉米花粉的出现，玉米是一种原产于美洲的作物，出现在意大利海岸外的欧洲海洋沉积物中。[15]

前三种是陆地沉积物，后三种是海洋沉积物。它们都跨越极地、温带和热带地区，包含分布在北半球和南半球的样本。金钉子可能会是南极冰中二氧化碳的碳同位素，因为它最接近地表明了陆地对碳的吸收，其他五个完成了人类世基础的初步定义，如图 9.2 所示。根据这个框架，人类世始于 1610 年的奥比斯钉。[16]

## 奥比斯钉

将人类世定义为从 1610 年开始的地质时间单位，意味着在这个日期之后，人类活动的影响将越来越大，最终地球将进入一个新的状态，并在未来形成一个独特、持久的地层。从地球系统的角度来看，这是长期变暖的人类世之前最后一个全球变冷的时刻，也是地球生物群落逐渐在全球范围内变得同质化的关键时刻，创造出一个新的泛大陆，从而使地球进入一个新的进化轨道。这与第二章中讨论的以气候和生命为中心的地质年代的观点是一致的。

除了纯粹的地质证据外，将人类世定义为始于地质档案中首次发现的哥伦布大交换的全球影响，还使其具有历史和

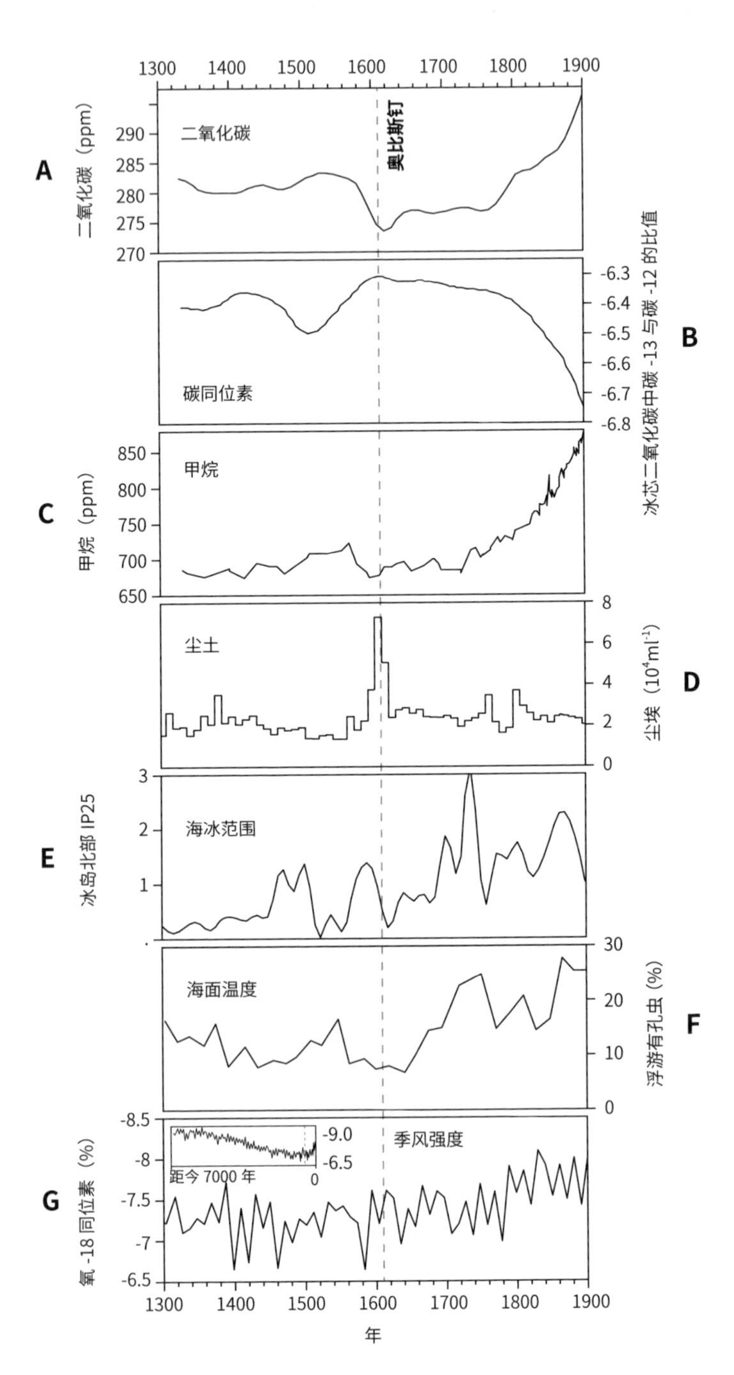
1300
1400
1500
1600
1700
1800
1900
A
二氧化碳（ppm）
二氧化碳
奥比斯钉
290
285
280
275
270
B
碳同位素
冰芯二氧化碳中碳 -13 与碳 -12 的比值
-6.3
-6.4
-6.5
-6.6
-6.7
-6.8
C
甲烷（ppm）
甲烷
850
800
750
700
650
D
尘土
尘埃（10⁴ml⁻¹）
8
6
4
2
0
E
冰岛北部 IP25
海冰范围
3
2
1
F
海面温度
浮游有孔虫（%）
30
20
10
0
G
氧 -18 同位素（%）
季风强度
-8.5
-8
-7.5
-7
-6.5
-9.0
-6.5
距今 7000 年
0
年

（左页图）图 9.2 — 地质记录显示了全球相关的变化，从北极通过热带到南极洲，从陆地和海洋环境，以确定以 1610 奥比斯钉为人类世基础。

图 A 显示，来自南极冰帽冰芯的大气二氧化碳含量从大约 1520 年起开始下降，1610 年达到最低的测量值。

图 B 显示了来自南极西部冰芯的二氧化碳中的碳同位素比率，从约 1500 上升到 1610 的峰值，这表明二氧化碳的下降是由 1500 至 1610 年间陆地表面的碳吸收引起的。

图 C 表示法帽冰芯的甲烷含量，从 1550 下降到 1610 附近的低点，这与南半球低水平的生物量燃烧有关，然后它呈指数增长。

图 D 所示为秘鲁克利卡亚冰盖冰芯的尘埃水平峰值，它来自 1602 年的华纳普蒂纳火山喷发。

图 E 为楚科奇海单细胞藻类中一种叫做 IP25 的脂类，被称为硅藻，它与北极海冰范围有关，北极海冰的最大范围在 1500 至 1600 之间。

图 F 显示了一种有壳海洋生物的丰富性，这种生物是在阿拉伯海采样的一种变形虫原生生物浮游有孔虫（globigerina bulloides）。它在 1610 年左右达到低点，这表明热带地区的海面温度较低。

图 G 显示了中国洞穴石笋的氧 -18 同位素比值。长期以来，亚洲季风强度的减弱在 1600 年左右结束。

1600 年，最初来自美洲的玉米花粉首次出现在意大利海岸外的海洋沉积物中，提供了进一步的海洋位置，完善了人类世始于 1610 年的证据。[18]

更广泛的统一性。欧洲人来到美洲被公认为世界和环境历史上的一个关键转折点。历史学家尤瓦尔·诺亚·赫拉利（Yuval Noah Harari）称这是“历史的最后阶段”，当时一个帝国开始走向全球，随着时间的推移，人类文化逐渐融合成一个单一的文明。[17] 将人类世的基础开端定义为现代世界初现之时，能将其与转向资本主义的生活方式相关联，与“两个引擎”或“投资–利润–再生产”这个自我强化的循环相关联，并增加科学知识自我生成，自我强化的循环，这些都是理解人类如何成为自然力量的关键。

奥比斯钉也证实了许多19世纪地质学家在教科书中写到的，他们生活在一个由人类对生命和生态系统的直接影响所定义的人类时代，正如我们在第二章中所述。它包含了农业和第一次能源革命所带来的变化的重要性：当整个大陆的农耕停止时，农耕对大气层内二氧化碳的影响就变得显而易见了。它还标志着生态系统和地球生命方面的直接变化，以及能源使用方面转变的开始——英国和荷兰开始使用化石燃料，最初是为了取暖，我们在第五章中讲到过。

将人类世的开始定为1610年也体现出工业革命的所有影响，其中有许多是科学家和历史学家认定的人类世的关键部分——因为欧洲对美洲的侵夺在提供食品能源和原始原料进口方面必不可少，而这些对于工业革命的发生至关重要。它还指出了16世纪英国大加速的根源，当时第一个市场社会慢慢出现，开始了人类社会的“大变革”。总的来说，1610 年的奥比斯钉作为人类世的开始，具有地质和历史上的一致性。

从叙事的角度看，以现代世界的诞生为起始的人类世讲述了一种新的利益驱动的生活方式的故事。这个新的地质年代是建立在奴隶制和殖民主义的基础上的，同时由远距离的金融业促成。人类时代是一个关于统治，以及反抗这种统治的故事。有权势的人开创了这个地球改变的新时代，但人类世为何会以这种具体方式发展却有着复杂的原因。由于占统治地位的阶层与其他阶层之间的关系，地球系统在这段时间内发生了变化：它是权力的动态表现和数十亿人的愿望的共同结果。那些有能力领导他人的人创造了人类世，但人类世的具体进程则取决于人类的历史力量，包括反对精英阶层使用权力的影响。对人类世的描述告诉我们，人类有能力改变世界，但我们这么做的能力却远非平等。

在人类世的辩论中，一些杰出的人物认为，定义人类地质年代的正确方法是，随着我们越来越接近现在，关注越来越多带有人类痕迹的地质沉积物。因此，他们提出定义人类世的另一种方法，应该选择一组地质沉积物，来记录过去 12 年的巨大变化。这样做的困难之处在于，没有任何规则或标准可以遵循。我们的框架是科学文献中唯一发表出来的框架。[19]

**当前时间尺度**

新生代
第四纪时期
全新世
更新世
上 塔兰托期
中 依奥尼雅期
下 卡拉布里亚期
格拉斯期
新近纪
上新世
皮亚琴察期
赞克勒期
中新世
墨西拿期
托尔托纳期
塞拉瓦莱期
兰盖期
波尔多期
阿基坦期

0
0.0117
0.126
0.781
1.806
2.588
3.600
5.333
7.25
11.63
13.82
15.97
20.40
23.03

**方案 1**

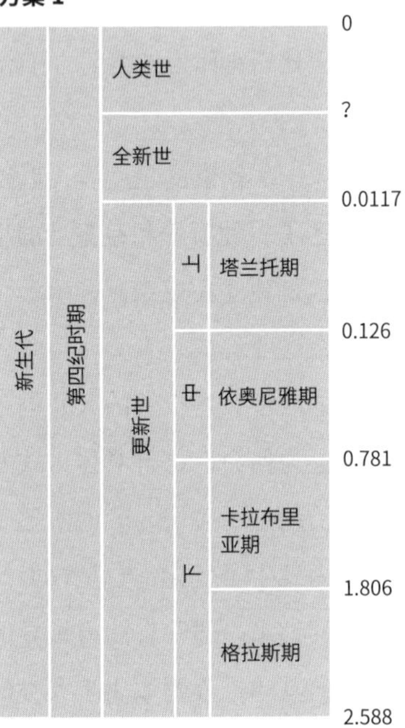


图 9.3　过去 2300 万年的官方地质年代表（GTS）以及允许添加人类世的三个方案。方案 1 显示人类世排在全新世之后，因此保留正常的间冰期作为异常短暂的全新世。

**方案 2**

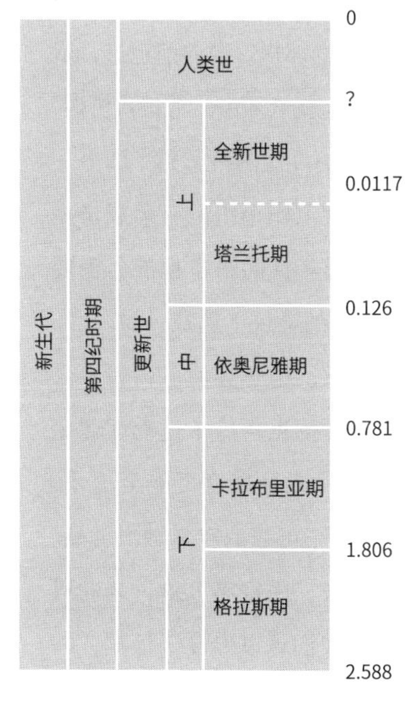


**方案 3**

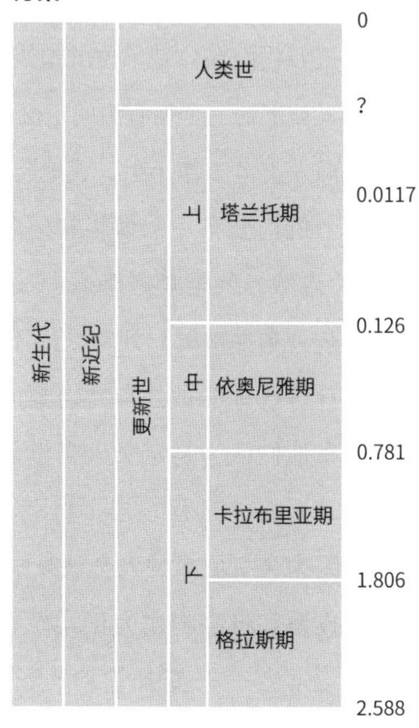


方案 2 显示，人类世排在更新世之后，将全新世降级为期，名为全新世期。

方案 3 去掉了古老的第四纪时期，允许新近纪（“新生命”）时期延续至今，同时去掉了异常短暂的全新世。

无论采用何种方法，都需要一个权威使定义得到广泛认可，正如我们在公制单位的组织中所看到的那样。要向前迈进，就人类世的一个强有力的定义达成一致，就必须由一个正式机构，即人类世工作小组，或地质学界，或更广泛的科学界[20]的另一个机构公布一个框架和标准。人类世工作小组的一名成员在《自然》杂志上抱怨道："评估新地质年代的科学标准，需要被公布并被同行评审，而不是在私下的会议上达成一致。"一旦这些标准被公布并得到广泛的认可，科学界就可以着手公布他们认为是定义人类世起始的合适证据。这个过程就像定义千克的过程一样，将会是透明的，而且速度可能会更快，因为会有更多的人会被鼓励为寻求一个可靠的定义做出贡献。投票和批准将成为正式规则固定下来，用世界上最古老的科学学会——英国皇家学会的话说，我们可以专注于证据，并且"不因为他人的话而相信"。

## 再见，全新世

既然了解了人类世开始的时间，我们还需要担心它将在什么时候结束吗？不。作为一个在世水平的地质年代单位，它可能会持续数百万年。如果我们用 1610 年的奥比斯钉作为人类世的开始，按照一个世平均持续 1700 万年的标准，今天我们只走完了人类世的 0.002%。即使只考虑智人作为一个物种的未来，在地质年代的时间尺度上也很难估算。化石证据表明，一个典型的物种可能会生存1000万年，所以智人这一物种的寿命可能只相当于一个地质年代里的一小部分。这甚至可能无关紧要。在过去，陨石撞击和火山爆发是相对短暂的事件，但它们可以开启地球地质历史的新篇章。人类的行为也可以从类似的角度来看待。是我们留下的遗产，通过改变生命，正在永久地改变地球系统。

既然我们已经进入了人类世，我们可能应该向全新世说再见了。人类世的正式定义将使全新世成为另一个典型的间冰期。如果人类世始于1610年，那么全新世的跨度只有11310年。现在有两个合乎逻辑的选择。一是将全新世从地质年代表中完全移除，并将其作为一个非正式的名称使用，或者将其降级到比世更低级的期，并将其置于之前的更新世中。在第二种选择下，我们将称之为“Holocenian”，因为所有正式定义的期都有一个“-ian”后缀。[22]

一个更内部一致的地质年代表可能会完全移除全新世，也会移除第四纪这个历史遗留产物，这将使新近纪的“新生命”延续到今天。在这一方案下，我们将生活在新近纪的人类世，如图9.3所示，还有一些其他的备选方案。当然，如果人工生命进一步发展并成为生物圈的一部分，生物多样性的丧失将显著加快，或者会发生一些其他的重大变化，那么就有必要讨论新近纪何时结束以及人类纪何时开始。谢天谢地，我们还没有走到这一步。

然而，从官方地质学术语中去掉全新世和第四纪的建议会遭到反对，这也是意料之中的事。正如我们在第八章所看到的，改动地质年代表通常是有争议的。这也就是为什么在任何更改发生之后会有十年的“冷却”期。定义点燃了一些科学家们内心的激情。在许多领域，对于所有令人振奋的科学发现，科学革命的步伐都很缓慢。20 世纪德国物理学家马克斯·普朗克说过一句妙语：“一个新的科学真理取得胜利并不是通过让它的反对者们信服并看到真理的光明，而是通过等待这些反对者们最终死去，熟悉它的新一代成长起来。”[23] 尽管这话听起来有点“丧”，但反映杰出科学家早逝之影响的数据倾向于支持这一观点。[24] 然而，尽管偶尔停滞不前——这毕竟是一项人类的事业——科学的进程往往会自我校正，让我们逐步接近对周围世界更基础的认识。

正如我们所说的，仅仅是提出一个对地质年代表的完整修改都是非常困难的，这是因为目前地质学界的投票结构使全面讨论变得极具挑战性。每个工作小组都只处理地质年代表上单一时间单位的单一分界线。但即便是经过一场总体的讨论，争议仍会持续存在。

通过改革地层学工作小组国际委员会，也许可以稍微减少一些关于地质年代的激烈讨论。遵循那些获得成功的科学小组的工作实践（这些小组的任务是综合科学证据，例如皇家学会、美国国家科学院或者联合国召集的小组）有助于明晰关于人类世的专门性讨论。小组权限的公开、专家加入小组的流程、同行评审的过程，以及小组成员如何就官方信息的来源达成一致，这些都可以快速地简化和改进讨论。考虑到人类世所引起的广泛关注，这对于更广大的科学界和公众来说是大有裨益的。不管解决方法是什么，都应该把程序的公开透明置于中心位置。

一些人可能会认为科学界不应太关心关于人类世定义的讨论：将连续的变化劈裂成离散的实体本身并不能帮助我们更好地理解这个世界。但这是重要的。从狭义上讲，定义是科学的基础。定义可以促成更清晰的交流。从广义上讲，对人类世的正式定义达成一致意见意味着，科学界正式承认人类活动的影响正在某种程度上决定宇宙中唯一已知生命存在的地方的未来。这将是历史性的宣告，同时科学界有责任提出一个经过一致同意的、明确且强有力的定义。

除此之外，人类世开始日期的选择将不可避免地成为我们讲述自己的，和更广泛的人类发展故事的素材。如果人类世与哥伦布大交换、5000 万人的死亡以及现代世界的开始有关，那么它就是一个令人非常不舒服的故事，一个关于殖民主义、奴隶制和利益驱动的资本主义生活方式的诞生（这种方式内在地与长期的地球环境变化相联系）的故事。我们对彼此做了些什么，这很重要，同样重要的还有我们对环境做了什么。考虑到没有人想要故意传播导致数千万人死亡的疾病，这也是一个发人深省的故事：人类活动可能导致意外，带来比想象中严重得多的后果。

或者将人类世与核武器试验联系在一起，作为一个关键标志，它讲述了一个由精英主导的技术开发可能引发全球毁灭的故事。它还强调了防范“进步陷阱”的重要性，在这种陷阱中，向特定目标（这里是针对敌人的致命火力）推进技术，最终有可能阻止人类进一步的发展。它把科学、技术和权力置于人类世的核心。强大的社会把自己的力量投入会产生全球性的后果的过程中。关键的问题是，这些创造是对人类和环境有利，还是有害？

正如我们所看到的，我们可以从不同的故事中看出不同的世界观，并由此采取不同的行动。一旦人类世被定义，一个故事就将开始被讲述。取决于这个定义，一些解决方案将更自然地与我们面临的环境危机相关。但我们也可以利用由记录我们对地球系统的影响所产生的科学理解来做一些事情，而不仅仅是构建更好的故事。我们可以用这一知识来理解人类是如何成为一股自然力量的，甚至是去理解我们今天生活的世界在未来可能会发生怎样的变化。

第十章

CHAPTER 10

# 我们如何成为一股自然力量

“现在，我们需要沿着迄今很少探索过的道路走得更远，去看看地球生态整体内，历史社会制度的连续同步模式。”

伊曼纽尔·沃勒斯坦，《激进历史学评论》第 24 期，1980 年

“我们正在进行历史上最危险的实验……”

埃隆·马斯克，推特发文，2016 年

提到人类对环境的影响，人们就会产生抵触情绪。无论是吃饭、开车上班还是晚上给家里照明，我们所做的每一件事都要付出环境的代价。为了让我们自己感觉更好，我们可能会说，人类总是破坏自然世界，抱怨“没有我们，地球会更好”。我们可能会说，原住民与自然和谐相处，而现代人已经从伊甸园堕落。如果我们有钱，我们可能会说最富有的社群净化了环境：如果每个人都富有，那么我们就都能过上可持续的生活。或者，如果我们收入欠奉，我们可能会说，一切都是过度消费的精英们的错。这些故事都既有真实的成分，也有明显的盲点。但我们现在应该把它们放在一边，面对现实——以我们最大程度的理解力——以应对生活在一个危险的新地质年代的巨大挑战。

大约500年前，随着全球贸易和新思想席卷全球，现代世界催生了这个新的地质年代。200年前，工业革命期间人们向化石燃料的转变强化了这一趋势。“二战”后，随着新一轮高生产、高消费的全球化浪潮，这一趋势再次被加速。不管科学家是否正式将人类地质年代定义为最近几十年或几百年这个历史时期，人类地质年代本身就是一个单一的全球互联网络文化的涌生，由能源的大量使用为其提供动力，由大量的信息管理来协调，这些使得人类成为一股自然力量。

关键问题是：这个超级文明会继续存在吗？我们在导言中就提出过这样的问题，我们会继续无节制地消耗现有资源，直到人类文明崩溃吗？这个让75亿人过上比我们历史上任何时候都更健康、更长寿的生活的系统还会继续强大下去吗？正如我们在本书中所做的，研究人类与地球之间的关系可以帮助解决这些问题。事实上，也许认识到我们生活在人类世的唯一明确的好处，就是获得新的视角，以新的方式思考，更清楚地看待我们所生活的社会，以便发展出引导社会走向一个更美好的未来的实际方法。那么，从我们对人类诞生以来人类对地球系统的影响的调查中，我们能了解到哪些关于未来的事情呢？

## 人类社会是复杂适应系统

所有人类社会都是由许多相互作用的部分组成的复杂适应系统。人们的行为变化取决于周围物理世界和社会世界的变化。他们，以及整个系统，都在持续地适应并进化。在人们的行为，与它们如何改变他人的行为，以及更广泛的环境之间，存在着持续的互动。人类社会被周围的世界重塑，但人类也在塑造着更广阔的世界。

复杂适应系统通常作为有限的几种可选状态之一出现。例如，把热带雨林和热带稀树草原这两种形式的植被看作世界上热带地区植被的两种可选状态。在比较湿润的热带地区，植被多为以树木为主的热带雨林，而在比较干燥的地区，只有热带稀树草原和少量的树。在降雨量适中的地区，我们仍然只发现这两种类型的植被，并没有介于两者之间的植被状态。要么是草长了起来并且有定期发生的野火来维持它们的生长，要么是树长了起来冷却地面并产生降雨，通过阻止野火进入森林来维持树木的存在。与植被相互作用的环境条件意味着生态系统被迅速推到一个或另一个状态，然后变得稳定下来。在更大的尺度上，我们已经看到地球系统作为一个整体是一个复杂适应系统。在第四纪过去的260万年里，地球在两个较长期的状态之间来回移动：较冷的冰期和较暖的间冰期。

在人类社会中，两种能量转变和两种组织转变的双重两步发展，意味着已经有五种广泛的人类社会类型在世界范围内传播：一种初始的状态和四种新的生活方式。我们把它们称为狩猎-采集、农业、商业资本主义、工业资本主义和消费资本主义。[1]我们强调，在其中每个类别内部，每一种人类文化都是独特的，都是对各民族的历史、他们所做的选择以及他们所生活的环境的不同反映。每一种文化都是一种独特成就的表现，这使得我们所认识的每一种社会组织内部都具有巨大的多样性和重要的差异。

虽然认识到了这一点，但在复杂适应系统的语言体系中，存在足够的相似性，可以让我们将社会归类为几种不同的生活方式或“稳定状态”。一个关键的结构相似性，是社会中大多数人花大量时间做的核心活动：在狩猎-采集者社会中的觅食；在农业社会中的农耕；在商业资本主义社会中为他人的利益而劳动以及在工业社会和消费资本主义社会中“自由地”出售劳动力。当然，我们是在把不同类型的社会归类，而这些社会在某些方面实际上是重叠的。例如，全部五种生活方式都被证明存在抵债性劳动或奴隶制，但只有其中一种生活方式以此为核心特征。至于人们共同生活的规模，它往往随着每一次生活方式的变迁而增加——从游居部落，到乡村，到城镇，到城市再到超大城市——社会的复杂性一直在逐步增加。

各个生活方式之间存在强烈的共通性。例如，在农业的生活方式中，西班牙征服者被墨西哥三国同盟文明和 15 世纪欧洲组织之间的相似性所震惊，尽管二者有着 12000 年平行且各自独立的文化发展[2]，狩猎-采集文化也是如此：它们过去是，且一些现在仍然是高度多样化的，但表现出强烈的跨文化相似性，例如群体内部相对较高的平等水平[3]。在当今世界，在拉各斯、伦敦、北京、柏林、东京或特罗姆瑟都有许多人在上班通勤，为别人谋取利润而劳动，从而换取食物、住所和其他物品的代币。很显然，尽管有重要的文化差异，但它们之间还是具有很多共性。这并不是说每种生活方式中的文化都是静态的。它们根本不是。停滞和变化都是所有人类社会生活方式共享的特征。累积的文化是所有人类社会共有的，同时变化也将永远伴随着我们。但这些变化很少会促使人们过渡到一种新的生活方式。

复杂适应系统的一个核心特征是它们能够适应不断变化的条件，或者用科学术语来表达，即扰动（perturbations）。在人类社会中，冲击可能来自内部，比如一个新想法或发明，也可能来自外部，比如一系列影响粮食生产的不寻常的干旱。通常情况是，当系统中一些互相作用的单元发生改变，进而让系统陷入相同的状态时，我们就称这里发生了负反馈循环，它使系统的输出反馈回系统中，从而抑制进一步的变化。例如，在一个人类社会中，一项创新可能会增加可供人们使用的能源总量——比如在狩猎-采集社会中采用一种新的狩猎技术，或者在农耕社区中进行提高农业效率的改进。但这些额外的能量又反过来被用于维系更多人的生命。社会结构——复杂适应系统的主要特征——仍然相似：尽管发生了破坏性的变化，但狩猎-采集者仍然是狩猎-采集者，农民仍然是农民。

如图 10.1 所示，负反馈循环非常常见。如果发生干旱，或一系列的干旱，面对这种外部冲击，人们很可能实施一系列的改变以维持粮食供应。这些措施可能包括储存粮食以避险，开发更有效地利用现有水资源的方法，种植抗旱作物品种，或平整农田以减少水的流失。正如我们在第七章中所看到的，殖民主义对这些制度的破坏使许多民族更容易遭受饥荒。在今天消费资本主义的模式下，在短期内，国际贸易允许从受干旱影响的地区以外进口粮食，有金融保险保护农民，随着时间的推移，粮食价格上涨将导致更有效的作物生产，或开发更多种植农作物的土地。结论是，社会是有韧性的。从根本上改变它们是困难的。稳定的状态往往会持续下去。

然而，有些变化太大，对于一个社会来说无法适应，或者人们采取了错误的策略，于是崩溃就会发生。虽然社会崩溃有时对这个系统中的人们来说是灾难性的，但幸存者仍然生活在同样的基本状态中。崩溃只意味着复杂性的降低。想想经典的玛雅文明崩溃的例子：这并不意味着玛雅人不再是农耕者了。但这意味着他们文明的许多其他方面都中止了。考古学家认为，在玛雅文明灭亡后，这片土地养活了同样数量的人口，但他们已经把自己重组成更小的多个行政单位，而没有一个自上而下的帝国结构。正如一位人类学家及历史学家约瑟夫·泰恩特（Joseph Tainter）在他的《复杂社会的崩溃》（*Collapse of Complex Societies*）一书中指出的，一次崩溃，

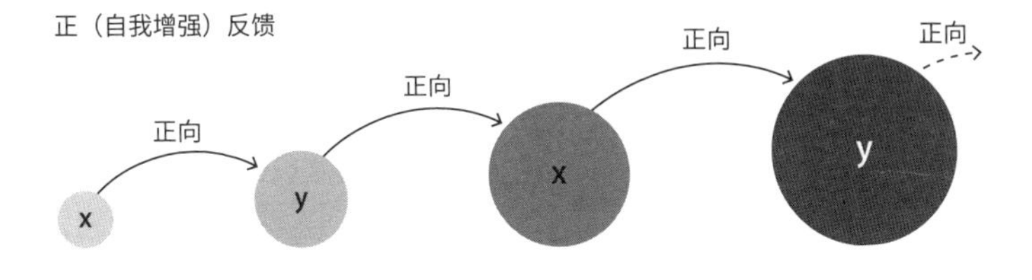


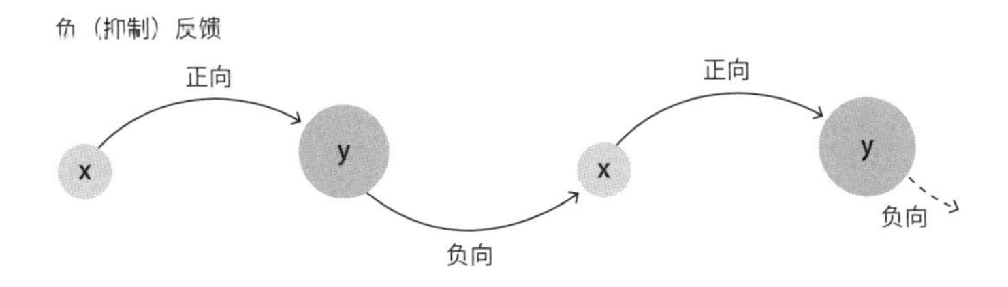


图 10.1　正反馈和负反馈。当 x 的增加导致 y 的增加时，在一个由较大的圆表示的不断增加的变化的循环中，y 的增加带来 x 的进一步增加，这时发生的是正反馈（上图）。当 x 导致 y 的增加时，这会抑制 x 的任何变化，从而导致 x 一次次返回到相同的初始条件，这时发生的是负反馈，表示为圆的大小没有变化（下图）。当系统受到扰动时，负反馈回路将其拉回到初始状态。正反馈回路可以将系统推向新的状态。

或者更精确地说是社会结构复杂性的下降，可以被看作适应性的。[4]实际上，这些社会是基于强制关系。在这个关系中，农民为他们的社群和不事生产的统治阶级进行生产。考古学的证据显示，在现实中，社会组织复杂性的下降对于农民来说是一个为了更好的生活而展开的，深思熟虑的积极计划，而不是灾难降临在一个社会上。[5]

就复杂的系统和稳定的状态来说，古代文明可以被看作将从农业劳动获取的能量最大化的尝试。但这些集中的城邦和扩张的帝国比分散的农业社会更难维系，因为它们还必须养活大量的非粮食生产性人口。它们依靠维持高水平的农业生产，并经常试图将其扩大。这些古老的文明往往要把能量的可能推到极限，因此很容易崩溃。它们倾向于把人们聚集在一起，这增加了它们对瘟疫的易感性，而且它们中间经常包括大量被胁迫的农民或奴隶，因此很容易遭到起义的冲击——这两种特征都增加了它们的不稳定性。最后一根稻草可能是长期的环境变化，如土壤侵蚀，以及干旱等外部冲击对粮食生产的影响；统治阶级管理决策不力；或者大多数人没有看到日益增加的社会复杂性带来了什么明显的好处，于是开始反抗。[6]“崩溃”并不意味着回到狩猎-采集的状态：人们仍然耕种，但却是在一个不那么复杂的农业社会中，往往缺乏中央控制，多人之间的活动协调较少，社会结构也不那么等级分明。

在今天的消费资本主义社会，战争、移民危机、民族主义抬头，以及影响粮食生产的一系列气候灾难，可能会压垮全球机构与贸易网络并使许多政府倒台。尽管这肯定会是一场崩溃，而且很可能会导致灾难性的后果，但这些国家的社会再也不会回到燃煤蒸汽机时代或者是自给自足的农耕时代。一个不那么复杂的社会将会出现，但大多数人可能仍然需要为那些拥有土地和资产的人工作。人们不会“忘记”他们的生活方式。那么，一种生活方式如何能够替代另一种生活方式呢?

当正反馈回路占主导地位时，复杂适应系统会从一种状态切换到另一种状态。情况是 x 导致 y，y 又导致更多的 x，如图 10.1 所示。这些正反馈循环，如果任其发展下去，会螺旋前进，直到达到一个新的稳定状态，如图 10.2 所示。然后，在新的状态下，更多典型的负反馈再次出现。我们在本书中记录的每一次改变到新状态的过程，似乎都与自我强化的正反馈循环有关。

甚至我们从一种普通的灵长类动物转变为一种高度适应社会，并控制了整个世界的哺乳动物，也可能与一个自我强化的正反馈回路有关。这个回路始于语言的进化，它允许信息直接传递给后代，从而形成累积文化。没有人能确定这就是人类崛起的驱动因素，但是拥有累积文化的群体有更多的可用信息，从而提高了寻找更好的食物的能力和从外部世界

时间

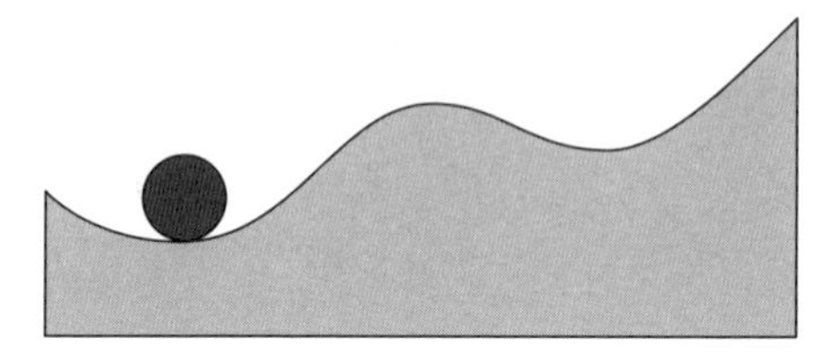


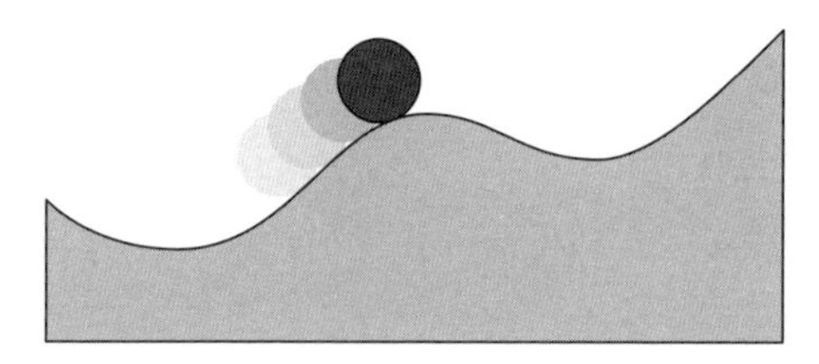


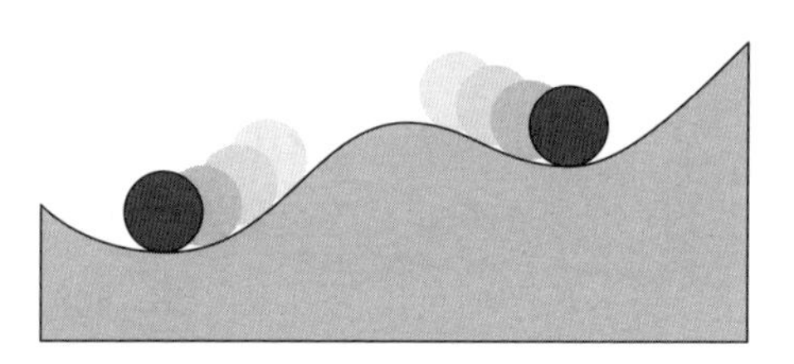


图 10.2　复杂的自适应系统（深灰色圆圈）如何随时间推移在两个稳定状态（凹陷）之间移动。深灰色圆圈代表了一个复杂的自适应系统，它起初位于一个凹陷中，这就是它的初始稳定状态。负反馈循环将系统限制在这个状态（上图）。如果一个正反馈支配着系统，那么当它向第二个稳定状态移动时，它可以在两个凹陷之间进入一个不稳定的时期（中间图）。在某一点上，系统被拉进了新的状态，在那里负反馈回路再次意味着它停留在稳定状态（第二个凹陷区域，底图）。人类社会作为一个复杂的适应系统，在狩猎-采集者、农业、商业、工业和消费资本主义这几种稳定状态之间移动，每一次都由正反馈回路推动，形成更高的能源利用和社会组织的信息处理形式。目前还不清楚，在这些状态之外，还有多少种其他的状态存在。

获取更多能量的能力。反过来，新的信息和可用的能量——包括对火的驯化——增加了社会的集体能动性，让更多的人得以存活，从而增加了新想法的数量，反过来又让人们可以获取更多的能量。这带来了我们所认识的第一种生活方式：由紧密合作、适应性强的狩猎-采集者形成的部落，他们成为智人迁移到的所有环境中的顶级掠食者。

下一个转变，即一些狩猎-采集群体向农业生活方式的转变，也似乎与增加人类社会可用能量的正反馈循环有关。首先，环境的变化提供了额外的可用能量：全新世早期全球变暖，二氧化碳水平升高，促进了植物生长，使影响力的天平向农业倾斜。接着，动植物的驯化将更多的能量带给这些社会中的人，让更多的人得以依靠一片固定的土地生活，而这些人也必须靠耕种来维持其生命能量的摄入。一旦人们开始务农，很快人口就会增长到他们无法以耕种之外的任何方式生存的程度。此外，提高产量需要投入更多的时间培育作物和加工食物，这减少了觅食的时间，并进一步促使农民务农。尽管早期农业社群的饮食和健康状况较之狩猎-采集者有所下降，但每次生育间隔时间的缩短意味着，虽然他们的饮食较差，死亡率较高，但人口却在增加。农耕很快成为一种必要。可见，一旦被正反馈循环支配，就没有回头路了。

当然，粮食生产社会只出现在了某些地方——只有这些地方有适合驯化的物种。在另一些地方，人们可能会抗拒改变其生活方式，正如坦桑尼亚的哈扎人所证明的那样。21世纪的哈扎人坚决拒绝放弃狩猎-采集者的身份。这是一个自觉的选择：哈扎人可以搬到城市里去打工赚钱，但他们没有。同时存在负反馈回路，它让转变变得困难。正如我们在第三章中看到的，高度流动且不储存食物或其他资源的狩猎-采集社群往往会抗拒向农业转变。他们中间缺乏权威，这意味着没有一个哈扎人可以拒绝分给其他人食物或资源，那么如果有人决定种植作物，其他的哈扎人可能会吃掉所有的收成，而不考虑为下一次收获保存种子。由于没有一个哈扎人有权威说“不”，因此农业的正反馈循环很难开始。

任何转变的发生都是由于各方压力的平衡，它从不会是瞬间的。前农业社会的狩猎压力可能导致饮食多样化，从而促使人们对动植物特性做出密切研究；更高的人口密度推动了提高粮食产量的创新步伐；全新世大气中额外的二氧化碳有利于耕作：所有这些都是推动因素，增加了正反馈出现的可能性。但一旦农业的正反馈循环站稳脚跟，它几乎不可能逆转。此外，农耕社区从土地中获取更多能量的能力意味着他们的人口增长速度比许多狩猎-采集的群体更快。因此，农耕社区经常同化、淘汰，或杀死他们遇到的觅食群体。除澳大利亚以外，这种生活方式在它首次出现的几千年之后，几乎涵盖了所有有人居住的大陆的所有人类。狩猎-采集作为一种生活方式被排挤到了农耕发展困难的地区：沙漠、北极和热带雨林深处。

另一个正反馈循环导致了一种资本主义生活方式的出现。这种生活方式始于16世纪的英国，它似乎要求与土地建立一种新的释放市场作用力的关系。地主们将公共土地变成私有财产，然后为那块土地创造一个租赁市场，农业生产率随之迅速提高。这中间的诀窍是让农民失去对土地的所有权，这样他们虽然仍要在同一块土地上工作，但需要支付租金。这意味着劳动者不是为自己和地主生产，而是为了钱。有权有势的人可以靠出租土地为生，而佃户则有动力通过创新或更有效地雇用和管理劳工来提高土地的生产率。人类社会再次获得了更多的能量。除此之外，还有第二个积极的反馈回路：新的科学革命所揭示的知识进一步增加了人们从土地中提取的能量。至关重要的是，在此时，印刷机让越来越多的人获得了这些新信息，从而提高了农业生产率。

这些正反馈循环提高了土地所有者的生产收益，也提高了善于创新的佃户的收入，继而导致越来越多的土地进入土地市场——这一系统始于英国乡村，如今已遍及全球。要实现这种转变，需要一系列基本要素：一种普遍认同的以利润为驱动的心态以及一个强大而有组织的国家。国家需要许可这种劳动者和土地的分离，压制公众对于这种变化的抵抗，集中管理由此产生的土地所有权，并且在系统上为有利于篡夺土地者的争端解决方式提供法律框架。

在海外，一个类似的，由国家代理的利润驱动体系在16世纪随欧洲殖民者一起传播，最终成为一个新的世界体系。例如，玻利维亚著名的波托西银矿为私人所有，当时是由西班牙政府授权给这些人的。1545年以来，西班牙政府对产出的银征收重税，而不是亲自经营这些银矿。而工人则是由被压迫的原住民劳工、来自非洲的奴隶（在许多美洲本地居民死于输入性疾病后，这些奴隶取代了美洲原住民）以及一个更大的可以自由赚取工资的群体组成。他们在采矿的高峰时期产出全世界60%的银。奴隶和被强迫的劳工从事自由工人拒绝做的工作。[7]这种自我强化的反馈循环将攫取的利润带回全球经济的核心地区，接着富人将其投资于新的（有望盈利的）投机活动中。之后投机活动的规模可能会继续扩大，最终导致整个国家被置于私营企业的统治之下，英国东印度公司就是这样一个例子。这种不断扩张的商业资本主义将一直占据统治地位，直到工业革命。

工业革命背后的核心正反馈循环是相同的：利润驱动及对利润的再投资，继而又受到来自科学方法的新知识的推动。但真正加快了改变步伐的，是将煤炭这种新能源与大量的工人结合起来。极为重要的是，来自资本主义农业的食物能源加上来自美洲的食物能源养活了新兴的产业工人阶级。如果没有空前数量的人得以从耕地中解放出来，就不会有这么多可以无需从事粮食生产的工厂工人。此外，早在1566年，英格兰的煤炭就不再是王室的财产；因此，到18世纪中叶，它已经有200年被私人开采盈利的历史。但煤炭生产受到技术的限制：纽科门蒸汽机利用煤炭从矿井抽水，从而使更多的煤炭被开采出来。这是一个提高能源利用率的正反馈回路。在这次能源革命时期，奴隶制在海外殖民地上越来越难以维持，自由工人赚取工资正在成为常态。这又增加了一个自我强化的循环：这些工人赚取工资，从而为英国工厂的制成品创造了新的市场。一种为全球市场大规模生产商品的雇佣劳动制诞生了。

战后大加速这一转变背后的正反馈循环，与16和18世纪的机制大致相同：其驱动力仍然是追求利润与从科学方法中得到的新知识。在过去的70年里发生的这些惊人的变化，其背后的驱动因素可以再次追溯到能量的变化。哈伯法工艺从大气中将氮剥离，再加上新型农作物品种的出现，使数十亿人得以生存，它根本上是将化石燃料能源转化为粮食能量。同样地，1945年后建立的众多机构避免了新一场毁灭性的世界大战，并且加强了各国之间的合作，允许在开采化石燃料领域进行更大规模的资本投资，以服务于经济核心区，从而使能源使用量大幅攀升。继而，随着社会越发认识到他们对化石燃料的依赖，额外的投资和其他措施被落实，以增加煤炭、石油和天然气的产量。

资本主义模式的目标是增加利润，这最终意味着提高人们的生产效率。能源固然至关重要，但它可以被视作仅仅是提高生产效率的一种手段。这一核心原则在今天依然可见：只有当工人的生产率提高时，他们才能得到更高的报酬。结果是，如果生产出的东西越来越多，那么消费也必须越来越多，这是我们战后大加速时期中见到的环境变化的核心。将利润再投资以产生更多的利润，与将科学知识再投资以产生更多的科学知识，这两种行为背后的正反馈循环的首要目标是提高人们的生产效率。这与狩猎-采集和农业的生活方式形成明显的对照，后两种生活方式都侧重于增加从土地中提取的能量。随着时间的推移，提高生产率的重点从土地转移到人身上，进一步增加了人类的集体能动性而非数量。

## 能源和信息定义人类社会

一旦正反馈回路将一个复杂适应系统推向一个新的状态，更常见的负反馈回路就将再次占据主导地位。我们可以研究一下我们所辨认出的这五种生活方式是否存在共同之处，或存在意料之中的差异。这一信息可以帮助我们了解未来是否可能，甚至是否即将发生新的转变。从那里，我们可以得到有关未来可能是什么样子的想法。这可能包括一种新的生活方式，这似乎不太好想象，但没有任何自然规律说人类社会只有五种可能的类型。完全有可能存在其他的类型。

人类社会的五种连续形式中，每一种都带来三个因素的积极变化：更多的能量利用、更多信息的生成和处理，以及人类集体能动性的增加。这些生活方式之间的主要差别已总结在图 10.3 中，同时能量的消耗、人口和经济增长的数字也已概括在图 10.4 中。这些因素似乎是人类社会所采用的纷繁复杂的形式的核心。

首先让我们来看看社会发展的驱动力：能量。火的驯化和其在烹饪中的使用增加了人类可利用的能量，帮助早期人类拓展到新的环境。接着，动植物的驯化使更多的太阳能被农耕社区利用，从而改变了大多数人的生活方式。自最早的文明以来，领土扩张和征服的诱惑最终通常与能量有关：在更大的地区侵占一小部分的剩余能量增加了非农业精英的可利用资源。这种简单的需求驱使帝国去征服周围的土地。后来，哥伦布大交换消除了地理上的界限：在每个地方都可以种植在这里生长得最好的东西，不管它最初源自哪里。贸易把最适合的作物带到地球上几乎每一个地方。农业的全球化提高了产量，增加了粮食能量的可获得性，促进了亚洲、非洲和欧洲的人口增长。

从生物身上（无论是奴隶还是役畜）利用更多能量的欲望依旧没有减弱。除此之外，由自然力量的流动产生的能量得到了创造性的开发：由水驱动的轮子与当空气穿过其翼板时转动的风车。但真正的决定性变化是，以化石燃料形式储

| 生活方式 | 正反馈 | 新信息传输 |
| --- | --- | --- |
| 狩猎-采集 | 累积型文化 | 语言，艺术 |
| 农业 | 生育间隔，驯化 | 类文字与书面记录 |
| 重商资本主义 | 利润再投资，科学 | 印刷机 |
| 工业资本主义 | 利润再投资，科学 | 电报，收音机，电视 |
| 消费资本主义 | 利润再投资，科学 | 计算机技术与互联网 |
| 后资本主义? | 全民基本收入*，科学 | 人工智能，量子论与生物 |

* 或其他重新分配财富和资源并降低整体资源使用水平的机制。

图 10.3　总结出人类历史上出现的五种生活方式，以及将来可能出现的第六种后资本主义生活方式。

| | |
|---|---|
| 驯化的火 | 巨型动物灭绝 |
| 驯化的动植物 | 全球气候稳定 |
| 全球化带来的新作物，煤炭，鲸油 | 地球生物群的同质化 |
| 化石燃料，海鸟粪 | 超级间冰期的形成 |
| 化石燃料，杂交作物，氮肥 | 打破多个行星界限 |
| 太阳能，风能，海浪，核聚变？ | 环境与气候恢复？ |

| 生活方式 | 出现时间 | 初始人口 | 增长率 |
|---|---|---|---|
| 狩猎–采集 | 约距今 200000 年 | 一个创始团体 | 0.03%/ 年 |
| 农业 | 约距今 10500 年 | 约 500 万 | 0.05%/ 年 |
| 商业资本主义 | 1500 | 5 亿 | 0.23%/ 年 |
| 工业资本主义 | 1800 | 10 亿 | 0.61%/ 年 |
| 消费资本主义 | 1950 | 25 亿 | 1.64%/ 年 |

图 10.4　每一种新的生活方式都在更高的能源使用和更高的信息处理水平上运作，人与人之间的联系更加密切，导致更大的人类集体能动性，这些反映在不断扩大的人口中。更大的人类集体能动性可能解释了为什么在大多数地方，更高能量和更高信息的生活模式倾向于覆盖或取代先前的模式。报告中的人均能源使用为西欧的数据。[8]

| | | |
|---|---|---|
| 2400 年 | 300 瓦 | 游居部落的觅食者 |
| 1500 年 | 2,,000 瓦 | 自给自足的农民 |
| 300 年 | 2200 瓦 | 商人与奴隶工人 |
| 110 年 | 4000 瓦 | 城镇职工与工厂主 |
| 42 年 | 8000 瓦 | 金融家与城市上班族 |

存了数百万年的浓缩太阳能开始被开发利用。最近，一些化石燃料能源被用来固定大气中的氮，目的是生产人造肥料。这就解除了人类社会可获得的食物能量的限制，让人类以史无前例的规模生活在地球上。今天，我们认识到了能量是社会得以存续的核心。

现在让我们考虑信息的生成和传递。增加数据的存储量、可得性和传播性的发明被广泛视为人类历史上最重要的发明之一。记录、写作、印刷机和互联网的发明都各自代表人类社会中里程碑式的变化。在基本层面上，可用的信息及其传播提供了我们或可称之为指导性的可能的东西，即人们及其所在的社会能够做些什么。它们还提供了一种协调越来越多的人的活动的手段，这意味着人类社会组织的规模可以扩大。因此，包括思想观念在内的信息的产生和传播的增加也成为每一种新生活方式产生的关键特征，这也许并不令人惊讶。

随着人类语言的发展（这带来更大的群体合作），我们首先看到了创造和传播信息的重要性。存储下来的信息及其代际传播意味着产生的最佳思想、技术和实践可以被保留下来。累积文化得以蓬勃发展。这种信息的传递让不同群体之间的高度协调成为可能，而这使人类能够改变他们在自然秩序中的位置。人类在食物链中的位次上升了，从被猎杀者成为顶级的掠食者——地球上已知的最高效的掠食者。知识和创新在传播，但由于口口相传限制了传播的速度，速度比较缓慢。

驯化需要新的信息。一旦驯化动植物这一想法被确立，对可以纳入人类生活的新物种的寻找就进行得十分彻底，以至于维持当今地球人口的所有常见的作物或动物物种至少在5000年前就被驯化了。[9] 尽管技术进步了，但从那时起，我们只增加了很少的新驯化物种，而且没有特别重要的。人们在几千年的时间里获得了大量重要的新信息，但速度相对较慢。

在农业社会中，经济的实际情况变得更复杂了，这导致需要对作物、牲畜及以其他形式储存起来的财富计数。

于是第一个记录系统出现了，即原始文字（proto-writing）。这是一种改变了信息存储和传播的会计工具。更复杂的社会成为可能，因为记录员阶层可以基于更多的信息协调更多人，这些信息比任何人单纯靠记忆存储的信息都要多。总之，这两项发明——驯化和做记录——带来了一种全新且令人难以置信的成功的社会形态：由农业产生的能量推动的庞大帝国中，出现了更高密度的生活——从各种意义上来说，这标志着是农业革命的完成。但是，新思想和新信息的快速传播仍然缓慢且不可靠。

这种情况在15世纪随着活字印刷机的普及而突然改变。这与向商业资本主义的过渡是一致的。图书迅速得到了普及：到1500年，全世界已出版图书2000万册。到1600年，数量可能是这个数字的10倍。[10] 在一些人看来，书籍是一场“未被承认的革命”，它提高了信息的可得性、传播性和质量。[11]

在印刷之前，稿件、地图和其他信息只能依靠反复手工抄写，这意味着数据传播只发生在极少数人之间。有了印刷术，更多的人可以对他们所读的内容进行评论，从而使一本书的后续版本出现更好、更准确的信息。从 1605 年第一份报纸问世起，信息的传播速度也加快了。更多的人获得了更多的信息：知识民主化的进程已经开始。此外，由于更精确的测量变得越发可能和普遍，出现了更多定量信息。这是使欧洲社会得以创建第一个全球帝国的技术背后的一个关键因素，同时它也使科学革命成为可能——这种深层的变化带来了对于世界不断增长的知识的关键积极反馈。

下一次转变，即向工业资本主义生活方式的转型，也伴随着一系列在信息生产和传播方面的新变革。关键的变化是，长距离数据（如文本、图像或声音）几近瞬间的传输成为可能。没有必要带着一本书去旅行，或者亲自去和某人交谈来传递信息。这一套技术以莫尔斯电码开始，但也包括电话、电报和始于无线电的广播技术。它们被称为电报机，电报机最初是在英国铁路上使用的，到 1845 年，为了给投资者提供即时的金融通信，电报公司成立。同样，这一套新技术使得跨越遥远地理距离的人们之间的协调更加容易，精英之间的一对一沟通也更加有效。它允许通过广播和后来的电视与大众进行迅速的一对多交流，从而对大多数人每天接收的信息的数量和类型有了更高程度的控制。与一个依赖书籍的世界相比，数据传播的速度和容量又一次显著地提高了。

大加速以及人类向久坐不动的城市物种的转变，也与社会产生的信息量密切相关。早在 17 世纪，“计算者”（computer）这一新词指的是做计算的人，但随着时间的推移，机器（“计算机”）逐渐取代了这个角色和它的名字。数字通信是一个重大突破，首先发展于第二次世界大战期间。最早称为 Z3 的数字计算机是由康拉德·楚泽（Konrad Zuse）在 1941 年建造的，目的是协助德国军方。1950 年，他制造出了第一台商用计算机 Z4，并将其交付给瑞士联邦理工学院。关键性的发展是使用二进制——0 和 1 两种状态，这是一种非常有效的信息编码方法——以及避免由于传输而丢失数据的方法。后来，随着计算机的相互关联，一种新的全球基础设施——因特网诞生了。这些发明使即时移动通信在任何时间、几乎任何地点成为可能。再一次，人们发展出了协调一个更大的人际活动网的能力，而且效率更高，包括数十亿人之间一对一的交流。

最后一个关键因素是人。这听上去似乎微不足道，但如果没有人就没有思想，没有工人，没有商品，也没有服务。是人们产生新的信息和想法，也是人们把想法变成真实的东西，无论是食物、住所、油井还是互联网。就从一种生活方式切换到另一种生活方式而言，人口越多，新想法的数量就越多，正反馈回路由此接管整个系统的可能性就越大。然后，一旦进入一种新的生活方式，新的社会集体生产能力就变得比以前大得多。人类主动性达到更高水平是由更多的人口、信息和能量供应的新组合所推动的，这再一次突出了人的重要性。如图 10.4 所示，在两次两步转变之后，人口增长率和人口总数都有了大幅度的增长。

人的数量很重要，因为他们会产生一些不时会促进一种新生活方式出现的想法。从一个简单的统计学角度来看，农耕早期而且很可能是第一次出现在近东，以及亚洲、欧洲和非洲的交汇处，这是有道理的。人们已经在那里生活了很长时间，至少有 5 万年；欧亚大陆幅员辽阔，人口数量也相对庞大；由于生活在相似的气候条件下，东西方的跨文化信息传递相对容易。这些因素——在很长一段时间内从大量的人那里汲取思想——意味着生活在这个地区的人可能比地球上任何其他地区的人产生和获得的想法都要多。

类似地，鉴于其在农业和庞大的人口方面占优势，纯粹从统计学的角度来看，人们可能期待欧亚大陆出现一个新的能量更高、信息更多的生活方式，中国和印度比欧洲更有可能率先发生转变。[12] 然而，正如我们所看到的，早在 16 世纪，西欧国家就比世界上其他任何地方都早地进入了后农业时代的生活方式。

人口的重要性还不仅限于思想的产生。产生每种新生活方式的正反馈循环推动一个社群内的人口达到更高的数量，而这反过来又随着这些人扩散到其他地区，刺激了新土地的殖民化。然而，生活在新生活方式下的人们具有更大的集体能动性，这促进了新土地的迅速殖民化以及其他群体对新生活方式的接受。其结果是一次几乎在全球范围内的从一种生活方式向另一种生活方式的转变，带来的影响是地球人口的急剧增加。

在每种生活方式中，人类集体能动性不断增加的另一个特征是，每种新模式持续的时间都比上一种模式短。这可能是由于新技术进一步提高了能量利用信息的可得性，人类能动性的发展速度越来越快。这反过来又增加了一种新的更高信息、高能量的稳定状态，可能发展成一种新的生活方式。

当进行艺术创作的智人 2.0 在大约 50000 年前走出非洲，他们用了 45000 年到达南美洲南端和狩猎–采集扩张的尽头（最后剩下的主要无人居住的岛屿，马达加斯加、新西兰、夏威夷和复活节岛上第一批定居的都是农民）。农业耕种者仅用了 5000 年时间就取代了觅食者，成了大部分人类的生存状态。又过了 5000 年，99% 的人类依靠农业获得的能量生活。从 1500 年到 1800 年，商业资本主义的时代只持续了 300 年，随即被迅速蔓延的工业资本主义所取代。仅仅 150 年后，大加速与消费资本主义又一次改变了世界与人类社会。在每一个阶段，人们所创造的集体力量都允许新的生活方式更快速地传播。

虽然能量、信息和人类的集体能动性可以解释我们所列出的生活方式的一些基本特征，但其他一些原材料也至关重要。例如，澳大利亚缺乏可驯化的物种，所以农耕在那里并没有发展起来，这并不让人奇怪。这些历史的独特之处很重要。如果西欧的某个群体建立了一个稳固持久的帝国，或许从持续数百年的欧洲战争中发展出来的技术和思维方式就不会存在。如果是这样的话，1492年以后世界其他地区的迅速殖民化可能就不会轰轰烈烈地开展，工业革命也可能永远不会发生。

我们对全球范围内长期变化的关注，不应使我们忽视同一种基本生活方式，可以有多种多样的具体表现。以能源为例：消费资本主义在瑞典的变体比其在美国的版本人均消耗量要少得多。美国人均的二氧化碳排放量是瑞典人均排放量的四倍左右。这表明，目前的趋势可能是，能量的使用不会超过当今世界最大的能量消费国的水平。事实上，人们可能不会寻求使用更多的能量——能量使用可能是有上限的，但这个上限也比世界上大多数人目前能够获得的能源要多得多。

不同的文化对同一种生活方式如何被体验也至关重要：与消费资本主义在美国或英国的变体相比，瑞典也是一个更加平等的文化，这种文化上的差异与获得更多或更少的资源无关。文化很重要，但一旦它被正反馈循环控制，且能源的可用性水平发生变化，同时信息系统发生变化，允许更多的人进行更高程度的协调，此时文化就可能会发生根本性的变化。新的生活方式就可能在这种情况下出现。

## 我们正在攀登进步的阶梯吗?

我们将人类社会作为复杂适应系统的分析挑战了一些关于人类进步的普遍看法。在任何特定状态下，例如农业模式，我们看到了两方面的进步，一方面是土地生产粮食效率的提高，另一方面是诸多创新，比如文字的发明。但我们也可以看到，人类在一些基本方面停滞不前。大多数农业社区的大多数人在地球上花了相当大的一部分时间生产粮食。在某些地方，这些社会特征在数千年里保持着相似。

变化、停滞、进步和挫折是难以传达的。正如贝拉克·奥巴马在他的总统卸任演说中所说，任何“进步的叙事弧”(arc of progress)都需要仔细定义。拿人类营养来举例。今天，全世界的饮食平均比自农业出现以来的任何时候都要更有营养。对我们身高的测量提供了明确的积极证据。身高受到儿童营养和健康的影响：在过去的一个世纪里，几乎所有地方的人都变得更高了。[13] 然而，从狩猎-采集到农业模式的社会变革导致原先延续数千年的饮食质量和人类健康水平出现下降。[14] 单一的饮食，挨饿(如果作物歉收)以及由于与更多人住得更近而引发的更多传染病都对人类的健康造成了严重的损害。除了人类的不幸之外，农业还导致人们生活在离家畜很近的地方，导致动物疾病演化成针对人类的疾病，从而进一步影响人类的健康。随着帝国的崛起，感染成了一种肆虐的流行病。

人们发现了许多有用的药用植物，但直到人们通过科学方法增长了知识，才开始很好地理解造成这种痛苦的原因。这些疾病出现和传播的几千年后，简单的行为改变，如在准备食物或吃食物前洗手才变得普遍；对公共卫生工程的投资如污水处理系统才发生；循证医学治疗才成为可能。在食物、营养和健康这些方面，纵观整个历史，人类的苦难并非简单地逐步减轻。

我们也可以看看社会世界里的进步，或者进步的缺乏。以性别平等为例。尽管现代狩猎–采集社会与数千年前的狩猎–采集社会有很大不同，但从历史和现代的证据来看，事实都证明它们倾向于相对平等。[15] 不保存食物或其他资源的、高度流动的群体是平等的。在这些群体中，没有人拥有凌驾于他人之上的权威；这种权威的缺乏也意味着依赖性的缺乏。人们生活在小团体的网络中：如果他们不喜欢住在一个安排好的营地，他们可以搬到另一个营地，而且他们经常这样做。[16] 虽然这些群体中确实存在清晰的性别角色分工，但女性也可以像男性一样自由地抛弃或选择同伴。分析表明，在由大约 20 人组成的典型群体网络中，如果只有男性选择住在哪里以及和谁住在一起，那么平均每个营地中有四分之三的成员会是他们的近亲。如果男性和女性都能自由选择住在哪里，那么在一个由 20 个人组成的典型营地里，只会有不到一半的人是近亲。这些百分比数据反映了在刚果、菲律宾以及邻近两地的村庄中高度流动的狩猎-采集群体的现实。[17] 如今，在这些流动的狩猎-采集群体中，女性享有的自由要比她们在邻近的以村庄为单位的小型农耕社区大得多。

大多数农业社会和资本主义社会的性别平等程度远低于游居的觅食社会。平等直到最近才开始重新出现。直到 2007 年，全球接受大学教育的女性总人数才首次超过男性总人数。[18] 至于女性具备选择与谁生活在一起的自由，就像那些生活在流动的狩猎-采集群体中的女性一样，这是当代社会一个非常新的现象，而且并不普遍。同样，无论我们打算研究社会的哪个方面，“进步”都需要被定义，而且在没有出现重大改善的情况下，可能在很长一段时间里都没有任何进步发生。

至于人类的幸福水平是否存在一个进步阶梯，这很难说。随着大多数人类从狩猎-采集社群转向农业社群，然后是资本主义社群，在人类的苦难、幸福或自由方面并不存在一个简单的进步阶梯。这似乎有违直觉。但想象一下，如果你现在生活在一个接近全世界平均水平的社会处境中：你每天将有大约 11 美元来为你的孩子们购买食物、支付房租和其他一切费用，这些钱都是你从极度没有保障的工作中获得的。你的孩子会去上学，接种疫苗，但你会住在贫民窟，并且没有养老金。[19] 没有人愿意用这种生活来换取残酷帝国治下的一个农民的悲惨处境：你要从事繁重的劳役，你的许多孩子死于传染病，几乎没有自由，几乎没有医疗保健或安全保障。但如果向上回溯一万年，你的确也不会有医疗资源，但你每周只需花 15 个小时为你的食物和住所工作，没有人告诉你要做什么，你也不必担心未来，因为你只活在当下。两者孰优孰劣，可能是一个更困难的选择。

利用地球系统科学的工具，以拓展我们对地球系统中人类要素变化的认识把我们带入通常由社会科学占据的领域中。我们对受到能源使用水平、信息生成、储存和传输以及人口规模与主动性的环境影响的规模的关注符合我们在第二章中讲到的，对地球历史的更基本的看法。地球上的生命经历过多次能源和信息处理的革命，它们每一次都从根本上改变了地球系统。因此，当一种生命开始利用大量的新能源，并处理更多的信息时，我们就来到了地球历史上的新篇章——人类世，就不足为奇了。

在社会科学领域，我们所描述的也与经济学家和其他学者的类似观点不谋而合。我们的观点与早期政治经济学家卡尔·马克思、大卫·李嘉图以及亚当·斯密的观点相重叠，他们关注的焦点是人类劳动在历史进程中的中心地位——我们称之为人类的集体能动性——还有价值的创造，以及生产与消费。我们额外补充了一个基本要求，即劳动力需要能量，以及协调越来越多的人的能力。

此外，从本质上讲，我们所报告的，是许多现代新古典主义经济学家所认同的价值理论的逻辑延伸。这些经济学家认为，劳动力和资本结合在一起才能创造价值。如果我们把资本，比如工厂里的建筑和机器，看作过去积累的劳动力（因为人们是在过去造了这些建筑和机器），那么我们的观点是相似的，只是与许多经济学家不同，我们明确地把能量作为一种生产要素。[20] 与以前的解释不同的是，我们试图解释新的高能量、高信息的生活方式是如何在全球范围内取代那些低能量和低信息可得性的生活方式的。

也许最重要的是，就本书的目的而言，我们将人类社会视为复杂适应系统的观点与环境史学家杰森·摩尔（Jason Moore）在其著作《生命之网中的资本主义》（*Capitalism in the Web of Life*）中提出的第一个总括性的人类世政治理论相一致。他提出，人类世始于500年前现代世界体系的开始，是一种遍及世界的组织人类和自然的新方式。这个新的世界体系把生产率放在首位，认为自然只不过是一种原材料。[21] 他指出，在这个新的资本主义社会体系中，需要四个因素为再投资创造利润：劳动力本身、食物、能量和原材料。人们可以通过降低劳动力成本，降低食物、能量以及原材料的投入成本来增加利润。要做到这一点，就必须开拓新领域：寻找低薪工人、最廉价的经济作物种植地、最廉价的新化石燃料储备，以及拥有丰富木材的原始森林。从这个角度看，资本主义是一种前沿性制度。那么关于未来的核心问题就变成了：五个世纪的扩张、占领新的地方、奴役新的人口以供剥削的模式能否继续下去？更具体地说，成本是否会随着“廉价”的劳动力、食物、能量或原材料的逐渐枯竭而上升，从而导致利润下降，引发一场长期的资本主义结构性危机？

摩尔在问，这个有着500年历史的制度能否继续。同样的问题也可以换一种说法：既然我们生产出来多少，就需要消费多少，那么五个世纪以来促进人类生产率的努力是否已成为一个进步陷阱？同样，“接下来发生什么”的问题也可以用复杂适应系统的话语提出：我们人类仅仅是皮氏培养皿中的细菌，还是湖泊中的藻华，换言之，社会崩溃是不可避免的吗，还是今天的生活方式将被某种新事物取代？以及这会给大多数人带来更好的生活吗？

第十一章

CHAPTER 11

# 具有统治力的人类可以变得智慧吗？

“每种文化都生活在自己梦想的限度之内。”

刘易斯·芒福德，《技术与文明》，1934 年

“没有哪个国家会在地下发现 1730 亿桶石油，然后就把它们留在那儿。”

加拿大总理贾斯廷·特鲁多在休斯顿能源会议上的发言，2017 年

未来只有三种可能：继续发展消费资本主义生活方式，使其变得更加复杂；崩溃；或是一种新的生活方式。这三种结果中的第一种意味着，在消费资本主义模式下，当今全球互连的文化网络将有效控制住其环境问题和其他问题，足以避免崩溃，并且避免转向另外一种新生活方式。考虑到生活方式的相对稳定性，再加上在人类寿命、营养、电力供应以及许多其他指标方面最近取得的令人瞩目的进展，这种“跑在前面，并一直保持领先”的改革之路似乎是可能的。

第二种可能性是崩溃，这意味着环境成本的不断上升，或是当今全球超级文明中的其他矛盾将导致其崩溃。这将类似于过去许多文明衰落的历史，从玛雅文明到罗马帝国。然而现在的不同之处在于，当今相互联系的世界达到的全球规模，以及由此而来的崩溃规模和即将爆发的人道主义危机规模，将是前所未有的。仅仅 75 亿人所需食物的生产和运输就依赖于许多不同且复杂的网络。要记住，崩溃会导致复杂性的显著下降，但并不意味着一种忘却进步与回到以前的生活方式，崩溃后的人类社会仍有可能采取以私有财产和自由劳动为基础的资本主义生活方式的形式。考虑到人类对地球系统的影响日益扩大，这一场景似乎也是可能的。

在这三种可能性中，最后一种可能是一系列的正反馈循环，这些循环带来一种以更高能量运行的，第六种新生活方式，取代工业资本主义模式。随着这种新生活方式的出现，我们每天花时间从事的活动很可能会改变，因此我们对地球的影响也会改变。正是在这种情景下，设想一个存在于不久的将来的文明发展网络才成为可能，这一网络被认为是对我们彼此之间，以及与我们的家园星球的关系是深思熟虑且明智的。变化也可能走向相反的方向：只有通过建立某种社会制度才能避免崩溃，但这种制度对大多数人是有害的，而且也会造成严重的新环境问题。我们曾经历过的五种状态——狩猎-采集、农业、商业、工业与消费资本主义模式——显示，它们之间存在着根本的不同。任何一种新的后消费资本主义的生活方式可能也会与它们很不同。

## 可以继续照常下去吗？

从表面上看，人类社会是复杂适应系统的证据更倾向于这种维持不变的观点。系统将受到冲击，但正如我们在前一章所看到的，负反馈循环将使社会回归其核心功能：如果极端热浪冲击了城市，人们将需要空调，而市场将以供应空调作为回应。我们每个人的生活都会改变；未来的工作将会不同，环境将会改变，但是制衡将会使今天的全球超级文明免于崩溃。复原力会占据主导，人们会适应。然而，从复杂的适应系统的角度来看，目前的生活方式似乎不太可能长期持续下去，原因有三。首先，驱动当前系统的是正反馈回路，而这类回路通常以根本性的变化告终；第二，构成所有人类社会基础的能量、信息与人类集体能动性等因素变化得越来越快；第三，存在一些核心挑战，包括可能导致崩溃的环境影响。让我们逐一来看。

随着时间的推移，被正反馈环控制的系统趋向于进入一个新的稳定状态，或者至少是半稳定状态。资本主义模式依赖于两个永无止境，周而复始的正反馈循环：通过科学方法解决问题，这样做提高了技术，从而使更多的问题得到解决；把利润再投资到生产更多利润上，这就需要更多的能量投入。大多数人认为，这两个过程正在改变全球社会与作为一个系统的地球。该模式的积极鼓吹者认为，这两个过程正向地改变了人们的生活，减少了贫困，延长了人类的寿命，事实也确实如此。[1] 批评者则指出它们对社会与环境的破坏性影响：将人口及其潜能降格为“人力资本”，造成极端的不平等，普遍的异化以及一个原子化的社会，人们在其中竞争，而不是形成具有合作关系的社群——同样，这些也是合理的观察。[2] 不管人们持何种观点，这些正向的反馈循环已经造成五个世纪以来越来越快的变化，系统要么进入一个稳定状态、要么崩溃或转向一种新的生活方式，才能结束这些变化。

可以假设，我们离崩溃，或是生活方式发生翻天覆地的改变还有很长的一段距离。人们很容易这样想。但是，能量的可得性、信息流动与我们人类的集体能动性正在以前所未有的速度增长，我们可以预期，在不久的将来就可能出现一种新的生活方式。首先，让我们考虑信息的生成和处理。语言最初改变了信息的传递，但大约 15 万年后，解剖学意义上的现代人才留下了明显的艺术迹象，从而清晰地展现出对抽象信息的处理。又过了 40000 年的时间，农耕与更加密集的、城镇规模的定居点才形成了新的工艺和发明的生产和传播网络。农耕出现后仅仅过了 5000 年，记录和书写相继首次出现；3000 年后纸被发明出来；只过了 1500 年，就又有了印刷机；又过了 400 年，打字机诞生了；然后 120 年过去了，个人计算机和互联网的最早形式出现；这时离智能手机只有 20 年。万维网是 1989 年才发明的；如今，它已经包含了 11 亿个网站，其中包括超过 2500 万册完整的书籍。互联网的物理构架可以在图 11.1 中看到。

我们试着这样理解这场数字信息革命的规模，地球上的每个人都含有 62 亿个核苷酸的 DNA，每个核苷酸可以编码四个核苷酸碱基对中的一个。我们可以用 100 亿个字节存储所有这些信息。2014 年的数字存储总量是这个数字的 500 倍。令人难以置信的是，人类数字化的信息总量超过了整个人类生物编码的信息总量。令人惊讶的是，这些数字数据都是在过去的四十年里创造出来的。[3]

那么能量呢？大约一万年前，地球上 500 万狩猎-采集者的总能量消耗约为 15 亿瓦特，相当于英国一个大型发电站的发电量，例如牛津郡的“迪考特 B 号”（Didcot B）发电站。动植物的驯化增加了人均能量消耗。到 1500 年，全球总人口约为 5 亿，总消耗增加到了迪考特 B 的 600 倍，即约 9500 亿瓦特。汲取能量的速度在加快：到 15 世纪，全球人口每两年就会额外汲取与一单位迪考特 B 相当的能量。工业革命使今天的能量消耗增加到 17 万亿瓦特，相当于大约 11000 个迪考特 B。正如我们在第七章中看到的，这种变化大多发生在过去几十年。能源使用总量继续快速攀升。美国能源信息管理局预测，2012 年至 2040 年，全球能源需求将增长 48%。[4] 人类对能量的渴求也在不断增长，而且从长远来看，会明显以更快的速率增加。

最后，我们来考虑一下我们的集体能动性。我们有了更多的人口，有更多的联系，有更多的机器供我们使用。现在，世界人口有 75 亿。人类历史上，直到 1804 年人口才达到 10 亿。在短短 12 年内就增加了最近的 10 亿人，下一个 10 亿人

图 11.1　互联网的海底电缆，显示了我们全球互联的世界。[6]

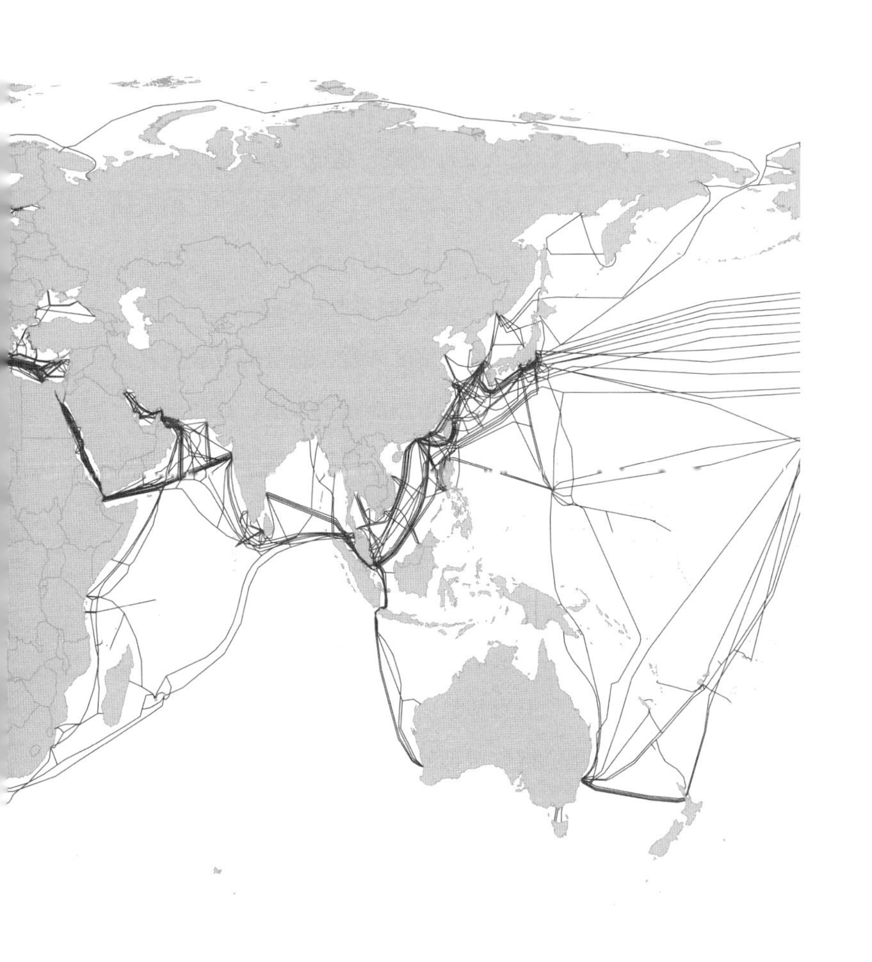

将需要 13 年。我们的流动性和互联性也比以往任何时候都更强。2014 年，约有 11 亿人在海外旅行超过一天，而 2015 年，全球 88% 的成年人每人拥有一部手机，至少三分之二的人偶尔上网。[5] 与人类历史上任何时候相比，现在都更容易在更多的人之间进行沟通与协调，从而共同采取行动。

总而言之，从简单的统计角度来看，想法的数量及其流通性将会增加，包括获得更多可用能量的方法，这将使组织社会的新模式更有可能出现。然而，这也指向了崩溃的可能性，因为这些指数增长趋势怎样才能继续下去？指数增长是指在固定的时间跨度内规模翻倍的增长，但实际上，我们在这里看到的是比指数增长更快的增长。指数趋势的最初影响通常不大，因为最初几次能源使用、人口或信息流规模翻倍的时候，影响很小。但当基数变得足够大时，下一个加倍则是一个巨大的变化。指数增长的影响构成了人类世社会发展的一些核心挑战。在很长一段时间内，一切似乎都很正常，然后几乎是突然之间，一切都变得很不妙了。

我们可以看看在皮氏培养皿中引入细菌的例子。如果我们从两个细菌开始，假设细菌的数量每分钟翻一番，注意，皮氏培养皿足够大，如果它将在三个小时后被充满的话，实际发生的情况会是什么？在开始的两个半小时内，一切看起来都很正常：一开始，培养皿中只有 0.1% 被细菌覆盖。2 小时 55 分钟后，培养皿中也只有 3% 被细菌占据。即使在 2 小时 59 分钟后，菌落也只占据了一半的空间。但仅仅又过了一分钟，最后一次翻倍的细菌就填满了整个空间。在经历了许多次翻倍后，出现了一种似乎突然引起了巨大问题、需要迅速改变方向或看上去简直不可能发生的失败。目前，全球经济的增长速度为每年 3%，这样 23 年就会翻一番。未来还有可能再翻倍几次是一个有待解决的疑问。但问题终将出现，当它们出现时，它们将瞬间降临到我们身上。时间似乎在加快。

与此同时，人口数量、能源供应水平与人类生成的信息量都在迅速增长，这是由利润再投资的正反馈循环和不断增加的科学知识所驱动的。这表明，继续保持我们目前的生活方式是我们设想的三种未来情境中可能性最小的。如此迅速而彻底的变化表明，崩溃或转向一种新的生活方式的可能性更大。

## 走向崩溃？

天体物理学家马丁·里斯（Martin Rees）在 2003 年出版的《我们的最后一个世纪：人类能否在 21 世纪存活下来》（*Our Final Century: Will the Human Race Survive the Twenty-first Century*）一书中，总结了许多可能毁灭人类文明的威胁。核战争、生物恐怖主义浪潮或智能机器人都可能导致崩溃。更宽泛的观点是，人类拥有的力量越大，这种力量被用于最具破坏性目的的可能性就越大。人类活动引起的环境的迅速变化可能导致灾难性的变化，即所谓的“人类世崩溃”；但崩溃的另一种途径是，更直接地通过技术毁灭我们自己，其可能性正随着时间的推移日渐增加。

如果人们愿意，每一年都会有更多结束文明的选择供更多的人尝试。一个系统性的计划可以减少或消除一些威胁，包括核裁军、严格限制新核武器的生产与对培养致命病毒的严格控制，以及追求不让全球社会任何一部分被孤立的政策，以上这些都是明确旨在防止崩溃的保险措施。然而，对人类文明至关重要、紧迫且现实的威胁源于当今生活方式的一个核心矛盾：它由能源提供动力，而这些能源的使用正在破坏当今全球一体化文化网络的存续。

这个威胁就是气候变化。简而言之，化石燃料的使用是一个进步陷阱。图 11.2 显示了在人类物种寿命以及我们在 21 世纪的前进路线背景下，受人类活动的影响，大气中二氧化碳浓度发生了不可思议的改变。从概念上讲，这个基本问题是由罗马俱乐部（Club of Rome）在 1972 年出版的《增长的极限》（*The Limits to Growth*）一书中提出的。这项研究包含了被许多人认为是结合了经济和环境研究的第一个科学模型。2008 年，该研究将被称为“标准运行”（standard run）的假设一切照常这一情境的预测与全球实际情况对比。好消息是，1970 至 2000 年，经济发展、人口、粮食产量等都呈现出持续

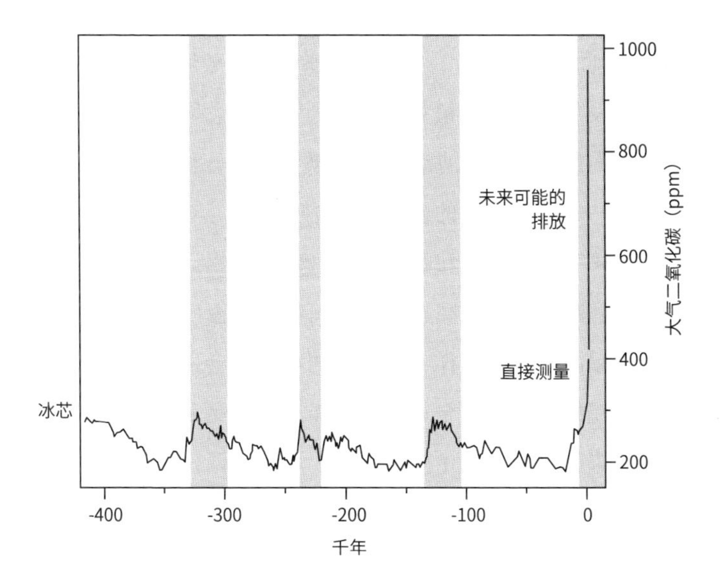


图 11.2　将 21 世纪可能的二氧化碳排放量置于过去 45 万年地球大气中的二氧化碳水平的背景下看。阴影条是过去的间冰期，表明我们现在生活在一个超级间冰期。[8]

增长的态势，这与模型的预测相符。[7] 坏消息是，“标准运行”模型预测，尽管全球人口、粮食生产和经济发展的趋势将持续到 21 世纪初，但由于长期存在的污染物，环境压力正日益加剧。到 21 世纪中叶，污染物的累积将突破环境承载力的极限，引发经济活动、粮食生产以及人口的急剧减少，最终导致全球的崩溃——这些都体现在模型中。一种长期存在的污染物——二氧化碳真的会导致崩溃吗?

气候变化的速度和幅度与二氧化碳的累计排放量密切相关。这意味着要将变暖控制到任何特定的温度目标以下，排放量必须降至零，这样二氧化碳的积累才会停止。当今这个复杂的超级文明及其全球粮食、能源与产品分销系统能否在即将到来的气候剧变中生存下来，取决于两件事：气候变化的幅度以及社会能否适应。这里所说的“变化幅度”可能相当之大。只有真正不遗余力地采取措施，当今互联的文化网络才有可能将全球平均气温的上升幅度限制在科学证据指导下社会所认为的安全水平。

在全球范围内，政客们对自己的国家能够承受多大程度的变化意见不一。许多收入较低的国家支持将升温幅度限制在比工业化前高 1.5 摄氏度的水平，而其他许多国家则支持将升温幅度控制在 2 摄氏度以内，认为这是可以接受的风险水平。对于小岛屿国家来说，未来任何显著的气候变暖都是不言而喻的危险，因为它们的领土存在由于海平面上升而被抹去的危险。对这些人来说，即使是适度的气候变化，也会对他们的生存构成现实威胁。2015 年全球达成一致同意的法律文件《巴黎气候变化协定》（Paris Agreement on Climate Change）巧妙地让其核心目标同时包含了上面两点：将升温控制在“大幅低于”2 摄氏度，并“努力”将升温控制在 1.5 摄氏度以内。

由于地球系统对我们的温室气体排放的反应尚不明确，因此无法确切地知道某一特定累计碳排放量所造成的变暖量。对于某一预想中的累计排放量，即全球碳预算来说，如果全球变暖的程度比预期的要低，我们就会很幸运。如果气温比预期的要高，那么我们可能会很不幸。因此，基于特定的碳预算，可预测的温度变化幅度是一个概率。换句话说，要计算全球碳预算以限制气候变暖，还需要就温度不超过 1.5 至 2.0 摄氏度的概率范围达成协议。不幸的是，在巴黎，没有达成这样的协议。按照《联合国气候变化框架公约》的说法，概率范围的选项有“有可能”（大于 50%）、“很有可能”（大于 66%）以及“非常有可能”（大于 90%），《巴黎协定》是该公约的一部分。因此，对《巴黎协定》的一个合理解读将会是确定一个与累计排放量相一致的碳预算，使得累计排放量“有可能”将变暖温度限制在 1.5 摄氏度以内，“非常有可能”不超过 2 摄氏度。

将变暖限制在 1.5 摄氏度或“大幅低于”2 摄氏度是一个

非常乐观的结果。现在地球表面的温度已经比工业化前的水平高出 1 摄氏度，即使我们在 2017 年停止所有排放，21 世纪的温度也预计会上升 0.3 摄氏度。[9] 即使在“很有可能”（66%）的范围内，要实现《巴黎协定》中 2 摄氏度的限制目标，也需要在 2050 年后将温室气体排放量迅速削减至接近零的水平。这意味着在未来每十年将全球温室气体排放量减半，可再生能源在整个能源体系中的份额每隔五年翻一番，停止砍伐森林，重新调整农业生产与我们的饮食结构（吃更少的牛肉和更多的植物）。尽管在技术与经济上可行，但这其实是个极其雄心勃勃的目标。[10] 为了实现这一目标，社会需要将消除温室气体排放放在与追求经济发展同等重要的地位。即使是这样，社会在今后区区几十年里需要应对的气候变化，仍然比那些有 5000 多年复杂历史的文明此前所经历的变化要大得多。

看起来，累计碳排放将远远高于将变暖幅度限制在 2 摄氏度以内的碳预算。如经济学家达隆·阿西莫格鲁及其同事所指出的，随着收入的增加，排放量也会增加，其净效应将超过由开发更清洁燃料带来的碳排放量的减少，即使更清洁的燃料更便宜。不幸的是，由于非清洁燃料与清洁燃料的效用相同，而且非清洁燃料市场巨大，它们不断吸引新的投资，这意味着，当我们给全球经济建模时，人们发现，它往往“走向环境灾难”。[11] 最近在美国的页岩气革命以及在英国照搬页岩气革命的尝试，恰恰表明了这种非清洁燃料吸引投资的趋势。

地缘政治也让取缔化石燃料变得非常困难。据国际货币基金组织（The International Monetary Fund）估计，化石燃料的开采与使用每年得到大约五万亿美元的补贴。[12] 税收减免与金融转移很难减少，因为在全球26家最大的石油和天然气公司中，19家是部分或全部国有化的。这些国有企业为其所属的政府赚钱，也因此不断获得特殊待遇，以帮助它们与其他石油和天然气生产国的企业竞争。

鉴于以上情况，需要的不仅是改变我们当今生活方式的能量来源，而且最终是在全球范围内禁止使用化石燃料。这可以通过直接监管、价格调控、税收或三者的结合来实现，但这无疑是一项极其艰巨的挑战。或者，社会可以选择使用地球工程手段使地球的能源预算更接近平衡，并限制气候变暖。这可以通过两种方式实现：一是使用一套被称为"太阳辐射管理"的潜在技术将部分太阳能反射回太空，或者直接从大气中去除二氧化碳并将其储存在地下，也就是所谓的"二氧化碳去除技术"。这两种选择都是极具挑战性的任务，无论是在技术上（它们能否实现？）还是在经济上（谁将为此买单？）。此外，太阳辐射管理的非预期后果也会构成环境风险，并且要由谁来决定如何以及何时有意地对地球气候进行重新设计也引起了严肃关注，这意味着此类计划的实施将面临严重障碍。[13] 考虑到以化石燃料为动力的长期经济发展是当今全球经济的核心，并且无损耗的技术革新离我们还太遥远，如果没有政策的重大变化，或者与当今生活方式的某种决裂，气候变化与崩溃如何能够避免目前尚不清楚。

这些困难意味着，许多专家担心，即使考虑到各国在《巴黎协定》中的承诺，二氧化碳排放仍将增加，最终导致气温比工业化前的水平高出 3 摄氏度。如果有些国家不兑现其承诺的话，那么气温甚至可能升高 4 摄氏度。[14] 这种变暖程度将引发一些社会难以控制的风险。[15] 这会大大改变我们生活的世界。即使在今天，气温又上升了 1 摄氏度的情况下，许多珊瑚礁仍在死亡，某些极端天气现象正在增加，物种正在走向灭绝。上升 3 摄氏度时，北极将没有海冰，极端天气事件将会很常见，生态系统将会瓦解，新的生态系统几乎会在所有地方出现。我们可能会跨越通常被称为临界点的重要阈值，比如数十亿人赖以为生的季风降雨模式的转变、亚马孙雨林部分地区的顶梢枯死以及北极冻土融化释放出的甲烷。其中很多变化将进一步加剧全球变暖，这表明我们不能指望气候变化的影响会是一个平稳的过程。[16]

但是这样的改变对社会来说是无法应对的吗？让我们思考一下人类对食物的基本需求。农耕自出现以来就有一个不变的要素：人们根据已知特定地点的确定气候种植作物。这种确定性已经成为过去时：任何一个地方的气候都在发生变化，且变化得越来越快。与往常一样，一系列的负反馈机制正在发挥作用，以稳定食物供应。应对的办法是改良在新环境中生长得最好的作物，培育新的耐热品种，利用复杂的天气预测和其他技术确保粮食供应。但随着时间的推移，越来越频繁的极端气候事件和其他变化将使粮食生产比现在更加困难。例如，研究显示，美国和中国同时出现玉米歉收的可能性为每十年 6%，而这两个国家的产出占全球供应的 60%，这显然会引发广泛的问题。[17]

目前，热带地区小农种植的食物养活着世界上超过一半的人口。由于气温与湿度的上升，气候变化预计将增加这些农民在极端气候下劳作的天数，而从生理学上讲，那些天里在外劳作是不可能的。但他们如果不能长时间在外劳作，他们将无法生产出与现在一样多的粮食，一场危机便会降临。[18] 当然，气候并不是耕种方面的唯一变化；随着时间的推移，大面积的水土流失也将使生产更加困难。其结果是，世界将依赖于新技术的开发与应用，以便跟上快速变化的气候，几乎没有出现技术失灵或其他错误的空间。在快速变化的气候条件下，到 21 世纪中叶为近 100 亿人生产负担得起的粮食可能是一件极其具有挑战性的事。

五角大楼在审视对美国未来安全的威胁时，认为未来的气候变化是一个“紧迫且日益增长的威胁”，也是美国国家安全的一个“重大风险”。气候影响被视为“威胁倍加器”。[19] 这是一个有用的表述方式。更多的极端天气事件将更频繁地扰乱全球粮食供应，使粮食价格大幅上涨，这可能导致国内动荡，二十多个国家在2007年粮食价格飙升后出现了这种情况。更多的极端天气事件可能会加剧资源冲突。这种极端情况还会增加难民的流动，在不受特定气候极端情况影响的地区也造成紧张局势。

我们是否已经看到了这些变化的影响？叙利亚正在经历的极端干旱是五百多年来最严重的，它加剧了导致这场战争的冲突的条件，尽管我们应该清楚，学界认为，在两者之间建立因果关系存在争议。[20]极端事件后的任何重建工作都需要额外的成本，而且完成任何重建工作都需要时间。如果极端事件再次发生，就像人们预期在气候转向一个新状态之后会出现的情况，这可能会削弱社会的韧性。不难想象，粮食、气候影响与难民问题带来的多重压力可能会接二连三地压垮许多国家。

当今全球相互交织的文化网络在经历急速气候变化时究竟何去何从，将取决于各方力量的平衡。一方面，食品价格可能螺旋式上升，维持医疗保健和其他关键经济部门的全球长距离供应链变得愈发困难，环境资源消耗日益增加，人口大规模流动，应对气候变化影响的成本不断上升，国内动乱与广泛的冲突逐渐升级。另一方面，世界上的各个社会也将变得更加富裕，它们将拥有更多的信息、能源、技术与资本以应对、重建和预先准备下一次冲击。人类是有复原力的，尽管我们在新闻中看到无数恶性事件，我们在不诉诸暴力冲突的情况下解决分歧这方面上，实际表现得越来越好。[21] 但是，我们错综复杂的文明网络能比它制造出的问题领先一步吗？

或许我们有可能在不迅速将排放降至零的情况下，维持运转一个全球互联的复杂超级文明。这将是一个令人眼花缭乱的世界，环境、社会与政治都在变化，以补救过去以政治对话与规划遏制早期问题的失败。这种情况是否可持续，是否可以作为社会前进的模式？我们有必要回顾一下我们从过去各种农业社会的崩溃中学到的教训：社会往往在解决问题时变得更加复杂，但当对复杂性投入的边际收益减少时，其中的一些复杂性就失落了。[22] 这种失落也是崩溃的另一种说法。

## 平等是必要的吗？

当今全球互联的超级文明极易受到全球环境变化影响，其中一个不太常提到的原因是当前的经济力量格局。图 11.3 显示，2015 年全球经济大致可被形容为欧洲、亚洲和北美三分天下的局面。这表明，现在西方既不可能发号施令，也不可能单独解决如气候变化等全球性问题。西方以外的国家也不可能走上一条非化石燃料的非传统发展道路，从而自行解决气候变化问题。这个问题只能通过协调全球规划与行动来解决，但它也由此引出了生活在人类世最困难的问题之一：

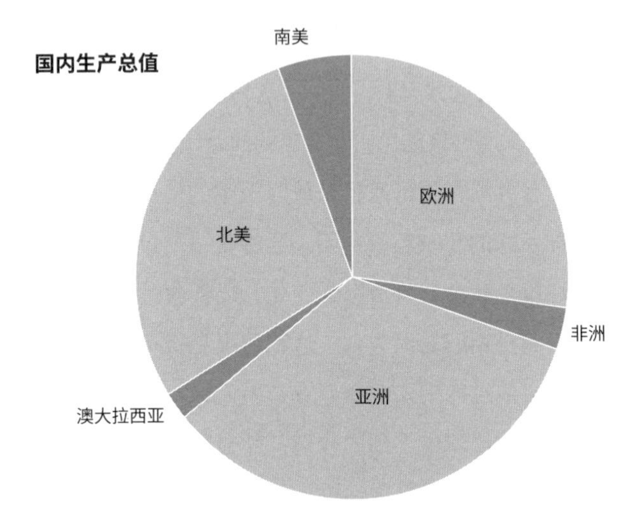


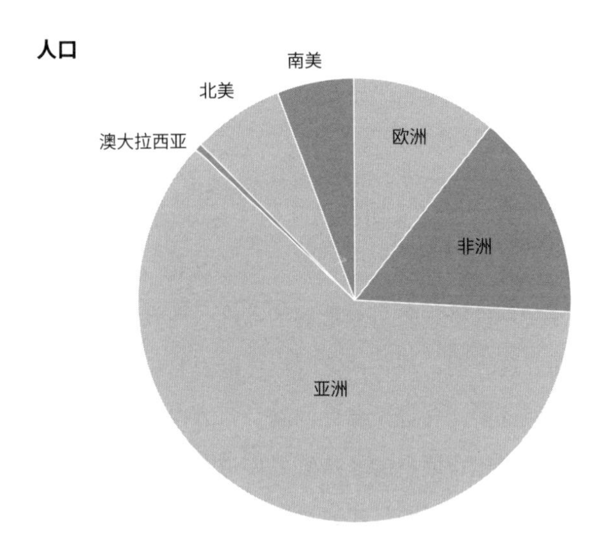


图 11.3　2015 年各大洲的国内生产总值和人口比例。[24]

如何应对全球的不平等。

正如我们在前几章中所看到的，西方通过掠夺世界其他地区致富，并且用掉了全球大部分的碳预算。目前大气中的额外二氧化碳有三分之一来自美国，三分之一来自欧洲，三分之一来自世界其他地区。[23] 非洲的排放量只占目前大气中所有二氧化碳污染的 3%。因此，收入较低的国家不仅更难适应由此产生的气候变化，而且绝大部分问题也并非它们制造的。西方欠其他国家一份历史债务，并有明确的义务为其排放将造成的未来损害买单。每一个非西方国家都知道，并在国际气候谈判中表明了这一点。西方不愿接受这一历史现实。这是气候谈判在这二十多年来停滞不前的基本原因之一，它几乎让 1.5 摄氏度与 2 摄氏度的上限变得完全不可行了。这个问题还使实现零排放的目标成了更大的挑战。

如何解决过去碳排放的全球不平等，以及如何分配未来有限的碳排放预算是更广泛问题的两个方面。如果全世界人口消耗资源的速度都与英国、美国、法国、澳大利亚或日本相同，那么我们将面临环境灾难。由于会引发剧烈的气候变化，这种全球高消耗的景象不可能出现在化石燃料上，但塑料、金属、肉类、鱼类、木材以及许多其他资源的消费也同样如此。虽然将各类消费放在一个单一的指标上很难，但我们可以非常粗略地说，如果每个人的资源利用水平都与世界上最富有的 10 亿人相同，那么全世界的人均资源能耗将增长

5 至 10 倍。这种资源使用水平将产生相当于当下消费水平的 5 至 10 倍的影响。说得更具体一点，这就像生活在一个拥有至少 320 亿人口的星球上。[25] 几乎没有人认为地球能养活这么多人。

这一计算是为了说明一个观点：绝不是要否定数十亿人需要消费资源以生存下去。目前的问题是，如果数十亿人都试图与最富有人群的资源使用量相匹配，结果会如何？我们称下面这一问题为"人类世难题"：如何在可持续的环境限制之内平衡全球的资源消耗。人类世难题的结果要么是环境崩溃，要么是为实现平等而采取全球协调行动。

如果我们仔细研究将温室气体排放减少到零的路线图，我们就会用一种新的方式看待人类世难题。实现零排放显而易见的答案是选择非化石燃料能源，主要是靠太阳能和风能发电；改用电动车辆以减少大部分的交通废气排放；不断提高所有产品及其制造过程的效率标准；停止砍伐森林；通过明智的农业干预，包括阻止农场、商店与餐馆间的食物浪费，减少其他的温室气体，如使用化肥造成的一氧化二氮，以及养牛场和水稻种植产生的甲烷。这一切都是可以实现的，除了避免危险的气候变化，还有其他更广泛的好处：减少当地的空气污染、更新鲜的食物、更多的锻炼、更节能的住宅和更长寿、更健康的生活。[26] 但是，要在未来几十年内实现全球能源、基础设施、工业、交通和土地利用领域的温室气体净零排放，是一项艰巨的任务。

那么，我们如何才能做到这些呢？投资可再生能源解决方案，逐步去化石燃料化，并将后者留在地下。这类投资的早期结果是，与开设新的化石燃料电厂相比，太阳能和风能的建设与运营成本更低。将化石燃料留在地下这方面的努力尚未见到多少成效，但禁止钻探新石油、撤出对化石燃料公司的投资、征收碳税或拍卖污染许可等政策干预措施，以及公众抗议正开始取得进展。通过隔热房屋及对所有产品应用高能效标准来解决能源浪费也至关重要。高能效标准是通过确保每隔几年就将标准提高到同类中最好的水平来实现。

我们离采取这些行动还有多远？实现净零排放的路线图如图 11.4 所示。《巴黎协定》是一个历史性的里程碑，它不仅全面而且具有全球性。然而，对于任何不履行其承诺的国家，目前并没有明确的惩罚措施。

此外，这些在联合国气候变化框架下的谈判是在 1992 年至 2015 年之间达成的。国家做出了一些承诺，被称为“国家自主贡献”，但离实现“大幅低于”2 摄氏度的目标还很遥远。到 2030 年，如果这些承诺得到充分落实，排放量仍将高于现在，而且仍将继续上升，而不是迅速下降。2030 年承诺的减排目标与 2 摄氏度减排目标之间的差距，相当于 2017 年美国和中国的总排放量。[28] 特朗普总统表示，他打算让美国退出

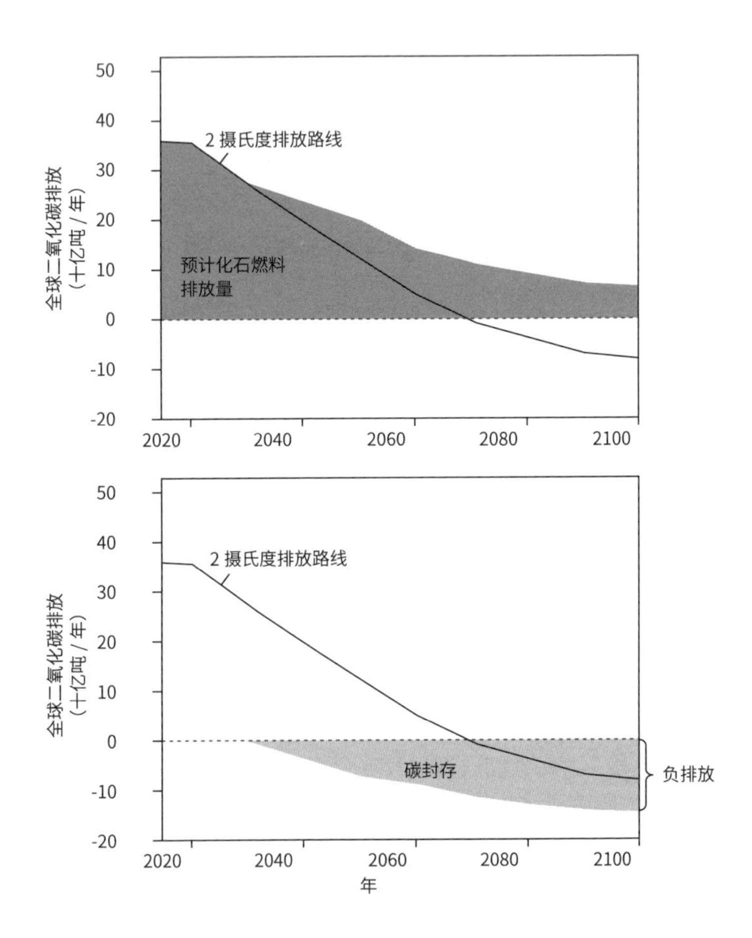


图 11.4　已公布的未来二氧化碳排放路线的平均值，它可以将变暖限制在 2 摄氏度（即达到目标的 66%）。它们证明，要实现净零排放，并在 2070 年后变为负排放，排放量的减少和大气碳的大量封存都是必需的。这些途径通常仍允许在本世纪晚些时候排放大量的化石燃料，并通过部署诸如 BECCS 之类的负排放技术加以抵消。[27]

《巴黎协定》*，这可能意味着 2030 年的排放差距将变得更大。

更积极的是，许多国家正朝着兑现承诺的方向迈进（尽管这些国家仍远未达到至 2050 年实现净零排放所需的速度）。可再生能源正在崛起：2015 年，可再生能源占全球新电力装机总量的一半。[29] 全球每生产一美元 GDP 所排放的碳量正在下降。换句话说，全球经济的碳效率正在提高。2014 年、2015 年和 2016 年，全球化石燃料排放总量停滞在同一水平上，这表明我们可能正在达到化石燃料排放的全球峰值（尽管 2017 年化石燃料排放再次增加）。养老基金、教会和大学正在从化石燃料领域撤资。在道德抵制之外，化石燃料公司也越来越被视为一项糟糕的金融投资，因为它们的资产——地底下的燃料——在未来可能无法出售，并且现在越来越多地被称为搁浅资产。这意味着这些企业用于开采更多化石燃料的资金会更少。这些公司目前也发现它们更难吸引和留住员工。他们正在成为 21 世纪的烟草公司：谁会愿意为一家核心业务正在毁掉你的未来的公司工作？

《巴黎协定》主要是一份意向声明，其目标是零排放。它设定了前进的方向，让对高排放未来的投资变得更具风险。该协定从各国的国情出发，要求各国做出自愿减排的承诺，随着时间的推移，希望以此建立信任与更宏伟的目标。该协

---

* 在特朗普与共和党多名议员的坚持下，美国最终于 2020 年 11 月 4 日退出了《巴黎协定》。但继任的民主党总统拜登又于 2021 年 2 月 19 日重新加入了。——编者注

定的体系结构非常巧妙地包括了五年一次的“全球盘点”，以审查进展情况并推动各方提高减排承诺，从而更接近零排放和变暖低于 2 摄氏度的目标。

联合国的进程可以被看作世界各国正在为解决关键的人类世难题做出努力。人们期待，高排放量的国家将比其他国家在减少排放方面做得更多，收入较低的国家将获得资金和技术援助，以建立适合 21 世纪的可再生能源系统，同时获得投资，帮助它们适应它们将面临的不可避免的气候变化影响。但很少有人真正了解，如果《巴黎协定》成功实施，世界将会是什么样子，更没有人会认为它是可欲的。

到 21 世纪末实现零排放的这一目标需要路线图。人们为联合国和各个国家分别提供了各自的路线图，使用的是被称为综合评估模型（Integrated Assessment Models）的经济模型。这些方案规划出如何改变排放以将变暖限制在 2 摄氏度以内。仔细研究这些路线就会发现，它们做出了一个惊人的假设：每一条路线都有 66% 的可能性将碳排放限制在 2 摄氏度内，并且每条路线都假设，2050 年仍将有大量化石燃料被燃烧。如图 11.4 所示，零排放会以将二氧化碳从大气中去除的方式实现。[30] 履行《巴黎协定》的承诺实际上并不意味着停止化石燃料的排放。

人们提出了从大气中去除二氧化碳的两种主要方法。第一种方法被称为碳捕集与封存（Carbon Capture and Storage,

英文简称为 CCS）技术，包括从化石燃料发电厂收集废弃的二氧化碳，并将其埋入地下，确保其不进入大气层。第二种方法是种植农作物和树木作为燃料，在发电站燃烧发电，然后也是通过掩埋来收集二氧化碳。这种生物能源与碳捕获和储存（Bioenergy Carbon Capture and Storage，英文简称为 BECCS）技术能有效地从大气中去除二氧化碳，因为植物干重的一半是通过光合作用从大气中吸收的碳，而这些碳最终会被埋到地下。模型规划的路线是利用 BECCS 技术来抵消来自化石燃料的持续排放，结果是净零碳排放。

本质上，这些路线是用一系列关于未来的假设构建出来的。这些综合评估模型倾向于利用历史先例来设定预期的最大减排速度，从而留下了大量化石燃料排放的预算。然后，模型使用 BECCS 技术与实际碳预算相互抵消，将碳排放控制在让大气升温 2 摄氏度以下。但是，路线图中所代表的碳捕获和储存的规模、可行性和后果，以及 BECCS 技术所需的实施规模很少得到充分承认。

气候研究者格伦·彼得斯（Glenn Peters）与凯文·安德森（Kevin Anderson）计算，从现在至 2100 年，这些路线通常需要掩埋及永久储存由化石燃料排放的 5000 亿公吨二氧化碳，如果利用 BECCS 技术则还需要储存 7000 亿吨。[31] 将这些庞大的数据放到适当的背景下来看，如果我们要将全球变暖限制在 2 摄氏度（具有 66% 的可能性；在 2016 年，这意味着还需要存储约 9000 亿吨）[32]，那么我们将需要总共掩埋 1.3 亿吨二氧化碳，这大于我们允许排放的二氧化碳总量。这将把这一典型的碳排放路线可允许的化石燃料排放量翻上两倍还多。

我们还可以从另一个角度看 BECCS 技术与 CCS 技术承诺的拟定规模。由挪威国家石油公司（Statoil）、埃克森美孚（Exxon Mobil）和其他公司运营的斯莱普纳北海碳捕获和封存工厂全力运营，每年可实现的二氧化碳捕获能力是略低于 100 万吨。格伦·彼得斯指出，到本世纪中叶，2 摄氏度路线模型隐含的假设是，大约 1.5 万家这样的工厂需要投入运营。[33] 此外，碳捕获和储存明显比预期的更为复杂和昂贵。[34]

谈到 BECCS 技术，它所需要的土地数量是巨大的：在典型情况下，它需要印度国土的一到两倍大。[35] 鉴于耕种系统到时将需要至少养活额外的 20 亿人，哪里有那么多闲置的土地可以种植能源作物？大规模的 BECCS 技术部署，将以牺牲剩余的自然生态系统、这些系统内的生物多样性以及那些依赖它们的人为代价。这可能是一次历史性的土地掠夺，为了让制造污染的国家可以继续制造污染。这条特定的 2 摄氏度路线在限制气候变化的同时，很可能引发生物多样性危机，导致不可阻挡的第六次大规模灭绝。各国政府目前的计划如果得以实施，将以另一种方式毁灭世界，从而“拯救世界”。

如我们之前所说，故事很重要。建模场景；也就是数学形式的叙事很重要。我们的批判针对的不是模型或建模本身，而是关于它们背后的假设——哪些是重点，哪些不是。建模对于理解一系列政策决策的可能影响以及帮助社会管理其在人类世中的影响是至关重要的。当然，对所有的 BECCS 技术采取原则性反对的立场是毫无意义的。这些技术可以，而且很可能应该被谨慎地用于处理难以消除的排放，比如食品生产造成的一些排放。但是 1.5 摄氏度和 2 摄氏度的路线依赖于大规模的 BECCS 技术部署，它讲述了一个非常强大且极其危险的故事。

BECCS 技术如此吸引人的根本原因是，它推迟了行动，让我们不必即刻采取行动。这是一个经济学假设的结构性结果，经济学界以外的人很少认同这一假设。其中的原因是"贴现率"。如果你问一个人，他是希望今天拿到 100 美元，还是五年后拿到 100 美元，他现在就想要。但如果你问他想要现在的 50 美元，还是五年后的 100 美元，他的决定会更困难。这是因为我们通常会降低未来的权重。这一想法，即价值百分比的逐年下降比例，被称为贴现率。它通常被认为是 5% 左右，因为我们可以在股市上获得这种水平的回报（我们更愿意今天就拿钱投资，除非未来将获得的回报超过了可预期的投资收益）。然而，将这 5% 的规则应用于遥远的未来意味着，2100 年将要付出的气候变化的代价被计算得很小。如果考虑 100 年后，今天 100 万美元带来的影响只相当于 6232

美元的损失。因此很难证明，为了避免未来的严重影响，现在就在气候行动上付出是合理的，因为按照这种逻辑，当前的付出在经济上完全不划算。当然，在一个逐年打折的世界里，BECCS 技术在未来也会变得更便宜，因为世界会更富有。尽管大规模应用 BECCS 技术接近于一种幻想，但它在经济模型中是完全合理的。但我们会像这样折现未来吗？可能不会，因为我们如何对待未来的人，是一个道德选择，它和短期股票市场投资是两码事。我们不会以每年 5% 的速率将自己子孙后代未来生活的价值打折。因此，这种假设不应被自动纳入到全球应对气候变化的计划中。

BECCS 技术讲述的这个故事很有诱惑力：现在不需要采取太多行动，因为未来的技术部署将拯救世界。毫无疑问，我们需要一个有说服力且诱人的故事，以让我们保持低于 1.5 摄氏度或 2 摄氏度的愿景。但目前的故事给政策制定者与公众制造了一种扭曲的观点：他们倾向于认为化石燃料排放量为零不过如此，很少有人把生物多样性减少的严重后果与为化石燃料工业提供一条生命线联系起来。研究人员决定使用经济模型来提供一种不会吓到决策者的解决方案，这意味着他们正在制造一幅扭曲的图景。

人类世的一个很好的简短定义是：地球系统中，人类的组成部分大到足以影响地球运转的时期。当人类影响的规模如此之大时，对人类重大问题的相应解决方案也往往会呈现出庞大的规模，从而可能对地球系统和我们产生意想不到的后果。这是利用地球工程技术解决问题的一个主要缺陷，比如将太阳的部分能量反射回太空，以此来解决我们的排放问题。但即使这有望实现《巴黎协定》的目标，地球也将进一步被改造，对世界上一些最多样化的生物栖息地带来损害。积极进取的解决气候变化的主流故事线，是用一场灾难代替另一场灾难。

拖延气候行动，然后让自然付出代价，我们给自己讲述这样的故事并不明智。从本质上讲，这仍是那个古老的宗教观念，即人类主宰自然这一思想，仅仅是换了一种数学的呈现形式罢了。有一些限制全球变暖同时破坏性较小的可行路线，但在当前消费资本主义生活方式的规范内，它们太容易因被视为“不切实际”而被抛弃，因此公众和政策制定者甚至从未听闻过它们。这些困难表明，要使互联的全球文化网络在人类世蓬勃发展，可能需要一系列更为激进的干预措施。

## 一种新的生活方式？

大多数人拥有的东西并不多。在今天的世界上，人们被要求出卖他们的劳动力，以获得生存所需。人们必须工作，并不断提高他们的生产力——如果他们不这样做，就会被更高效的人取代。出于这个原因，随着时间的推移，人们普遍会赚更多的钱，他们用这些钱买更多的商品和服务，以便更好地生活。资源所有者依靠榨取出卖劳动力的人赚得的利润为生，并将其中的一些利润进行再投资，以进一步提高生产率，生产更多的商品和服务。这是消费资本主义的核心，是不断增长的人类劳动生产率，与不断增长的生产和消费的正反馈循环。经济增长至关重要。这条道路在某个阶段决定了环境的崩溃，因为越来越多的人正充满干劲地沿着这条道路走下去。这种循环会在人们发现为时已晚之前结束吗？

正如我们所看到的，生活方式的改变是罕见的。如果之前的几次改变有线索可寻，那么当正反馈循环开始产生效果，再加之以新能源供应、新的信息以及更大的人类集体能动性时，改变更有可能发生。当然，人们必须主动实施改变。鉴于当前基于阶级的社会结构，对于一些人来说，由于手中没有政府和企业权力，他们无法强迫别人为其做事，这意味着需要通过集体行动实验并试图找到积极的反馈循环，到达一个新的和更好的生活方式。有趣的是，这三个基本因素似乎都在增加，这表明可能会发生朝向第六种新生活方式的第五次转变。

以新能源的可用性为例。可再生能源的价格正在迅速下降。在最初的投资之后，太阳能和风能基本上是免费的，它们的扩大可能就是这样一种改变，即增加了跳跃到一种新生活方式的可能性的那种。日常生活的能源短缺可能成为过去，这将改变人们的生活，以及人们可以用他们的生活所做的事情。人们不必为了获得能源而长时间出卖自己的劳动力。此外，如果可再生能源由地方所有的社区能源公司提供，他们可以保证，随着最初的投资渐渐得到回报，能源价格将会下降。此外，在太阳能和风力发电场的电网中加入去除大气二氧化碳的化学物质——直接捕获碳——意味着，当晴天和刮风的日子有多余的电力时，它就可以用于从大气中去除二氧化碳，从而避免广泛使用 BECCS 技术。这是一种非常不同的思考气候变化的方式：认真考虑它可以为我们带来新的自由。

限制气候变化的政策架构可以避免造成人类的痛苦，而且除了直接的环境利益外，还可以对人类进步作出重大贡献。这对绝大多数没有持续能源供应的人具有吸引力，但它也需要以满足人类的需求为目标，而不是以投资获得最大的经济利润为先。鉴于指数级变化的性质，预计在未来的 15 年，世界将在能源、水资源和交通基础设施方面投资约 90 万亿美元，这超过目前已投入使用的全球基础设施存量的总价值。[36] 重组全球能源体系是一个无与伦比的机会，让可以进行重新设计，使其更平等地让人受益，避免能源贫困，增加自由。

同样，信息的爆炸和分散式数据网络的存在消除了另一个可能阻碍新生活方式出现的瓶颈。与新能源系统不同的是，这种架构更加发达。无处不在的信息，以及计算机处理信息的速度和效率比任何人都要快的这项能力，会在我们学着处理这些变化时引发焦虑。然而，在无需以酋长、祭司、君主、政府和报纸所有者为中介的情况下，人们获取信息能力的提升代表了一个划时代的转变。鉴于各国政府试图对互联网施加限制，这种未经中介处理的信息的潜在力量已经得到了充分的承认。对任何希望出现新生活方式的人来说，反对这些限制并尽可能保持信息的自由流动将是重要的目标。

信息处理能力的高速增长具有革命性的潜力，这一点与对人工智能和越来越强大的计算机的出现有关的兴奋和恐惧中得到了很好的体现。现在，几乎不需要任何成本就能复制信息，并将其发送给我们选择的任何人。这种能力也弱化了我们对资源的所有权，因为信息越来越难以“拥有”。这使得人们能够组织和协调不一定由政府、媒体或强大的利益集团控制的活动。事实上，由类似的去中心化的能源网络驱动的，去中心化的群体之间的同伴共享是一个强有力的组合体。

我们集体能动性的变化也被认为预示着巨大的社会变化。长期以来，人类集体能动性一直趋向于不断扩大，先是通过驯化火与动物来增强我们的肌肉力量，接着是自工业革命以来使用以化石燃料为动力的机器。提高我们劳动力的机器无处不在。现在我们每一个人能做的都比我们在历史上能做的更多。一项新的重大变革似乎即将到来：信息生成和计算机编程领域的进步意味着，人类工作的更多方面可以由机器人（用于体力劳动）或计算机（用于脑力劳动）自动完成。

自动化可能意味着任何不愉快或无聊的工作都可以由一个精心编程与设计的机器人来完成。人们可以从苦差事中解放出来。再一次，我们集体能动性的大量增加——花很少的时间编程和制造大量的机器人，来做这些人没有它们无法做的事情——可以增加自由，甚至推动人类社会进入一种新的生活方式。

另一个强大的推动因素即将到来：一个世纪后，全球经济预计将增长 4 倍。撇开经济对环境 16 倍的影响不谈，人们的工作效率能提高 16 倍吗？我们每个人能否在每个工作日安排一个 128 小时的工作周？人类的大脑和身体似乎不太可能适应，但一台智能机器就可以。看来，就像化石燃料一样，人类生产力是一个进步陷阱，它暗示着重大的社会破坏，再次预示着与过去 16 世纪和 18 世纪以及战后时期人类社会组织变革同一规模的变化；再加上能源向可再生能源转型，人类社会即将迎来第五次重大转变。

然而，所有这一切都不能保证一定会出现一个对人类，或对与我们共同生活在地球上的其他物种更好的社会。化石燃料的排放量需要迅速地降至零，而我们离这一目标还有很长的路要走。此外，还需要一场以回收利用为核心的物质革命，目的是大幅度地消除浪费。也许还需要一场心理和行为上的革命，以让我们看清并解决男性对女性的统治，老年人对年轻人的统治，一个阶级对另一个阶级的统治，以及人类对自然其他部分的统治，这些很可能都是相互关联的。[37] 但总的来说，从风和阳光中获得的基本上无污染和低成本的能源，拥有类似人类决策能力以处理生产，便于人们过上有尊严的生活的机器人，以及唾手可得的，便于组织和协调他人的大量信息告诉我们，我们正处在一个重要的历史时刻。

400 年以来的科学革命，为人们提供了充足的知识，让他们获得了更多营养，过上健康长寿的生活，并能够与志同道合的人建立联系。然而，尽管全球生产了足够的食物，并且任何人都不应营养不良，但还是有大约十分之一的人营养不良。在英国，有足够的能源供应，因此不应该有人燃料匮乏，但事实却相反，很多人确实生活在燃料匮乏的状况中。有许多空房子，但仍有人无家可归。对自由而无匮乏的生活条件设置限制是有政治意义的：它关乎谁拥有和控制资源。这是因为，当今生活方式的核心是推动劳动生产率不断提高，而劳动生产率的提高建立在阶级制基础上，这是社会的基本组织原则。500 年前，它开始取代旧的社会驱动力以提高土地的生产力。很难想象，这种情况会持续到遥远的未来——我们所有人都会以指数级的加速度冲进永恒。总有一天，我们需要一种新的、更明智的核心组织原则，而不是由某一阶层的人控制另一阶层的人来提高工作效率。

在本书的结尾，我们并无意为人类设想一份在人类时代里如何管理自己的政治规划，包括我们当前生活方式将要发生的可能转变。最后，我们提出了两个我们认为应该进一步研究的重要观点，因为它们可能会增加我们利用信息的有效分发、清洁能源供应和我们的集体能动性的增加来限制我们对环境的影响、更好地管理地球系统和过上更自由的生活的可能性。

我们对环境的影响，其一个关键方面在于我们如何利用时间。高度平等主义且即时反馈的狩猎–采集群体向我们展示了，正是对他人的依赖，逐渐导致了权威为一些人所有，继而破坏了平等。能够从群体中脱身，通过选择与另一群人合作来获得生活必需品，降低了人们的依赖性。类似地，一部分人必须出售劳动力为生也是一种依赖性关系，也会造成不平等，有时还会导致彻头彻尾的剥削行为。减少这种依赖的一个方法是让人们获得全民基本收入（Universal Basic Income，英文简称 UBI）。[38] 这是一项向每个公民无条件提供财政补贴的政策，它不附带任何工作的义务。它设定的水平高于人们满足基本生存需要的水平，同时它也将覆盖那些尚未免费提供全民医疗的国家的医疗保险。

近年来，关于全民基本收入的讨论越来越多。它降低了人们的依赖性，增加了自主性，让人们可以更自由地选择继续接受教育，只要它对他们有利，并让人们可以更随心所欲地从事自己想做的工作。全民基本收入还将帮助管控未来许多职位的自动化所带来的迫在眉睫的失业危机。[39] 尽管有人反对这项政策，担心它一旦实施就没多少人还想工作了，或者它的实施成本过高，但来自现实世界的例子表明，这些反对声音都是没有根据的。[40]

对我们大多数人来说，我们被要求出卖劳动力并不断提高自己的生产效率，而得到的补偿是消费能力的增加。考虑到这种动力学关系，当我们知道无论我们有哪些选择，我们都必须在未来更加努力地工作时，放弃破坏环境的行为就没有什么意义了。我们经常告诉自己，我们值得拥有度假、新车，或者来自几千英里之外的食物作为午餐。我们会说："我这么努力地工作，这是我应得的！"全民基本收入的好处之一是它打破了工作和消费之间的联系，从而减少了人类对环境的冲击。我们可以减少工作，减少消费，但仍能满足我们的基本需求。对未来的担忧会消退，这意味着我们不必因为担心未来没有工作而更加努力地工作。

享受全民基本收入意味着没有人有任何义务从事破坏环境的工作。没有人需要无奈地说："我知道这对环境有害，我这样做只是为了让我的孩子们有口饭吃。我有什么法子呢？"在化石燃料行业工作的人将有收入保障，可以接受再培训。人们能够为未来做计划，能够"奢侈地"现在就采取行动，以避免对子孙后代造成负面的环境影响。我们都可以做到那些人类世生存所要求我们做到的事情，并为长远考虑。

随着时间的推移，其他重要的转变也可能会发生：低收入工作的工资通常会增加，不平等现象会减少，同时还会鼓励更大程度的自动化，这意味着社会地位低下的工作将开始消失。个人享有全民基本收入后，他们有权对剥削说“不”。对于有吸引力的高薪工作，低收入者通常面临的障碍将被消除：有了全民基本收入，每个人都可以尝试获得必要的资质与工作经验。医生、记者和律师等有吸引力工作的工资将会下降，因为任何有才能的人都有机会从事这些工作，这将再次减少不平等。重要的是，这些行业的产出质量将会提高，因为人才库将会更大，这是另一个非常积极的变化。至关重要的是，下一位能够帮助解决一些社会、环境或技术问题的天才将有机会崭露头角，而不是为了付房租而被困在一份让人筋疲力尽、无暇他顾的工作中。在这些情况下，享有全民基本收入，就意味着有权力对那些原本可望而不可即的机会说“是”。

人们的时间将更多地用于必要的工作，如照顾儿童和老年人，必要的食物和能源生产，以及许多其他形式的工作，这些工作在某种程度上让人觉得充实，但很可能不是严格必要的。它可以释放人类的创造力。在肯尼亚、芬兰、巴西和加拿大等地都展开过乡村或城镇规模的全民基本收入实验，实验显示，在获得了基本收入之后人们仍然在工作，他们并没有无所事事。创业活动通常也会增加。有些人的工作时间的确减少了：幼童的父母开始花更多时间和孩子在一起；青少年往往花费更长的时间接受教育。其他的积极影响包括犯罪率下降、医疗支出降低和教育成就提高。[41]

总的来说，人们的生活中对现在的工资和生存以及对未来工资和生存的担忧会更少。为未来做长远计划，而不是担心下一笔薪水将成为常态。全民基本收入可以使社会在包括环境的各个方面变得更好。此外，人们不愿做的工作工资上涨，与想做的工作工资下降的动力学，可能会以一种更具革命性的方式发挥作用。我们有可能看到创新和技术消除大多数人不想做的工作，而如果全民基本收入的发放额度更高，剩下的大多数工作都将是人们想做的工作，因为人们从事这些工作的主要动机将不再是工资报酬。为工资而工作将基本成为历史。以某种方式加强这些积极的反馈回路，这甚至可能带来一种更环保的新后资本主义生活方式。[42]

我们对人类世的第二个政策建议，涉及与我们共同生活在地球上的，500 万至 1000 万个其他物种，以及大自然在维系人类社会方面发挥的作用。[43] 这个建议来自著名生物学家 E. O. 威尔逊（E.O.Wilson），它被称为“半地球”（Half-Earth）。[44] 这是一个相当简单但深刻的想法，即我们把地球表面的一半主要用于造福其他物种。人类可以拥有地球的一半，而其他所有物种可以拥有另一半。这似乎是一种合理的妥协。但问题是，另一半必须包括大部分生命的居住地，而不仅仅是那些因为太干燥或太冷而不能耕种的地方。在受保护的一半区域内，地球上各个具有代表性的生态系统的样本将受到保护。

这是一场复杂的讨论。很明显，我们不能像传统上曾经做过的那样，将地球的一半直接划成国家公园，并驱逐原本住在那里的人们。但是，可以通过不在陆地上进行工业化耕作或在海洋中进行工业化捕鱼的方法，优先确保地球上其他物种的生存，放弃地球表面的一半。主要的、基本上没有断裂，大体完整的“生态系统走廊”，从赤道到两极，由低海拔到高海拔，也将是任何计划的关键部分，以对抗气候变化造成的气温迅速上升的灾难性影响。物种需要随着气候的变化而迁移，任何有助于它们迁移的措施都将限制预期中即将发生的灭绝规模。

如此大规模的生物多样性保护将依赖“土地调拨”的理念，即土地要么用于高产农业，要么供其他物种使用。养活100亿人口需要高产的农场，而这与大规模的BECCS部署是不相容的。事实上，可能需要一场对食物生产系统的改革。食品行业的运作方式是尽可能便宜地生产大量食品，因为食品昂贵意味着会有更多人营养不良。为了保持食品低廉的价格，人们不惜在生产过程中付出巨大的环境代价，但又由于食品价格低廉，许多食品随之被浪费。另一种选择是通过其他方式解决饥饿和营养不良问题，比如全民基本收入政策。

这些方法将使“廉价”以外的因素成为食品产业的核心价值。食品可以以对环境伤害更小的方式生产出来，可以变得更有营养、更昂贵，而这些都不会对穷人造成伤害。

此外，我们需要类似半地球这样的观念，因为我们并没有必要的科学知识、技术和能力来复制我们从自然中获得的服务——而我们最终都依赖于这些服务——所以我们应该为了我们自己的长期利益保护自然世界。正如威尔逊所说，“我们只有一颗行星，我们只被允许进行一次这样的实验。如果有安全的方式可供选择，为什么要做威胁世界且毫无必要的赌博呢？”[45]

威尔逊认为，人类世的概念意味着我们已经放弃了保护自然，而实际上恰恰相反，半地球的观念只要稍作调整，就可能成为这个人类时代的最高成就。社会的激进变革往往会改变我们对自然、美学以及我们与自然世界的关系的看法。在西方，我们关于自然世界的观念是为了回应工业革命而形成的。干净、质朴的自然与肮脏的工业化相对，浪漫主义运动就是例证。这种观念的一个缩影就是我们以美国式国家公园的形式，为“大自然”划出了单独的区域。人类世和我们对人类活动正在接管地球运行过程的认识，再加上我们重新发现自己与自然实为一体，而非截然分开，这一切正在促成一种新的美学出现，其基础是“重新野化”（rewilding）。它的观点是，应该留下大片区域让自然过程得以运行。将从自然中消失的重要物种，通常是食肉的猎食者，归还于自然中，使得一个完整的自然过程可以运转，较少地受到人类的干扰。[46]

重新野化的一个显著例子是1995年美国黄石公园狼的回归。狼捕食麋鹿。麋鹿数量的减少意味着嫩柳、白杨树和棉白杨等植物不会被过度啃食，尤其是在冬天。海狸又回来了，因为它们依赖这些树生存。它们建造了新的水坝和池塘。这些水池通过储水进一步改变了生态系统，使得下面的含水层慢慢开始重新补给，抬高了地下水位。海狸的水坝还平衡了季节性径流脉冲，并提供了有阴凉的水，因而鱼类有了一个新的栖息地。柳树成为许多鸟类的新家园。给黄石公园增加狼群，并不是想要进行一次时间旅行——新的生态系统与大约70年前上一次有狼群时仍然有所不同——但总的来说，黄石公园因此成了一个更健康、更具生物多样性的地方。

当然，是人类管理着重新野化的过程，对自然过程的发展加以限制。然而，因某种程度的野化而产生的，更多样化的景观将更能适应这个新时代的环境变化。重新野化既是一种不设限的恢复行为，也是一种减轻人类世中环境快速变化带来的负面影响的行为。将半地球和野生化的思想融合在一起，可以促进地球恢复其自然的光彩，并成为人类世的新环境美学。

全民基本收入、“半地球”重新野化、清洁能源、人工智能和互联网当然不是包治百病的灵丹妙药。政策需要公开辩论、深思熟虑和详细规划。要做任何需要将权力从精英集团手中夺走的事情，都需要不懈地战斗才行。社会是可以负担全民基本收入的，但它需要对最富有的人和公司提高征税的税率。要想推动这种改变，需要一场广泛的运动，就像 19 世纪英国要求限制工作日时长的工会运动一样。[47] 还存在许多有待解决的问题，例如如何将全民基本收入与更可持续的环境结果联系起来。我们的建议是，先实行那些能够在人类世所需要的规模上帮助解决一些问题的政策。这些措施，再加上迅速淘汰温室气体排放，以及为所有人提供太阳能和风能的明智投资，可能会让社会朝着更加平等的方向转变，让人类和其他与我们共享一个家园的生命可以繁荣发展。

100 亿人该如何在人类世生活得更好？结构性的问题是，如何在不破坏全世界文化网络繁荣发展所必需的环境条件的前提下，在国家内部和国家之间实现平等——因为没有任何群体会接受自己永远是二等公民。这意味着我们需要从根本上转向再分配型经济，但这种经济在资源消耗方面要接近稳定态。尽管这一提议有着无可挑剔的科学逻辑，但它与几乎所有当代主流经济和政治思想都相悖。增长才是王道。平等永远是未来的美好愿景。我们很容易感到绝望，因为我们所处的社会似乎将不可避免地摧毁大自然的慷慨馈赠，随之摧毁我们自己。

这样一个惨淡的未来并非不可避免。智人已经解决了所有其他动物都面临的一个重要问题，但他们自己却不知道：当新资源出现时，一个种群将会增长并迅速耗尽这些资源供应，导致该种群的大量灭绝。世界各地的人们正在经历一个决定性的、长期的、主动向更小的家庭规模转变的过程，这意味着我们与其他动物不同。我们不是地球皮氏培养皿上的细菌。在粮食供应或其他限制性资源耗尽、全球人口崩溃之前，我们不会不断地增长。

每一个大洲的数据都显示，至少在过去 10 年里，妇女人均生育的孩子数量在下降，或者像我们在欧洲看到的那样，每名妇女生育的孩子数量稳定在两个以下。[48]从这个意义上说，我们人类是特殊的。这是通过解放妇女，特别是通过让女童接受教育而实现的。这是个非常明显的证据，表明自由的增进和对地球的管理可以同时实现。如果各大洲的人们都能够集中资源，对家庭中较少的儿童进行更大的投资，那么这预示着更广泛的消费模式将从重视数量转向重视质量，以及使用更多种多样的资源。

没有人能预测到未来的每个细节。很明显，宇宙中唯一已知存在生命的地方，它的未来正日益由人类的行为所决定。我们已经成为一股新的自然力量，是我们主宰着什么生存，什么灭亡。尽管在一个至关重要的方面，我们不同于任何其他自然力量：不同于板块构造或火山爆发，我们的力量是反应性的——它可以被使用、被修改，甚至在很大程度上被撤回。21 世纪初的关键任务是利用这一令人生畏的力量维持地球上支持生命的基础设施。尽一切努力限制在急剧的气候变化下即将到来的混乱局面，这样可以将人类的苦难与物种的损失降到最低，这对于现在和未来几十年都是至关重要的。我们的任务是首先承认人类行为可能具有的破坏力，然后更快地采取行动，改造我们的能源和经济体系，以限制这种破坏。

展望未来，但见前路更加迷茫。从地质的角度来说，这个不稳定的人类世才刚刚开始，它的发展却已经超出了我们的想象。无论未来世界的科技水平是高是低、政治组织是社会平等主义还是法西斯主义、生态是健康可持续还是毁灭性的，它都将是由人们用人类思想的成果亲手缔造的。我们拥有地球丰富的馈赠以为原材料，包括今天依然存在的生物多样性。但重要的是，还有文化多样性，一些文化相互之间，以及它们各自与自然环境之间都展现出非常不同的关系，这些比我们所意识到的要重要得多。众所周知，在生态科学中，多样化的生态系统比单一的生态系统更稳定，更能适应环境变化。[49] 在这个不稳定的时代逐渐展开之际，我们称之为人类的全球文化生态系统很可能就是如此。拥抱这种多样性，同时达成必要的全球性协议来共同管理地球，这是人类世的关键任务之一。这将是困难的，但也是必须的；我们承担不起失败的代价。

# 注释

## 导言　人类世的含义

1　关于人类的混凝土和塑料生产的信息，参见 C. N. Waters *et al.* (2016), 'TheAnthropocene is functionally and stratigraphically distinct from theHolocene', *Science* 351: 137. 关于遍布水中的塑料纤维，参见 Orb Media (2017), *Invisibles: The plastic inside us* (Orb Media). 关于人类对岩石、土壤和沉积物的搬运，参见 B. H. Wilkinson (2005), 'Humans as geologic agents: A deep-time perspective', *Geology* 33: 161–4. 关于氮循环的问题，参见 D. E. Canfield, A. N. Glazer anP. G. Falkowski (2010), 'The evolution and future of Earth's nitrogen cycle', *Science* 330: 192–6. 关于海洋酸化，参见 B. Honisch *et al.* (2012), 'Thegeological record of ocean acidification', *Science* 335: 1058–63. 关于地球上树木的数量，参见 T. W. Crowther *et al.* (2015), 'Mapping tree density at a global scale', *Nature*525: 201–5. 关于农业作物和牲畜的数据，参见 Food and Agriculture Organization (2015), *Statistical Pocketbook* (FAO and UN). 鱼类的数据参见 Food andAgriculture Organization (2017), *FAO Yearbook of Fisheries and AquacultureStatistics* (FAO). 关于生物灭绝和数量减少，参见 WWF (2016), *Living PlanetReport 2016: Risk and resilience in a new era* (WWF). 陆地哺乳动物的数据参见 V. Smil (2012), *Harvesting the Biosphere: What we have taken from nature*(MIT Press). 关于海洋水域中的低氧死区，参见 R. J. Diaz and R. Rosenberg (2008), 'Spreading dead zones and consequences for marine ecosystems', *Science*321: 926–9。

2　Naomi Klein (2010), *This Changes Everything: Capitalism vs the climate*(Simon

& Schuster).

3 我第一次在出版物中表达这个观点是在 S. L. Lewis (2009), 'A force of nature: our influentialAnthropocene period', *The Guardian*, 29 July;后来又在 S. L.Lewis and M. A. Maslin (2015), 'Defining the Anthropocene', *Nature* 519:171–80 中进一步扩展了它。

**第一章 人类世不为人知的历史**

1 H. Falcon-Lang (2011), 'Anthropocene: Have humans created a newgeological age?' BBC News website, 11 May.

2 P. J. Crutzen and E. F. Stoermer (2000), 'The Anthropocene', *IGBP Global-Change Newsletter* 41: 17–18. 斯托默 2012 年去世了。

3 P. J. Crutzen (2002), 'Geology of mankind', *Nature* 415: 23.

4 J. Zalasiewicz (2008), 'Our geological footprint', in C. Wilkinson (ed.), *TheObserver Book of the Earth* (Observer Books).

5 J. Zalasiewicz *et al.* (2008), 'Are we now living in the Anthropocene?' *Geological Society of America Today* 18: 4–8.

6 C. Bonneuil and J.-B. Fressoz (2016), *Shock of the Anthropocene: The earth,history and us* (Verso, London). 2013 年以法语首次出版，标题为 *L'Evénement Anthropocène*。

7 J. Evelyn (1661), *Fumifugium, or, The inconvenience of the aer and smoak ofLondon* (His Majesties' Command).

8 Bonneuil and Fressoz (2016).

9 *Epochs of Nature*, cited ibid. 译自法语，收录于 Bonneuil andFressoz (2016)。

10 同上。

11 F. Engels, *The Part Played by Labour in the Transition from Ape to Man*,an unfinished essay, 写于 1876 年，此英文版从同名小册子译出 (International Publishers; 1950). 在短短 22 页里，恩格斯就捕捉到了人类从一种普通的动物，逐渐成为星球主宰这件事的核心本质。也作为其中一个章节收录于 F. Engels(1940) *Dialectics of Nature* (Lawrence and Wishart, 1940), from 1883。

12 G. B. Dalrymple (2001), 'The age of the Earth in the twentieth century: aproblem (mostly) solved', *Geological Society of London Special Publications*190:

205–21.

13 *Popular Educator* was published by the House of Cassell; see Anon (1922),*The Story of the House of Cassell* (Cassell & Co).

14 T. W. Jenkyn (1854), ‘Lessons in Geology XLVI. Chapter IV. On the effectsof organic agents on the Earth’s crust’, *Popular Educator* 4: 139–41.

15 同上。我们第一次注意到这件事，是在下面这本著作里：P. H. Hansen (2013) *TheSummits of Modern Man: Mountaineering after the Enlightenment* (HarvardUniversity Press), 关于此事在科学语境下的讨论，见 S. L. Lewis and M. A. Maslin(2015), ‘Defining the Anthropocene’, *Nature* 519: 171–80。

16 T. W. Jenkyn (1854), ‘Lessons in Geology XLIX. Chapter V. On the classificationof rocks, section IV. On the tertiaries’, *Popular Educator* 4: 312–16.

17 A. Stoppani (1873), *Corso di Geologia* (G. Bernardoni, E. G. Brigola).Translated by Valeria Federighi (2013), ‘The Anthropozoic Era: Excerptsfrom *Corso di Geologia*’, *Scapegoat Journal: Architecture/Landscape/PoliticalEconomy* 5: 346–53.

18 Bonneuil and Fressoz (2016).

19 例如，参见 H. Jennings (2012), *Pandaemonium 1660–1886: The Comingof the machine as seen by contemporary observers* (Icon Books).

20 M. Walker *et al.* (2009), ‘Formal definition and dating of the GSSP (GlobalStratotype Section and Point) for the base of the Holocene using theGreenland NGRIP ice core, and selected auxiliary records’, *Journal ofQuaternary Science* 24: 3–17.

21 人类世工作小组近期也报告了同一种疑惑：其中一个成员称“人类活动的信号是将全新世区分于之前的其他地质时代的标志性特征”，参见 P. L. Gibbard and M. J. C. Walker (2014), ‘The term “Anthropocene” in thecontext of formal geological classification’, *Geological Society of LondonSpecial Publications* 395: 29–37. 其他成员则回应道：“在全新世的官方正式定义中，看不出明确地将人类活动的影响纳入考虑的迹象”，参见 J. A. Zalasiewicz *et al.* (2017), ‘Making thecase for a formal Anthropocene Epoch: an analysis of ongoing critiques’, *Newsletter on Stratigraphy* 50: 205–26。

22 参见例如 W. J. Autin and J. M. Holbrook (2012), ‘Is the Anthropocenean issue of stratigraphy or pop culture?’*Geological Society of AmericaToday* 22: 60–61; S. C. Finney and L. E. Edwards (2016), ‘The “Anthropocene”epoch: scientific

decision or political statement?' *Geological Society ofAmerica Today* 26: 4–10; P. Voosen (2016), 'Anthropocene pinned to postwarperiod', *Science* 353: 852–3.

## 第二章 如何划分地质年代

1 F. M. Gradstein *et al.* (ed.) (2012) *The Geologic Time Scale 2012* (ElsevierPress).

2 Nicolai Stenonis (1669), *De solido intra solidum naturaliter contentodissertation-isprodromus* (Florentiae ex Typographia sub signo Stellae); 由 J. Garrett Winter 译成英语 (1916)。*The Prodromus of Nicolaus Steno'sDissertation: Concerning a Solid Body Enclosed by Progress of Nature within aSolid* (Macmillan).

3 H. Torrens (2016), 'William Smith (1769–1839): His struggles as aconsultant, in both geology and engineering, to simultaneously earn a livingand finance his scientific projects', *Earth Sciences History* 35: 1–46. *Earth Sciences History* 杂志的第 35 期做了纪念威廉・史密斯的文章专题，本章中关于他的生平和贡献的许多内容都来自这期杂志。

4 英文地质学界约定俗成的规矩，是地质时代的正式官方名称需要被大写。

5 严格来说，地质年代表反映的既包括地球的“年代地层学”观点，即岩石及其地质时代的相对时间关系（所谓的岩石时间），也有地球的地质年代学观点，即各岩石形成时间之间的关系。因此，像新生代这样的名字既代表一个时代（Era），即时间跨度，也代表一个岩石时代（Erathem）。岩石时代 / 地质时代名称配对表是：Eonothem/Eon、Erathem/Era、System/Period、Series/Epoch。虽然这个区分在现代岩石年代测定技术之前很重要，但是近年来地质年代学术语越来越多地也被用来指岩石的时间和跨度。在本书中我们统一用宙、代、纪、世这组术语来同时指代年代和岩石年代两者，以避免专业术语过多，影响阅读体验。

6 改编自 M. Maslin (2017), *The Cradle of Humanity* (Oxford UniversityPress).

7 改编自 Gradstein *et al.* (2012).

8 A. P. Nutman *et al.* (2016), 'Rapid emergence of life shown by discovery of3,700-million-year-old microbial structures', *Nature* 537: 535–8.

9 E. A. Bell *et al.* (2016), 'Potentially biogenic carbon preserved in a 4.1billion-year-old zircon', *Proceedings of the National Academy of Sciences ofthe USA* 112: 14518–21.

10 T. Lenton and A. Watson (2011), *Revolutions that Made the Earth* (OxfordUniversity Press).

11 T. W. Lyons, C. T. Reinhard and N. J. Planavsky (2014), 'The rise of oxygenin Earth's early ocean and atmosphere', *Nature* 506: 307–15.

12 V. L. Sutter (1984), 'Anaerobes as normal oral flora', *Review of InfectiousDiseases* 6, Supplement 1: S62–6. 没有给出具体的厌氧菌数字，但是全球细菌的总分类群数量估计在 1000 亿到 1 万亿之间 ; from K. J. Locey and J. T. Lennon (2016), 'Scalinglaws predict global microbial diversity', *Proceedings of the National Academyof Sciences of the USA* 113: 5970–75。

13 L. Eme *et al.* (2014), 'On the age of eukaryotes: evaluating evidence fromfossils and molecular clocks', *Cold Spring Harbor Perspectives in Biology* 6,article 016139.9780241280881

14 S. J. Gould (1989), *Wonderful Life: Burgess Shale and the nature of history*(Norton). A. Zhuravlev and R. Riding (2000), *The Ecology of the CambrianRadiation* (Columbia University Press). 请注意，动物在寒武纪大爆发之前就存在了，大量的海洋海绵可以追溯到 6.35 亿年前。

15 D. Fox (2016), 'What sparked the Cambrian explosion?' *Nature* 530: 268–70.

16 E. Szathmary (2015), 'Toward major evolutionary transitions theory 2.0', *Proceedings of the National Academy of Sciences of the USA* 112: 10104–11.

17 O. P. Judson (2017), 'The energy expansions of evolution', *Nature Ecologyand Evolution*: 1, article 138.

18 M. O. Clarkson *et al.* (2015), 'Ocean acidification and the Permo-Triassicmass extinction', *Science* 348: 229–32.

19 M. J. Head and P. L. Gibbard (2015), 'Formal subdivision of the QuaternarySystem/Period: past, present and future', *Quaternary International* 383:4–35.

20 数据来自 Gradstein *et al.* (2012)。

## 第三章　从树上下来

1 M. Maslin (2017), *The Cradle of Humanity* (Oxford University Press).

2 C. Lockwood (2008), *The Human Story: Where we come from and how weevolved* (Natural History Museum).

3 M. A. Maslin and B. Christensen (2007), 'Tectonics, orbital forcing, globalclimate change, and human evolution in Africa', *Journal of Human Evolution*53.5: 443–64.

4 A. Roberts and S. Thorpe (2014), 'Challenges to human uniqueness:bipedalism, birth and brains', *Journal of Zoology* 292: 281–9. And see Maslin(2017).

5 改编自 Maslin (2017).

6 T. D. White *et al.* (2009), '*Ardipithecus ramidus* and the paleobiology ofearly hominids', *Science* 64: 75–86.

7 M. A. Maslin *et al.* (2014), 'East African climate pulses and early humanevolution', *Quaternary Science Reviews* 101: 1–17.

8 D. M. Bramble and D. E. Lieberman (2004), 'Endurance running and theevolution of *Homo*', *Nature* 432: 345–52.

9 http://www.horseandhound.co.uk/news/man-beats-horse-in-desert-race-36941.

10 Lockwood (2008), p. 111.

11 F. Spoor *et al.*, (2015), 'Reconstructed *Homo habilis* type OH 7 suggests-deep-rooted species diversity in early *Homo*', *Nature* 519: 83–6. B. Villmoare*et al.* (2015), 'Early *Homo* at 2.8 Ma from Ledi-Geraru, Afar, Ethiopia', *Science* 347: 1352–5.

12 S. Harmand *et al.* (2015), '3.3-million-year-old stone tools from Lomekwi 3,West Turkana, Kenya', *Nature* 521: 310–15.

13 B. Wood (2005), *Human Evolution: A Very Short Introduction* (OxfordUniversity Press).

14 N. T. Roach *et al.* (2013), 'Elastic energy storage in the shoulder and theevolution of high-speed throwing in *Homo*', *Nature* 498: 483–7.

15 F. Grine, R. Leakey and J. Fleagle (ed.) (2009), *The First Humans: Originsand early evolution of the genus Homo* (Springer).

16 R. N. Carmody and R. Wrangham (2009), 'The energetic significance ofcooking', *Journal of Human Evolution* 57: 379–91. And see R. Wrangham(2010), *Catching Fire: How cooking made us human* (Profile Books).

17 K. D. Zink and D. E. Lieberman (2016), 'Impact of meat and Lower Palaeolithicfood processing techniques on chewing in humans', *Nature* 531:500–503.

18 C. Stringer (2017), *The Origin of Our Species* (Penguin).

19 D. Richter *et al.* (2017), 'The age of the hominin fossils from Jebel Irhoud,Morocco, and the origins of the Middle Stone Age', *Nature* 546: 293–6.

20 R. Nielsen *et al.* (2017), 'Tracing the peopling of the world throughgenomics', *Nature* 541: 302–10.

21 R. L. Cieri *et al.* (2014), 'Craniofacial feminization, social tolerance, and theorigins of behavioral modernity', *Current Anthropology* 55: 419–43.

22 这部分内容基于 M. A. Maslin (2015), http://theconversation.com/early-humans-had-to-become-more-feminine-before-they-could-dominatethe-planet-42952.

23 B. Hood (2014), *The Domesticated Brain: A Pelican introduction* (Penguin)。

24 这部分内容基于 Maslin (2015)。

25 B. Hare, V. Wobber and R. Wrangham (2012), 'The self-domesticationhypothesis: evolution of bonobo psychology is due to selection againstaggression', *Animal Behaviour* 83: 573–85.

26 这部分内容基于 Maslin (2015)。

27 M. Dyble *et al.* (2015), 'Sex equality can explain the unique social structureof hunter-gatherer bands', *Science* 348: 796–8.

28 Bruce Knauft (2016), *The Gebusi: Lives transformed in a rainforest world*(Waveland Press, 4th edition).

29 A. Timmermann and T. Friedrich (2016), 'Late Pleistocene climate driversof early human migration', *Nature* 538: 92–5.

30 S. Sankararaman *et al.* (2014), 'The genomic landscape of Neanderthalancestry in present-day humans', *Nature* 507: 354–7. B. Vernot and J. M.Akey (2014), 'Resurrecting surviving Neandertal lineages from modernhuman genomes', *Science* 343: 1017–21. B. Vernot and J. M. Akey (2015), 'Complex history of admixture between modern humans and Neandertals', *American Journal of Human Genetics* 96: 448–53. J. D. Wall *et al.* (2013), 'Higher levels of Neanderthal ancestry in East Asians than in Europeans', *Genetics* 194: 199–209.

31 改编自 Maslin (2017)。

32 T. A. Surovella *et al.* (2016), 'Test of Martin's overkill hypothesis usingradiocarbon dates on extinct megafauna', *Proceedings of the NationalAcademy of Science USA* 113: 886–91. C. Sandom *et al.* (2014), 'Global lateQuaternary megafauna extinctions linked to humans, not climate change', *Proceedings of the*

*Royal Society: Biological Sciences* 281: 1–9. L. J. Bartlett *etal.* (2015), 'Robustness despite uncertainty: Regional climate data revealthe dominant role of humans in explaining global extinctions of LateQuaternary megafauna', *Ecography* 39: 152–61. A. D. Barnosky *et al.* (2004), 'Assessing the causes of late Pleistocene extinctions on the continents', *Science* 306: 70–75.

33 同上。

34 严格来讲，对地质学家来说一个"冰期"指的是是在给定的地质时期（如过去的 260 万年）的一整套冰川期 - 间冰期循环，但许多人也使用"冰期"来表示冰川期 - 间冰期循环的冰川期部分。

35 N. N. Dikov (1988), 'The earliest sea mammal hunters of Wrangell Island', *Arctic Anthropology* 25: 80–93. V. Nystrom *et al.* (2012), 'Microsatellitegenotyping reveals end-Pleistocene decline in mammoth autosomal geneticvariation', *Molecular Ecology* 21, 3391–402.

36 F. A. Smith (2016), 'Exploring the influence of ancient and historic megaherbivoreextirpations on the global methane budget', *Proceedings of theNational Academy of Science of the USA* 113: 874–9.

37 A. R. Wallace (1876), *The Geographical Distribution of Animals, with a studyof the relations of living and extinct faunas as elucidating past changes of theearth's surface* (Harper).

38 S. A. Zimov (2005), 'Pleistocene park: return of the mammoth's ecosystem', *Science* 308: 796–8.

39 J. A. Estes *et al.* (2011), 'Trophic downgrading of planet earth', *Science* 33:301–6.

40 Ibid.

41 Y. Malhi *et al.* (2016), 'Megafauna and ecosystem function from the Pleistocene-to the Anthropocene', *Proceedings of the National Academy of Science ofthe USA* 113: 838–46.

42 F. A. Smith, S. M. Elliott and S. K. Lyons (2010), 'Methane emissions fromextinct megafauna', *Nature Geoscience* 3: 374–5. See also F. A. Smith (2016), 'Exploring the influence of ancient and historic megaherbivore extirpationson the global methane budget', *Proceedings of the National Academy ofScience of the USA* 113: 874–9. 冷却数据包含了反照率和甲烷的影响。

## 第四章　耕作，第一次能源革命

1 Y. Malhi (2014), 'The Metabolism of a Human-Dominated Planet', in IanGoldin (ed.), *Is the Planet Full?* (Oxford University Press). 需要注意："功率"是一个瞬间概念，计算功率的单位是瓦特，即每秒钟消耗的焦耳数。它指的是能量消耗或产生的速度。因此，一个人每秒钟需要消耗 120 焦耳的能量。而能量指的是一个力可以做的功的量，它可以被存储。一个功率为 120 瓦特的人，每天需要的能量是 120 焦耳乘以 86400 秒，即 10，368 千焦。

2 有完善证据支持，可被证明是独立发展出农业的地区有 14 个，但也有人提出实际上可能只有 11 个，还有人认为可能多达 21 个。参见 G. Larson *et al.* (2014), 'Currentperspectives and the future of domestication studies', *Proceedings of theNational Academy of Science of the USA* 111: 6139–46。

3 J. Diamond (1997), *Guns, Germs and Steel: A short history of everybody for thelast 13,000 years* (Chatto & Windus).

4 改编自上一条引用。

5 J. Woodburn (1982), 'Egalitarian societies', *Man, New Series* 7: 431–51.

6 M. A. Zeder (2011), 'The origins of agriculture in the Near East', *CurrentAnthropology* 52: s221–35.

7 T. A. Kluyver *et al.* (2017), 'Unconscious selection drove seed enlargementin vegetable crops', *Evolution Letters* 1: 64–72.

8 Food and Agriculture Organization (2015), *Statistical Pocketbook* (FAO andUN).

9 B. Hare, V. Wobber and R. Wrangham (2012), 'The self-domesticationhypothesis: evolution of bonobo psychology is due to selection againstaggression', *Animal Behaviour* 83: 573–85.

10 *BBC Planet Earth II*, episode 6, http://www.bbc.com/earth/story/20161207-the-man-who-lives-with-hyenas.

11 Hare, Wobber and Wrangham (2012).

12 J. Diamond (2002), 'Evolution, consequences and future of plant andanimal domestication', *Nature* 418: 700–707.

13 Larson *et al.* (2014).

14 J. Cunniff *et al.* (2017), 'Yield response of wild C3 and C4 crop progenitorsto subambient CO2: a test for the role of CO2 limitation in the origin ofagricul-

ture', *Global Change Biology* 23: 380–93.

15 O. Thalmann (2013), 'Complete mitochondrial genomes of ancient canidssuggest a European origin of domestic dogs', *Science* 342: 871–4. A. Snir *etal.* (2015), 'The origin of cultivation and proto-weeds, long before Neolithicfarming', *Public Library of Science ONE* 10: article e0131422.

16 Diamond (2002).

17 C. Stringer (2011), *The Origin of Our Species* (Penguin).

18 N. D. Wolfe, C. P. Dunavan and J. Diamond (2007), 'Origins of majorhuman infectious diseases', *Nature* 447: 279–83.

19 W. F. Ruddiman (2007), *Earth's Climate: Past and future* (W. H. Freeman;2nd edition).

20 B. Fagan (ed.) (2009), *The Complete Ice Age: How climate change shaped theworld* (Thames and Hudson).

21 M. M. Milankovitch (1949), 'Kanon der Erdbestrahlung und seineAnwendung auf das Eiszeitenproblem', *Royal Serbian Sciences, SpecialPublications* 132, *Section of Mathematical and Natural Sciences*, Volume 33,Belgrade. 由以色列科学翻译计划译成英语 (1969 年 ), *Canon of Insolation and the Ice Age Problem* (US Departmentof Commerce and the National Science Foundation)。

22 J. D. Hays, J. Imbrie and N. J. Shackleton (1976), 'Variations in the Earth'sorbit: pacemaker of the Ice Ages', *Science* 194: 1121–32.

23 Adapted from D. A. Hodell (2016), 'The smoking gun of the ice ages', *Science* 354: 1235–6.

24 M. Maslin (2016) https://theconversation.com/ice-ages-have-been-linkedto-the-earths-wobbly-orbit-but-when-is-the-next-one-70069 and M. Maslin(2013) *A Very Short Introduction: Climate* (Oxford University Press)

25 R. B. Alley (2002), *The Two-Mile Time Machine: Ice cores, abrupt climatechange, and our future* (Princeton University Press).

26 W. F. Ruddiman (2005), *Plows, Plagues, and Petroleum: How humans tookcontrol of climate* (Princeton University Press).

27 W. F. Ruddiman *et al.* (2016), 'Late Holocene climate: natural or anthropogenic?', *Reviews of Geophysics* 54: 93–118. A nice summary ofthe evolution of the debate is on the excellent science blog realclimate:http://www.realclimate.org/

index.php/archives/2016/03/the-early-anthropocene-hypothesis-an-update/.

28 改编自 Ruddiman (2005)。

29 B. H. Wilkinson (2005), 'Humans as geologic agents: A deep-time perspective', *Geology* 33: 161–4.

30 D. Killick and T. Fenn (2012), 'Archaeometallurgy: the study of preindustrialmining and metallurgy', *Annual Reviews in Anthropology* 41: 559–75.

## 第五章 全球化 1.0，现代世界

1 United States Census Bureau (2016), *World Population: Historical Estimatesof World Population* ( 在线数据库 https://www.census.gov/population/international/data/worldpop/table_history.php).

2 R. H. Fuson (Trans.) (1987), *The Log of Christopher Columbus* (InternationalMarine Publishing).

3 C. R. Markham (1894), *The Letters of Amerigo Vespucci and Other DocumentsIllustrative of His Career* (Hakluyt Society). 关于亚美利哥的生平细节，参见 F. Fernandez-Armesto (2007), *Amerigo: The man who gave his name toAmerica* (Random House)。

4 F. A. Villanea *et al.* (2013), 'Evolution of a specific O allele (O1vG542A)supports unique ancestry of Native Americans', *American Journal of Physical Anthropology* 151: 649–57.

5 F. Guerra (1988), 'The earliest American epidemic: the influenza of 1493', *Social Science History* 12: 287–318.

6 同上。

7 C. C. Mann (2011) *1493: How Europe's Discovery of the Americas RevolutionisedTrade, Ecology and Life on Earth* (Granta, London).

8 B. Diaz del Castillo (1957), *The Bernal Díaz Chronicles*, trans. A. Idell(Doubleday and Company).

9 原始研究工作由 S. F. Cook 和 W. W. Borah (1960) 完成 , *TheIndian Population of Central Mexico, 1531–1610* (University of CaliforniaPress). 我转引自 W. M. Denevan (1992), *The NativePopulation of the Americas in 1492* (University of Wisconsin Press, 2nd edition) 及后来的 N. D. Cook (1998), *Born to Die: Disease*

*and new worldconquest, 1492–1650* (Cambridge University Press) and C. C. Mann (2005),*1491: New revelations of the Americas before Columbus* (Knopf) 中的总结版。

10 G. Fernandez Oviedo y Valdes (1851), *Historia general y naturel de las Indias*,Vol. 1 (Madrid).

11 F. Monesinos (1920), *Memorias Antiguas historiales del Peru*, trans. P. A.Means (Hakluyt Society).

12 Denevan (1992); Cook (1998); Mann (2005).

13 A. Crosby (2003), *The Columbian Exchange: Biological and cultural consequencesof 1492* (Praeger; 30th anniversary edition).

14 Oviedo y Valdes (1851); Mann (2011).

15 M. J. Liebmann *et al.* (2016), 'Native American depopulation, reforestation,and fire regimes in the Southwest United States, 1492–1900 CE', *Proceedingsof the National Academy of Sciences of the USA* 113: E696–704.

16 J. Bonwick (1870), *Last of the Tasmanians* (Sampson Low, Son & Marston);T. Lawson (2014), *The Last Man: A British genocide in Tasmania* (I. B. Tauris& Co.).

17 关于 1500 年时的全球人口，参见 US Census Bureau (2016); H.F. Dobyns (1966), 'An appraisal of techniques with a new hemisphericestimate', *Current Anthropology* 7: 395–416; Denevan (1992); 和 J. O.Kaplan *et al.* (2011), 'Holocene carbon emissions as a result of anthropogenicland cover change', *Holocene* 21: 775–91. 这场颇有争议的激烈辩论在 Mann (2005) 中得到了总结。

18 Crosby (2003).

19 Mann (2011) and Crosby (2003).

20 Benjamin M. Schmidt 制作并拥有版权。

21 L. R. J. Abbott *et al.* (2000), 'Hybrid origin of the Oxford Ragwort, *Seneciosqualidus*', *Watsonia* 23: 123–38.

22 C. D. Thomas (2015), 'Rapid acceleration of plant speciation during theAnthropocene', *Trends in Ecology and Evolution* 30: 448–55.

23 D. Schwarz *et al.* (2005), 'Host shift to an invasive plant triggers rapidanimal hybrid speciation', *Nature* 436: 546–9.

24 Mann (2011).

25 I. Kowarik (2003): *Biologische Invasionen. Neophyten und Neozoen inMitteleuropa* (Ulmer, Germany). See also C. Glave and A. Mosena (2015), 'Neobiota', InterAmerican Wiki: Terms – Concepts – Critical Perspectives;www.uni-bielefeld.de/cias/wiki/n_Neobiota.html. F关于地质学家对这个概念的使用，参见 W. Williams *et al.* (2015), 'The Anthropocene biosphere', *Anthropocene Review* 2: 196–219。

26 D. Wootton (2015), *The Invention of Science: A new history of the scientificrevolution* (Allen Lane).

27 A. W. Crosby (1997), *The Measure of Reality: Quantification and westernsociety, 1250–1600* (Cambridge University Press).

28 T. D. Price *et al.* (2012), 'Isotopic studies of human skeletal remains from asixteenth to seventeenth century AD churchyard in Campeche, Mexico: diet,place of origin, and age', *Current Anthropology* 53: 396–433.

29 S. W. Mintz (1986), *Sweetness and Power: The place of sugar in modernhistory* (Penguin).

30 J. de Vries (1994), 'The industrial revolution and the industriousrevolution', *Journal of Economic History* 54: 249–70. J. de Vries (2008), *TheIndustrious Revolution: Consumer behavior and the household economy, 1650to the present* (Cambridge University Press).

31 E. M. Wood (1999), *The Origins of Capitalism* (Monthly Review Press).A. Linklater (2014), *Owning the Earth: The transforming history of landownership* (Bloomsbury).

32 J. de Vries and A. van der Woude (1997), *The First Modern Economy: Success,failure, and perseverance of the Dutch economy, 1500–1815* (CambridgeUniversity Press).

33 I. Wallerstein (1974), *The Modern World-System I: Capitalist agriculture andthe origins of the European world-economy in the sixteenth century* (AcademicPress).

34 M. Davies (2001), *Late Victorian Holocausts: El Nino famines and the makingof the third world* (Verso).

35 Ø. Wiig *et al.* (2007), 'Spitsbergen bowhead whales revisited', *MarineMammal Science* 23: 688–93.

36 G. Ceballos *et al.* (2015), 'Accelerated modern human-induced specieslosses: entering the sixth mass extinction', *Scientific Advances* 1: articlee1400253.

37 L. Poorter *et al.* (2016), 'Biomass resilience of Neotropical secondaryforests', *Nature* 530: 211–14.

38 此处的存量，既包括地面之上我们能看见的部分，也包括我们看不见的根系中的存储。S. L. Lewis and M. A. Maslin (2015), 'Defining the Anthropocene', *Nature* 519: 171–80。

39 J. Ahn *et al.* (2012), 'Atmospheric CO2 over the last 1000 years: a high-resolutionrecord from the West Antarctic Ice Sheet (WAIS) divide icecore', *Global Biogeochemical Cycles* 26: article GB2027. M. Rubino *et al.*(2013), 'A revised 1000 year atmospheric delta C-13-CO2 record fromLaw Dome and South Pole, Antarctica', *Journal of Geophysical Research:Atmospheres* 118: 8482–99. C. MacFarling Meure *et al.* (2006), 'Law DomeCO2, CH4 and N2O ice core records extended to 2000 years BP', *GeophysicalResearch Letters* 33: article L14810.

40 T. K. Bauska *et al.* (2015), 'Links between atmospheric carbon dioxide,the land carbon reservoir and climate over the past millennium', *NatureGeoscience* 8: 383–7.

41 在几年到几十年这个规模的较短时间内，排放 21 亿吨碳，就相当于往大气中增加百万分之一的二氧化碳，当在较长时间内测量时，随着地球系统对二氧化碳浓度变化的反应，二氧化碳增加的量会减少。

42 Adapted from S. L. Lewis and M. A. Maslin (2015), 'A transparent frameworkfor defining the Anthropocene Epoch', *Anthropocene Review* 2: 128–46.

43 R. Neukom *et al.* (2014), 'Inter-hemispheric temperature variability over thepast millennium', *Nature Climate Change* 4: 362–7.

44 S. L. Lewis and M. A. Maslin (2015), 'Defining the Anthropocene', *Nature*519: 171–80.

45 A. P. Schurer *et al.* (2013), 'Separating forced from chaotic climate variabilityover the past millennium', *Journal of Climate* 26: 6954–73.

46 V. K. Arora and A. Montenegro (2011), 'Small temperature benefits providedby realistic afforestation effort', *Nature Geoscience* 4: 514–18.

47 这些图表来自 R. J. Nevle and D. K. Bird (2008), 'Effects ofsyn-pandemic fire reduction and reforestation in the tropical Americason atmospheric CO2 during European conquest', *PalaeogeograhyPalaeoclimatologyPalaeoecology* 264: 25–38; R. A. Dull *et al.*(2010), 'TheColumbian encounter and the Little Ice Age: abrupt

land use change, fire, and greenhouse forcing', *Annals of the Association of American Geographers*100: 755–71; R. J. Nevle *et al.* (2011), 'Neotropical human landscape interactions,fire, and atmospheric CO2 during European conquest', *Holocene* 21:853–64; and Lewis and Maslin (2015)。

48 J. Pongratz *et al.* (2011), 'Coupled climate-carbon simulations indicateminor global effects of wars and epidemics on atmospheric CO2 betweenAD 800 and 1850', *Holocene* 21: 843–51. 反驳其观点的人有 Nevle and Bird (2008), Dull *et al.* (2010), Nevle *et al.* (2011), and Kaplan*et al.* (2011).

49 严格来讲，耕地抛荒，使之重新恢复到森林植被大大增加了植被的碳滞留时间。即使全球光合作用总量随着气温下降和二氧化碳（光合作用的关键原料）减少而下降，总碳储存量也会随着每个碳原子在植被中滞留的平均时间的增加而增加。对于一年生作物来说，碳的滞留时间为 1~6 年，因为大部分作物被收获、食用和消化，然后被呼吸回大气，而作物残余物逐渐腐烂降解，其中的碳也会很快返回大气。而对于热带森林来说，碳的滞留时间大约是 50 年。

50 O. J. Benedictow (2004), *The Black Death, 1346–1353: The completehistory* (Boydell & Brewer, 2004).51. W. F. Ruddiman (2005), *Plows, Plagues, and Petroleum: How humans took control of climate* (Princeton University Press).

52 J. Olsen, N. J. Anderson and M. F. Knudsen (2012), 'Variability of the NorthAtlantic Oscillation over the past 5,200 years', *Nature Geoscience* 5: 808–12.

53 G. Parker (2013), *Global Crisis, War, Climate Change and Catastrophe in theSeventeenth Century* (Yale University Press).

54 K. Pomeranz (2000), *The Great Divergence: China, Europe and the making ofthe modern world economy* (Princeton University Press).

## 第六章　化石燃料，第二次能源革命

1 K. Pomeranz (2000), *The Great Divergence: China, Europe and the making ofthe modern world economy* (Princeton University Press).

2 House of Commons Parliamentary Debates, 'Hours of Labour in Factories', vol. 73, col. 1514. (25 March 1844).

3 R. C. Allen (2000), 'Economic structure and agricultural productivity inEurope,

1300–1800', *European Review of Economic History* 3: 1–25.

4 S. N. Broardberry *et al.* (2010), 'British economic growth, 1270–1870: somepreliminary estimates', Economic History Society website, accessed 15August 2017. Allen (2000).

5 Pomeranz (2000).

6 Allen (2000).

7 Pat Hudson (1992), *The Industrial Revolution* (Edward Arnold). A. Malm (2016), *Fossil Capital: The rise of steam power and the roots of global warming* (Verso).

8 F. Braudel (1988), *Civilization and Capitalism, 15th–18th Century*, Vol. 3. *ThePerspective of the World*, trans. S. Reynolds (Collins and Fontana; originallypublished in French in 1979).

9 A. W. Crosby (2006), *Children of the Sun* (Norton).

10 Malm (2016).

11 B. Disraeli (1844), *Coningsby, or The New Generation* (Henry Colburn),quotes in Malm (2016).

12 Pomeranz (2000).

13 Allen (2000).

14 J. J. Sanchez (2010), 'Military expenditure, spending capacity and budgetconstraint in eighteenth-century Spain and Britain', *Journal of Iberian andLatin American Economic History* 27: 141–74.

15 J.-A. Blanqui (1837), *Histoire de l'économie politique en Europe depuis les anciens jusqu'à nos jours* (Guillaumin).

16 J. Blackner (1816), *History of Nottingham* (Sutton & Son).

17 F. Engels (1892), *The Condition of the Working-Class in England in 1844*(Swan Sonnenschein & Co.). First published in German in 1845.

18 M. C. Buer (1926), *Health, Wealth and Population in the Early Days of theIndustrial Revolution* (Routledge & Sons).

19 R. M. MacLeod (1965), 'The Alkali Acts administration, 1863–84: theemergence of the civil scientist', *Victorian Studies* 9: 85–112.

20 L. Tomory (2012), 'The environmental history of the early British gasindustry, 1812–1830', *Environmental History* 17: 29–54.

21 University of British Columbia (2016), 'Poor air quality kills 5.5million world-

wide annually', Global Burden of Diseases Reportmedia release 12 February: http://news.ubc.ca/2016/02/12/poor-air-quality-kills-5-5-million-worldwide-annually/.

22 Global Burden of Disease Mortality and Causes of Death Collaborators(2016), 'Global, regional, and national life expectancy, all-cause mortality,and cause-specific mortality for 249 causes of death, 1980–2015: asystematic analysis for the Global Burden of Disease Study 2015', *Lancet*388: 1459–544.

23 Royal College of Physicians (2016), *Every Breath We Take: The lifelongimpact of air pollution*, report of a working group (RCP).

24 N. Rose (2015), 'Spheroidal carbonaceous fly ash particles provide a globally-synchronous stratigraphic marker for the Anthropocene', *EnvironmentalScience and Technology* 49: 4155–62

25 A. P. Wolfe *et al.* (2013), 'Stratigraphic expressions of the Holocene–Anthropo-cenetransition revealed in sediments from remote lakes', *Earth-ScienceReviews* 116: 17–34. G. W. Holtgreive *et al.* (2011), 'A coherent signature ofAnthropo-genic nitrogen deposition to remote watersheds of the northernhemisphere', *Science* 334: 1545–8.

26 A. C. Kemp (2017), 'Relative sea-level trends in New York City during thepast 1500 years', *Holocene* 27: 1169–86.

27 Adapted from Rose (2015).

28 Intergovernmental Panel on Climate Change (2014), *Climate Change 2014:Im-pacts, adaptation, and vulnerability. Contribution of Working Group II tothe Fifth Assessment Report of the Intergovernmental Panel on Climate Change*(Cambridge University Press).

29 N. J. Abram *et al.* (2016), 'Early onset of industrial-era warming across the-oceans and continents', *Nature* 536: 411–18.

30 World Meteorological Organization (2017) media release: https://public.wmo.int/en/media/press-release/wmo-confirms-2016-hottest-year-recorda-bout11%C2%B0c-above-pre-industrial-era.

31 N. Christidis, G. S. Jones and P. A. Stott (2015), 'Dramatically increasingchance of extremely hot summers since the 2003 European heatwave', *Nature Climate Change* 5: 46–50; J.-M. Robine (2008), 'Death toll exceeded70,000 in Europe

during the summer of 2003', *Comptes Rendus Biologies*331: 171–8.

32 M. Maslin (2014), *Climate Change: A very short introduction* (OxfordUniversity Press).

33 Intergovernmental Panel on Climate Change (2014).

34 A. Costello *et al.* (2009), 'Managing the health effects of climate change', *Lancet* 373: 1693–733.

35 R. M. DeConto and D. Pollard (2016), 'Contribution of Antarctica to pastand future sea-level rise', *Nature* 531: 591–7.

36 Franz Schurmann (1974), *The Logic of World Power: An inquiry into theorigins, currents, and contradictions of world politics* (Pantheon Books), p. 44.

## 第七章 全球化 2.0，大加速

1 R. S. Norris and H. M. Kristensen (2010), 'Global nuclear weapons inventories,1945–2010', *Bulletin of the Atomic Scientists*66: 77–83.

2 关于早期科学家和历史学家是如何使用这个术语的，参见 R. Costanza, L.Graumlich and W. Steffen (2007), *Sustainability or Collapse? An integratedhistory and future of the people on Earth* (MIT Press)。另参见 J. R. McNeilland P. Engelke (2014), *The Great Acceleration: An environmental history ofthe Anthropocene since 1945* (Harvard University Press)。

3 人类和动物各自的质量数据，引自 V. Smil (2012), *Harvesting the Biosphere: What we have takenfrom nature* (MIT Press)。

4 United Nations, Department of Economic and Social Affairs, PopulationDivision (2017), *World Population Prospects: The 2017 Revision, Key Findingsand Advance Tables,* working paper no. ESA/P/WP/248 (United Nations).

5 P. Pradhan (2015), 'Female education and childbearing: a closer look at thedata', World Bank Blogs, 24 November. https://blogs.worldbank.org/health/female-education-and-childbearing-closer-look-data.

6 Y. Malhi (2014), 'The Metabolism of a Human-Dominated Planet', in IanGoldin (ed.), *Is the Planet Full?* (Oxford University Press).

7 Data from V. Smil (2010). *Energy Transitions: History, Requirements andProspects* (Praeger Press) and BP Statistical Review of World Energy (2016).

8 改编自 W. Steffen *et al.* (2015), 'The trajectory of the Anthropocene:the Great Acceleration', *Anthropocene Review* 2: 81–98.

9 同上。

10 同上。

11 同上，除了同质化水平的那部分图表是改编自 H. Seebens *etal.* (2017), 'No saturation in the accumulation of alien species worldwide', *Nature Communications* 8: article 14435。

12 R. J. Diaz and R. Rosenberg (2008), 'Spreading dead zones and consequencesfor marine ecosystems', *Science* 321: 926–9.

13 D. E. Canfield, A. N. Glazer and P. G. Falkowski (2010), 'The evolution andfuture of Earth's nitrogen cycle', *Science* 330: 192–6.

14 S. Tornroth-Horsefield and R. Neutze (2008), 'Opening and closing themetabolite gate', *Proceedings of the National Academy of Sciences USA* 105:19565–6.

15 T.-S. S. Neset and D. Cordell (2012), 'Global phosphorus scarcity: identifyingsynergies for a sustainable future', *Journal of the Science of Food andAgriculture* 92: 2–6.

16 S. W. Running (2012), 'A measurable planetary boundary for the biosphere', *Science* 337: 1458–9. F. Krausmann *et al.* (2013), 'Global human appropriationof net primary production doubled in the 20th century', *Proceedings of theNational Academy of Sciences of the USA* 110: 10324–9.

17 T. W. Crowther *et al.* (2015), 'Mapping tree density at a global scale', *Nature*525: 201–5.

18 E. C. Ellis and N. Ramankutty (2008), 'Putting people in the map: anthropogenicbiomes of the world', *Frontiers in Ecology and the Environment*6: 439–47.

19 K. Byrne and R. A. Nichols (1999), '*Culex pipiens* in London Undergroundtunnels: differentiation between surface and subterranean populations', *Heredity* 82: 7–15.

20 S. H. Blackburn *et al.* (2017), 'No saturation in the accumulation of alienspecies worldwide', *Nature Communications* 8: article 14435.

21 M. van Kleunen *et al.* (2015), 'Global exchange and accumulation ofnon-native plants', *Nature* 525: 100–103.

22 Smil (2012).

23 D. Adams and M. Carwardine (1991), *Last Chance to See* (Arrow Books).

24 G. Cebellos *et al.* (2015), 'Accelerated modern human-induced specieslosses: entering the sixth mass extinction', *Science Advances* 1: articlee1400253.

25 同上。

26 R. Dirzo (2014), 'Defaunation in the Anthropocene', *Science* 345: 401–6.

27 A. D. Barnosky *et al.* (2011), 'Has the Earth's sixth mass extinction alreadyarrived?', *Nature* 471: 51–7.

28 T. P. Hughes (2016), 'Global warming and recurrent mass bleaching ofcorals', *Nature* 543: 373–7.

29 Barnosky, *et al.* (2011).

30 Dirzo (2014).

31 G. Vogel (2017), 'Where have all the insects gone?', *Science* 356: 576–9; C. A.Hallmann *et al.* (2017), 'More than 75 percent decline over 27 years in totalflying insect biomass in protected areas', *Public Library of Science ONE* 12:article e0185809.

32 S. R. Palumbi (2001), 'Humans as the world's greatest evolutionary force', *Science* 293: 1786–90. C. D. Thomas (2017), *Inheritors of the Earth: Hownature is thriving in an age of extinction* (Allen Lane).

33 J. Rockstrom *et al.* (2009), 'Planetary boundaries: exploring the safeoperating space for humanity', *Ecology and Society* 14: article 32.

34 社会界限来自 K. Raworth (2012), *A Safe and Just Space forHumanity: Can we live within the doughnut?* (Oxfam InternationalDiscussion Paper). 行星界限来自 W. Steffen *et al.*(2015). 'Planetary boundaries: guiding human development on a changingplanet', *Science* 347:736 (Summary), and article 1259855.

35 J. B. Edwards (2013), 'The logistics of climate-induced resettlement:lessons from the Carteret Islands, Papua New Guinea', *Refugee SurveyQuarterly* 32: 52–78.

36 W. Steffen *et al.* (2015).

37 Rawworth (2012), and expanded in K. Raworth (2017), *Doughnut Economics:-Seven ways to think like a 21st-century economist* (Cornerstone).

38 S. L. Lewis (2012). 'We must set planetary boundaries wisely', *Nature*, 485.

39 C. N. Waters *et al.* (2014), 'A stratigraphical basis for the Anthropocene?', *Geological Society of London Special Publications* 395: 1–21. And C. N.Waters *et al.*

(2016), 'The Anthropocene is functionally and stratigraphicallydistinct from the Holocene', *Science* 351: 137 (summary), and articleaad2622.

40 R. M. Hazen *et al.* (2017), 'On the mineralogy of the "AnthropoceneEpoch"', *American Mineralogist* 102: 595–611.

41 U. Fehn *et al.* (1986), 'Determination of natural and anthropogenic I-129 inmarine sediments', *Geophysical Research Letters* 13: 137–9; V. Hansen *et al.*(2011), 'Partition of iodine (I-129 and I-127) isotopes in soils and marinesediments', *Journal of Environmental Radioactivity* 102: 1096–104. Forfurther discussion of which marker to select, see C. N. Waters *et al.* (2015), 'Can nuclear weapons fallout mark the beginning of the AnthropoceneEpoch?', *Bulletin of Atomic Scientists* 71: 46–57; and Lewis and Maslin (2015), 'Defining the Anthropocene'.

42 M. A. Maslin *et al.* (2010), 'Gas hydrates: past and future geohazard?' *PhilosophicalTransactions of the Royal Society A: Mathematical, physical and engineeringsciences* 368: 2369–93. G. Bowen *et al.* (2015), 'Two massive, rapidreleases of carbon during the onset of the Palaeocene–Eocene thermalmaximum', *Nature Geoscience* 8: 44–7.

43 N. Gruber (2004), 'The dynamics of the marine nitrogen cycle and atmosphericCO2' in T. Oguz and M. Follows (eds), *Carbon Climate Interactions*(Kluwer), pp. 97–148.

44 G. N. Baturin (2003), 'Phosphorus Cycle in the Ocean', *Lithology andMineral Resources* 38: 101–19.

45 M. D. Bondarkov *et al.* (2011). 'Environmental radiation monitoring inthe Chernobyl exclusion zone – history and results 25 years after.' *HealthPhysics*, 101: 442–85.

46 关于切尔诺贝利事件对野生动物的影响人们有过一场激烈的辩论，因为很难将辐射的负面影响与迁移人口的正面影响分开，但可以肯定地说，突变率受到了影响，并可能对繁殖产生影响。A. P. Møller and T. A.Mousseau (2015), 'Strong effects of ionizing radiation from Chernobyl onmutation rates', *Scientific Reports* 5: article 8363. See these two references forthe debate: T. A. Mousseau and A. P. Møller (2014), 'Genetic and ecologicalstudies of animals in Chernobyl and Fukushima', *Journal of Heredity* 105:704–9; T. G. Deryabina *et al.* (2015), 'Long-term census data reveal abundantwildlife populations at Cher-

nobyl', *Current Biology* 25: R824–6.

47 V. K. Arora and A. Montenegro (2011), 'Small temperature benefits providedby realistic afforestation effort', *Nature Geoscience* 4: 514–18.

48 Royal Society (2009), *Geoengineering the Climate: Science, governance anduncertainty* (Royal Society Science Policy Centre Report).

49 M. Maslin (2013), *Climate: A very short introduction* (Oxford UniversityPress).

## 第八章 生活在地质剧变的时代

1 A. Ganopolski *et al.* (2016), 'Critical insolation–CO2 relation for diagnosingpast and future glacial inception', *Nature* 529: 200–203.

2 如果人类活动导致了大规模灭绝事件，这将把一个“人类纪”添加到人类世之中，因为大规模灭绝表示的是一个纪级或更高一级的地质事件，而不是一个世级别的事件。

3 M. R. O'Connor (2015), *Resurrection Science: Conservation, de-extinction andthe precarious future of wild things* (St Martin's Press).

4 C. D. Thomas (2017), *Inheritors of the Earth: How nature is thriving in an ageof extinction* (Allen Lane).

5 C. N. Waters *et al.* (2016), 'The Anthropocene is functionally and stratigraphicallydistinct from the Holocene', *Science* 351: 137.

6 M. Bowerman (2017), 'NASA scientists want to make Pluto a planet again', *USA Today*, 21 February.

7 参 见 W. J. Autin and J. M. Holbrook (2012), 'Is the Anthropocene an issueof stratigraphy or pop culture?' *Geological Society of America Today* 22:60–61; S. C. Finney and L. E. Edwards (2016), 'The "Anthropocene" epoch:scientific decision or political statement?' *Geological Society of AmericaToday* 26: 4–10; P. Voosen (2016), 'Anthropocene pinned to postwar period', *Science* 353: 852–3.

8 W. J. Autin and J. M. Holbrook (2012), 'Reply to J. Zalasiewicz *et al.* onresponse to Autin and Holbrook on "Is the Anthropocene an issue of stratigraphyor pop culture?"', *Geological Society of America Today* 22, e23.

9 同上。

10 现在我们使用的千克，是依据普朗克常数定义的。参见 E. Gibney (2015),

'Kilogram conflict resolvedat last', *Nature* 526: 305–6。

11 请看这两个来自两个不同领域的断言，是从其他的许多可选项中选出来的：G. Certini and R. Scalenghe (2011), 'Anthropogenic soilsare the golden spikes for the Anthropocene', *Holocene* 2: 1269–74; G. T.Swindles *et al.* (2015), 'Spheroidal carbonaceous particles are a definingstratigraphic marker for the Anthropocene', *Scientific Reports* 5: article 10264。

12 艾利斯提出："我们不能将人类世视为一场危机，而是要将其视作一个新的地质时代的开始，这个时代充满了人类创造的机遇"。埃利斯很确定，人类将在未来繁荣发展，因为变化就是人之为人的境遇本身的一部分。"虽然，生活在一个比我们的祖先居住过的那个星球更热的星球，似乎不怎么妙——更不用说没有野生森林或野生鱼类的星球了。但很明显，人类系统已经准备好适应我们正忙于创造的更热、生物多样性更少的星球，并在那里繁荣发展。" 两条引文都来自 E. Ellis (2016), 'The Planet of noReturn', *Breakthrough Journal* 2, Fall. 当然，人类世特定开始日期的倡导者可能会，也可能不会有意无意地在他们的科学评估中包括政治考量，某个人类世开始日期的倡导者，也不一定赞同那些从这样的开始日期可能衍生出的政治或政策观点。关于构设人类世的不同方式的一个有益讨论，参见 S. Dalby (2016), 'Framing the Anthropocene: the good, the bad and theugly', *Anthropocene Review* 3: 33–51。

13 C. Hamilton (2015), 'The Anthropocene as rupture', *Anthropocene Review* 3:93–106.

14 W. Ruddiman (2016), 'Geological evidence for the Anthropocene–response', *Science* 349: 247. Finney and Edwards (2016).

15 世界卫生组织和政府间气候变化专门委员会都编写了报告，这些报告内容广泛、包罗万象，是综合了各自专业领域科学证据的共识性文件。

16 M. Walker *et al.* (2009), 'Formal definition and dating of the GSSP (GlobalStratotype Section and Point) for the base of the Holocene using theGreenland NGRIP ice core, and selected auxiliary records', *Journal ofQuaternary Science* 24: 3–17.

17 R. A. Kerr (2008), 'A time war over the period in which we live', *Science* 319:402–3.

18 同上。

19 M. J. Head and P. L. Gibbard (2015), 'Formal subdivision of the QuaternarySystem/Period: past, present and future', *Quaternary International* 383: 4–35.

20 关于支持更新纪的论点，see P.-M. Aubry *et al.* (2009), 'The Neogeneand Quaternary: chronostratigraphic compromise or non-overlappingmagisteria?', *Stratigraphy* 6: 1–16。关于支持第四纪的论点，见 Head and Gibbard (2015)。

21 成员列表见 https://quaternary.stratigraphy.org/workinggroups/anthropocene/. 这位记者是安德鲁·雷夫金，因为他在 1992 年写了篇关于人类世的文章，创造了 Anthrocene 这个词，虽然他搞错了希腊语拼写，参见 A. Revkin (1992), *Global Warming: Understandingthe forecast* (Abbeville Press). 至于为什么会包括一个律师，就不清楚了。

22 K. Rawworth (2014), 'Must the Anthropocene be a manthropocene?', *TheGuardian* online, 20 October.

23 P. J. Crutzen and E. F. Stoermer (2000), 'The Anthropocene', *IGBP GlobalChange Newsletter* 41: 17–18; P. J. Crutzen (2002), 'Geology of mankind', *Nature* 415: 23; J. A. Zalasiewicz *et al.* (2008), 'Are we now living in theAnthropocene?' *Geological Society of America Today* 18: 4–8; W. Steffen *etal.* (2011), 'The Anthropocene, conceptual and historical perspectives', *Philosophical Transactions of the Royal Society A: Mathematical, physical andengineering sciences* 369: 842–67.

24 C. N. Waters *et al.* (2014), 'A stratigraphical basis for the Anthropocene', *Geological Society of London Special Publications* 395.

25 J. A. Zalasiewicz *et al.* (2015), 'When did the Anthropocene begin? Amid-twentieth century boundary level is stratigraphically optimal', *Quaternary International* 383: 196–203. 这句引文来自 J. A. Zalasiewicz and M. Williams (2015), 'First atomic bombtest may mark the beginning of the Anthropocene', *The Conversation*, 30January: https://theconversation.com/first-atomic-bomb-test-may-markthe-beginning-of-theanthropocene-36912。

26 投票结果见 S. L. Lewis and M. A. Maslin (2015), 'A transparent framework for defining the Anthropocene', *AnthropoceneReview* 2: 128–46 中的表 2。

27 S. L. Lewis and M. A. Maslin (2015), 'Defining the Anthropocene', *Nature*519: 171–80.

28 M. Walker, P. Gibbard and J. Lowe (2015), 'Comment on "When did theAn-

thropocene begin?" by Jan Zalasiewicz *et al.*', *Quaternary International*, 283: 204–207.

29 Waters *et al.* (2016).

30 同上。

31 投票结果和新闻发布在这里：http://www2.le.ac.uk/offices/press/press-releases/2016/august/media-note-anthropocene-working-group-awg。

32 Finney and Edwards (2016).

33 J. A. Zalasiewicz *et al.* (2017), 'Making the case for a formal AnthropoceneEpoch: an analysis of ongoing critiques', *Newsletter on Stratigraphy* 50: 205–26.

## 第九章 定义人类世

1 这段历史意味着千克是国际计量单位体系中唯一一个基本单位是倍数的单位，所以它的基本单位带了一个前缀 kilo-。

2 E. Gibney (2015), 'Kilogram conflict resolved at last', *Nature* 526: 305–6.

3 Maize pollen first identified in a sediment on another continent: A.M. Mercuri *et al.* (2012) 'A marine/terrestrial integration for mid–lateHolocene vegetation history and the development of the cultural landscapein the Po valley as a result of human impact and climate change', *VegetationHistory and Archaeobotany* 21: 353–72. 其他记录参见"欧洲花粉数据库"：www.europeanpollendatabase.net。

4 S. L. Lewis and M. A. Maslin (2015), 'Defining the Anthropocene', *Nature*519: 171–80.

5 R. Neukom *et al.* (2014), 'Inter-hemispheric temperature variability over thepast millennium', *Nature Climate Change* 4: 362–7.

6 正如我们在第五章中详述的，由人类活动引起的二氧化碳下降和小冰期最冷部分之影响的确切比例还不清楚。地球已经处于以北半球为中心的轻微降温阶段，其中数千万美洲原住民的死亡以及随之而来的森林再生导致了大气二氧化碳的异常急剧下降，更重要的是，当时的降温是全球性，而不是区域性的。我们还应该强调，虽然许多研究人员已经研究了美洲人口减少的碳影响以及由此产生的气候影响，但使用小冰期最寒冷的时期，即 1610 年二氧化碳的下降和哥伦布大交换来标志人类世的开始是我们的想法，所以我们可能有偏见。然而，韩国“大历史”学者赵智亨博士也在我们之前独立发展除了这一想法，很不幸的是，他在我们与他讨论之前就去世了。参见 J.-H. Cho (2014), 'The Little Ice Age and the coming of theAnthropocene', *Asian Review of World Histories* 2: 1–16. J.-H. Cho obituaryin *Origins (International Big History Association)* 5 (2015): 3–9。

7 Adapted from S. L. Lewis and M. A. Maslin (2015), 'Defining the Anthropocene', *Nature* 519: 171–80.

8 这方面进一步的讨论，参见 C. N. Waters *et al.* (2015), 'Can nuclear weaponsfallout mark the beginning of the Anthropocene Epoch?', *Bulletin ofAtomic Scientists* 71: 46–57; and Lewis and Maslin (2015), 'Defining theAnthropocene'.

9 关于“应该选择首个可探测到的核放射性坠尘作为起始点”的论调，见 Waters*et al.* (2015). 关于“应该选择放射性坠尘达到峰值时作为起始点”的论调，见 Lewis and Maslin (2015), 'Defining the Anthropocene' and 'A transparent-framework for defining the Anthropocene,' *Anthropocene Review* 2: 128–46。

10 波兰松树的研究：Z. Rakowski *et al.* (2013), 'Radiocarbon method in environmentalmonitoring of CO2 emission', *Nuclear Instruments and Methodsin Physical Research Section B* 294: 503–7。最孤独的树；C. S. M. Turney*et al.* (2018). Global Peak in Atmospheric Radiocarbon Provides a PotentialDefinition for the Onset of the Anthropocene Epoch in 1965. *ScientificReports*, 8, Article number 3293。

11 选择使用树木有点不寻常，但也不比选择冰川冰更不寻常，树木年轮和冰川冰都常用于构建过去的气候和其他地质档案。

12 这方面的例子来自 C. N. Waters *et al.* (2016), 'The Anthropocene is functionallyand stratigraphically distinct from the Holocene', *Science* 351: article aad2622。

13 M. Walker *et al.* (2009), 'Formal definition and dating of the GSSP (GlobalStratotype Section and Point) for the base of the Holocene using theGreenland NGRIP ice core, and selected auxiliary records', *Journal ofQuaternary Science* 24: 3–17.

14 选取标准来自 A. Salvador (ed.) (1994), *InternationalStratigraphic Guide: A guide to stratigraphic classification, terminologyand procedure* (Geological Society of America and International Unionof Geological Sciences); J. Remane *et al.* (1996), 'Revised guidelines for theestablishment of global chronostratigraphic standards

by the International Commission on Stratigraphy (ICS)', *Episodes* 19: 77–81; and A. G. Smith *etal.* (2014), 'GSSPs, global stratigraphy and correlation', *Geological Society ofLondon Special Publications* 404: 37–67。

15 关于这 6 种沉积物的数据，见 T. K. Bauska *et al.* (2015), 'Linksbetween atmospheric carbon dioxide, the land carbon reservoir and climateover the past millennium', *Nature Geoscience* 8: 383–7; L. G. Thompson *etal.* (2013), 'Annually resolved ice core records of tropical climate variabilityover the past ~1800 years', *Science* 340: 945–50; Y. Wang *et al.* (2005), 'The Holocene Asian monsoon: links to solar changes and North Atlanticclimate', *Science* 308: 854–7; C. Kinnard *et al.* (2011), 'Reconstructed changesin Arctic sea ice over the past 1,450 years', *Nature* 479: 509–12; K. Anil*et al.* (2003), 'Abrupt changes in the Asian southwest monsoon during theHolocene and their links to the North Atlantic Ocean', *Nature* 421: 354–7; Mercuri *et al.* (2012)。

16 将二氧化碳下降的时间点定在 1610 年，存在上下各 15 年的误差，这个不确定性的程度比公认的全新世定义年份的不确定性小得多，后者的误差为前后各 99 年。

17 Y. N. Harari (2016), *Homo Deus: A brief history of tomorrow* (Harvill Secker). Other authors making the same point include J. Diamond (1997), *Guns,Germs and Steel: A short history of everybody for the last 13,000 years* (Chatto& Windus); and K. Sale (1991), *Christopher Columbus and the Conquest ofParadise* (Plume Press).

18. 改编自 Bauska *et al.* (2015) (Panels A and B); D. M. Etheridge *et al.*(1998), 'Atmospheric methane between 1000 AD and present: evidence ofanthropogenic emissions and climatic variability', *Journal of GeophysicalResearch* 103: 15,979–93 (Panel C); Thompson *et al.* (2013) (Panel D); Wang*et al.* (2005) (Panel E); Kinnard *et al.* (2011) (Panel F); Anil *et al.* (2003)(Panel G)。

19 此处呈现的框架，基于 Lewis and Maslin's 'Defining theAnthropocene' and 'A transparent framework for defining the Anthropocene' 2015 年 的 论 文。There are other ways one could approach theproblem. 还有其他方法可以解决这个问题。例如，一种在技术定义中不正式使用证据的方法，它可能能够应对来自辩论不同方面的许多批评，这种方法首先说，"有许多证据表明存在一个人类纪元，我们现在处于人类世。"然后，地质学家将"现在"

定义为“1950 年 1 月 1 日之后”，因此他们可以将人类世定义为 1950 年 1 月 1 日开始。我们还没有在任何地方看到这个想法发表。这可能是一个各方都可以接受的妥协，尽管它并不符合地质上可用来定义人类世的基础的“金钉子”标准。

20 到目前为止，人类世工作小组已经整理了我们框架的第一和第二部分的数据——调查地球系统发生变化的证据，并记录地质档案中的变化——但没有整理第三部分，即决定这些档案中哪些可以用于人类世的正式定义的标准。见 Waters*et al.* (2016)。

21 E. Ellis *et al.* (2016), ‘Involve social scientists in defining the Anthropocene’, *Nature* 540: 192–3.

22 Lewis and Maslin (2015), ‘Defining the Anthropocene’.

23 M. Planck (1949), *Scientific Autobiography and Other Papers* (PhilosophicalLibrary).

24 P. Azoulay, C. Fons-Rosen and J. F. Graff Zivin (2015), *Does Science AdvanceOne Funeral at a Time?* (National Bureau of Economic Research, workingpaper 21788).

## 第十章 我们如何成为一股自然力量

1 农业生活方式可以分为两种，一种是小规模的农业社区型，另一种是大规模的帝国型。我们认为这两种类型的关系，是农业模式由前者向后者长期过渡的。两者潜在的能源基础是相同的，它们对全球环境的影响也是相似的——在国家形成之前，早期的农民改变了气候，而帝国在这方面的行为也与此相似。在这种方式下，它类似于我们把即刻回报和延迟回报的狩猎 - 采集者归为同一种生活方式。一种言之有理的观点是，商业模式和工业模式应该结合起来，因为商业资本主义阶段只持续了几百年。但利用奴隶和抵押劳工来榨取价值，与工业资本主义下的所谓自由劳工有着显著的不同。苏联共产主义在劳动力自由的基础上，利用国家而非市场将利润分配给新的生产活动，因此从结构上来说，它也可以适用我们对资本主义生活方式的广义定义。同样，工业资本主义模式和消费资本主义模式也可以结合起来，因为后者在许多方面是许多前者种已经存在的趋势的强化。但今天的生活，与“二战”前工业革命时期的生活大不相同，因此单独划分一个类别似乎是合理的。我们的生活方式术语是根据能源使用对人类社会进行分类时所用术语的延伸和改编。参见 M. Fischer-Kowalski, F. Krausmann and I. Pallua (2014), 'A sociometabolicreading of the Anthropocene: modes of subsistence, population size andhuman impact on Earth', *Anthropocene Review* 1: 8–33。

2 C. C. Mann (2005), *1491: New revelations of the Americas before Columbus* (Knopf).

3 R. J. Kelly (2007), *The Foraging Spectrum: Diversity in hunter-gathererlifeways* (Percheron Press). J. Diamond (2012), *The World until Yesterday:What can we learn from traditional societies?* (Allen Lane).

4 J. A. Tainter (1988), *The Collapse of Complex Societies* (Cambridge University-Press).

5 J. C. Scott (2016), *Against the Grain: A deep history of the earliest states* (YaleUniversity Press).

6 转述自 Tainter (1988) 中的讨论。

7 N. D. Cook (1981), *Demographic Collapse: Indian Peru, 1520–1620*(Cambridge University Press).

8 人口数据取自 the United States Census Bureau (2016), *WorldPopulation: Historical Estimates of World Population* (online database;https://www.census.gov/population/international/data/worldpop/table_history.php)。能量使用方面的数据，改编自 Y. Malhi (2014), 'TheMetabolism of a Human-Dominated Planet', in Ian Goldin (ed.), *Is thePlanet Full?* (Oxford University Press).

9 J. Diamond (2002), 'Evolution, consequences and future of plant andanimal domestication', *Nature* 418: 700–707。

10 L. Febvre and H.-J. Martin (1976), *The Coming of the Book: The impact ofprinting 1450–1800* (New Left Books).

11 E. L. Eisenstein (ed.) (1979), *The Printing Press as an Agent of Change:Communications and cultural transformations in early modern Europe* (Cambridge University Press; 2 vols).

12 这是 J. Diamond (1997), *Guns, Germs and Steel: A short historyof everybody for the last 13,000 years* (Chatto & Windus) 中提出的观点。关于现代世界的诞生，另参见 K. Pomeranz (2000), *The Great Divergence: China, Europe and the making of the modern world economy* (PrincetonUniversity Press)。

13 Non-Communicable Disease Risk Factor Collaboration (2016), 'A centuryof trends in adult human height', *eLife* 5: article e13410. 这是对一个世纪以来许多国家 1860 万人的身高测量数据进行的汇总分析，这些数据来自 1472 项不同的研究。

14 A. Mummert *et al.* (2011), 'Stature and robusticity during the agriculturaltransition: evidence from the bioarchaeological record', *Economics andHuman Biology* 9: 284–301.

15 J. Woodburn (1982), 'Egalitarian societies', *Man, New Series* 7: 431–51.

16 同上。

17 M. Dyble *et al.* (2015), 'Sex equality can explain the unique social structureof hunter-gatherer bands', *Science* 348: 796–8.

18 UNESCO (2009), Global Education Digest 2009 (UNESCO Institute forStatistics).

19 世界各国人均国内生产总值中位数，按人口加权，摘录自 A. Diofasi and N. Birdsall (2016), 'The World Bank's poverty statistics lack median income data, so we filledin the gap ourselves', Center for Global Development website, 11 Mayhttp://www.cgdev.org/blog/world-bank-poverty-statistics-lack-median-income-data-so-we-filled-gap-ourselves-download-available。

20 B. Beaudreau and V. Pokrovskii (2010), 'On the energy content of a moneyunit', Physica A: Statistical Mechanics and its Applications 389: 2597–606.

21 J. Moore (2015), Capitalism in the Web of Life (Verso). 摩尔也是主张人类世应该真正被称为"资本世"（Capitalocene）的主要作家。虽然我们同意人类世的发展与现代世界和各种形式的资本主义联系在一起，但在我们看来，称之为资本世是不正确的，因为人类世将持续到未来很久——也许几百万年后——它很可能包含其他不以资本主义社会制度为基础的未来生活方式。

## 第十一章 具有统治力的人类可以变得智慧吗？

1 See S. Pinker, M. Ridley, A. De Botton and M. Galdwell (2016), *Do Humankind'sBest Days Lie Ahead?* (Oneworld); 前两位作者都属于该模式的鼓吹者。另见 M. Ridley (2010), *The Rational Optimist: How prosperityevolves* (Harper).

2 参见 K. Marx (1867), *Das Kapital* (Verlag von Otto Meissner), in English (1887), *Capital*(Progress Publishers); H. Cleaver (2000), *Reading CapitalPolitically* (AK Press); D. Harvey (2011), *The Enigma of Capital and the Crisesof Capitalism* (Profile); and J. Bellamy Foster and F. Magdoff (2011), *WhatEvery Environmentalist Needs to Know about Capitalism: A citizen's guide tocapitalism and the environment* (Monthly Review Press).

3 M. R. Gillings, M. Hilbert and D. J. Kemp (2016), 'Information in thebiosphere: biological and digital worlds', *Trends in Ecology and Evolution* 31:180–9.

4 Energy Information Administration (2016), *International Energy Outlook2016* (Department of Energy, report DOE/EIA-0484).

5 *Pew Global Attitudes Survey 2015*: http://www.pewglobal.org/2016/02/22/smart-phone-ownership-and-internet-usage-continues-to-climb-in-emerging-economies/.

6 改编自 Greg Mahlknecht 的汇总，来自 www.cablemap.info。

7 G. M. Turner (2008), 'A comparison of *The Limits to Growth* with 30 yearsof reality', *Global Environmental Change* 18: 397–411.

8 改 编 自 Intergovernmental Panel on Climate Change (2013), *The Physical Science Basis. Contribution of Working Group I to the FifthAssessment Report of the Intergovernmental Panel on Climate Change* (Cambridge University Press).

9 T. Mauritsen and R. Pincus (2017), 'Committed warming inferred fromobservations', *Nature Climate Change* 7: 652–5.

10 See, for example, J. Rockstrom *et al.* (2017), 'A roadmap for rapid decarbonization', *Science* 355: 1269–71, and D. P. van Vuuren *et al.* (2018). 'Alternative-pathways to the 1.5 °C target reduce the need for negative emission technologies'. *Nature Climate Change* 8, 391–7.

11 D. Acemoglu *et al.* (2012), 'The environment and directed technical change', *American Economic Review* 102: 131–66.

12 D. Coady *et al.* (2015), *How Large Are Global Energy Subsidies?* (International-Monetary Fund working paper WP/15/105). 请注意，这项研究包含一些其他研究没有包括的补贴项，如污染的代价。

13 对于一个复杂而有争议的领域的深入讨论，参见 O.Morton (2016), *The Planet Remade: How geoengineering could change theworld* (Princeton University

Press)。

14 参见例如 United Nations Environment Programme (2016), *TheEmissions Gap Report 2016* (United Nations Environment Programme), andJ. Rogelj *et al.* (2016), 'Paris Agreement climate proposals need a boost tokeep warming well below 2℃', *Nature* 534: 631–9. This paper gives a medianof 2.9℃ increase above pre-industrial levels by 2100 if Paris Agreementpledges, known as Nationally Determined Contributions, are fulfilled.

15 M. Maslin (2014), *Climate Change: A very short introduction* (OxfordUniversity Press).

16 T. Lenton (2008), 'Tipping elements in the Earth's climate system', *Proceedingsof the National Academy of Sciences of the USA* 105: 1786–93.

17 C. Kent (2017), 'Using climate model simulations to assess the current climaterisk to maize production', *Environmental Research Letters* 12: article 054021.

18 N. Watts *et al.* (2015), 'Health and climate change: policy responses toprotect public health', *Lancet* 386: 1861–914.

19 United States Department of Defense (2015), *National Security Implicationsof climate-related risks and a changing climate*, published at http://archive.defense.gov/pubs/150724-congressional-report-on-national-implicationsof-climate-change.pdf?source=govdelivery.

20 B. I. Cook *et al.* (2016), 'Spatiotemporal drought variability in the Mediterraneanover the last 900 years', *Journal of Geophysical Research Atmospheres*

121: 2060–74; P. H. Gleick (2014), 'Water, drought, climate change, andconflict in Syria', *Weather, Climate and Society* 6: 331–40.

21 For the long-term decline of violence statistics, see S. Pinker (2011), *TheBetter Angels of Our Nature: A history of violence and humanity* (Allen Lane).

22 J. A. Tainter (1988), *Collapse of Complex Societies* (Cambridge UniversityPress).

23 Maslin (2014)

24 2015 年的 GDP 数据（以美元为单位）来自世界银行的网站 https://data.worldbank.org/indicator/NY.GDP.MKTP.CD. 2015 年的人口数据来自联合国人口署的网站 https://esa.un.org/unpd/wpp/Download/Standard/Population/。

25 另参见 J. Diamond (2008), 'What' s your consumption factor?' *NewYork Times*, 2 January。

26 见世界卫生组织的系列报告。*Health in the GreenEconomy*: http://www.who.int/hia/green_economy/en/.

27 改编自 K. Anderson and G. Peters (2017), 'The trouble with negativeemissions', *Science* 354: 182–3。

28 J. Rogelj *et al.* (2016), 'Paris Agreement climate proposals need a boost tokeep warming well below 2℃', *Nature* 534: 631–9.

29 Bloomberg News (2016), 'Wind and solar are crushing fossil fuels: recordclean energy investment outpaces gas and coal 2 to 1', 6 April.

30 K. Anderson (2015), 'Duality in climate science', *Nature Geoscience* 8:898–900.

31 Anderson and Peters (2017). 另参见 G. Peters (2017), *Does theCarbon Budget Mean the End of Fossil Fuels?* (CICERO, Centre forClimate Research, Norway); http://cicero.uio.no/en/posts/klima/does-the-carbon-budget-mean-the-end-of-fossil-fuels.

32 碳预算是复杂的，因为所有的温室气体都应该包括在内，而且在气体释放和释放造成的完全变暖效果之间有时间上的延迟。参见 J. Rogelj *et al.* (2016), 'Differencesbetween carbon budget estimates unravelled', *Nature Climate Change*6: 245–52。他们给出的最佳估计是 5900 到 12400 亿吨二氧化碳。中点是大约 900 吨，与 Anderson and Peters (2017). 所分析的 76 条途径的中间剩余预算相似。

33 Peters (2017).

34 D. Y. C. Leunga *et al.* (2014), 'An overview of current status of carbondioxide capture and storage technologies', *Renewable and SustainableEnergy Reviews* 39: 426–43.

35 印度的面积是 330 万平方公里。参见 Anderson and Peters(2017) and Peters (2017)。

36 New Climate Economy (2016), *The Sustainable Infrastructure Imperative*(New Climate Economy).

37 参见，例如 M. Bookchin (1982), *The Ecology of Freedom: Theemergence and dissolution of hierarchy* (Cheshire Books)。

38 G. Standing (2017), *Basic Income: And how we can make it happen; a Pelicanintroduction* (Penguin).

39 P. Van Parijs and Y. Vanderborght (2017), *Basic Income: A radical proposalfor a*

*free society and a sane economy* (Harvard University Press).

40 Standing (2017). Van Parijs and Vanderborght (2017); and R. Bregman(2016), *Utopia for Realists: The case for a universal basic income, openborders, and a 15-hour workweek*, trans. E. Manton (The Correspondent).

41 全民基本收入实验的一部分结果总结于 n R. Bregman(2016)。

42 这些趋向体现于 R. J. van der Veen and P. van Parijs (1986), 'A capitalist road to communism', *Theory and Society* 15: 635–55, 并在近期由 P. Frase (2016), *Four Futures: Life after capitalism*(Verso) 进一步阐发。

43 令人震惊的是，我们甚至不知道地球上有多少物种，这是事实。这个数字是真核生物的，真核生物作为物种相对容易区分，我们可以辨认出的物种总数约为 870 万。参见 C. Mora *et al.* (2011), 'How many species are thereon earth and in the ocean?, *Public Library of Science Biology* 9: articlee1001127。原核生物可能又会在此基础上增加几百万：R. Amann and R.Rossello-Mora (2016), 'After all, only millions?', *mBio* 7: article e00999-16. 或者也有可能是几千亿个：K. J. Locey and J. T. Lennon (2016), 'Scaling laws predict global microbial diversity', *Proceedings of the NationalAcademy of Sciences of the USA* 113: 5970–75。

44 E. O. Wilson (2016), *Half-Earth: Our planet's fight for life* (Norton).

45 同上。

46 D. Foreman (2004), *Rewilding North America: A vision for conservation in the21st century* (Island Press).

47 A. Major (2016), 'Affording Utopia: the economic viability of "A capitalistroad to communism" ', *Basic Income Studies* 11: 75–95. Van Parijs and Vanderborght(2017).

48 United Nations, Department of Economic and Social Affairs, PopulationDivision (2015), *World Population Prospects: The 2015 revision, key findingsand advance tables*: working paper no. ESA/P/WP.241 (United Nations).

49 D. Tilman and J. A. Downing (1994), 'Biodiversity and stability ingrasslands', *Nature* 367: 363–5; F. Isbell *et al.* (2011), 'High plant diversity isneeded to maintain ecosystem services', *Nature* 477: 199–202; and F. Isbell*et al.* (2015), 'Biodiversity increases the resistance of ecosystem productivityto climate extremes', *Nature* 526: 574–7.

**图书在版编目（CIP）数据**

人类星球 ： 我们如何创造了人类世 / （英） 西蒙·L. 刘易斯，（英） 马克·马斯林著 ； 王文倩译. -- 上海 ： 上海文艺出版社，2024

（企鹅·鹈鹕丛书）

ISBN 978-7-5321-8460-6

Ⅰ. ①人… Ⅱ. ①西… ②马… ③王… Ⅲ. ①地质学—普及读物 Ⅳ. ①P5-49

中国版本图书馆CIP数据核字(2022)第214681号



发 行 人: 毕　胜

责任编辑: 肖海鸥

特约编辑: 刘　漪

书　　名: 人类星球 ： 我们如何创造了人类世

作　　者: [英]西蒙·L. 刘易斯　[英]马克·马斯林

译　　者: 王文倩

出　　版: 上海世纪出版集团　上海文艺出版社

地　　址: 上海市闵行区号景路159弄A座2楼 201101

发　　行: 上海文艺出版社发行中心

上海市闵行区号景路159弄A座2楼206室 201101 www.ewen.co

印　　刷: 苏州市越洋印刷有限公司

开　　本: 1092×787 1/32

印　　张: 14.25

插　　页: 4

字　　数: 267,000

印　　次: 2024年10月第1版 2024年10月第1次印刷

I S B N: 978-7-5321-8460-6/P.003

定　　价: 82.00元

告 读 者: 如发现本书有质量问题请与印刷厂质量科联系　T: 0512-68180628